国家科学技术学术著作出版基金资助出版

室内空气动力学

李安桂 著

科学出版社

北 京

内 容 简 介

建筑室内空气环境保障的任务是创造安全、健康、舒适、低碳的建筑环境,这与室内空气动力学密切相关。本书旨在阐明建筑室内空气动力学的基本原理,阐述室内通风技术的科学理论方法。本书共 5 章,包括室内通风射流,风压、热浮力驱动的室内空气流动,变流通断面与管道中空气流动,以及室内通风效果预测。本书讨论了影响室内空气流动的各种因素,如室内空间的边界条件、工业生产厂房中的气流运动控制,给出了室内气流组织设计及调控所涉及的计算式等。

本书可供暖通空调、建筑环境与能源应用工程、建筑技术、建筑物理等相关学科专业研究生与科研、教学及设计人员阅读和使用。

图书在版编目(CIP)数据

室内空气动力学 / 李安桂著. —北京:科学出版社,2024.6
ISBN 978-7-03-078580-0

Ⅰ. ①室⋯ Ⅱ. ①李⋯ Ⅲ. ①室内空气–空气动力学 Ⅳ. ①TU834.6

中国国家版本馆 CIP 数据核字(2024)第 104251 号

责任编辑:祝 洁 / 责任校对:崔向琳
责任印制:吴兆东 / 封面设计:陈 敬

科学出版社 出版
北京东黄城根北街 16 号
邮政编码:100717
http://www.sciencep.com

北京富资园科技发展有限公司印刷
科学出版社发行 各地新华书店经销

*

2024 年 6 月第 一 版 开本:720×1000 1/16
2024 年 11 月第二次印刷 印张:18 3/4
字数:375 000
定价:**198.00 元**
(如有印装质量问题,我社负责调换)

前　言

当今时代，随着人民生活、工农业生产、人防国防等对室内环境要求的提高，营造安全、健康、舒适的室内环境成为一种必然选择。面对低碳发展要求，以更高效节能的建筑技术、通风空调技术创造所需的各类气候环境已成为新的挑战。建筑室内空气环境保障的任务即秉承节能降碳和可持续发展理念，提出满足建筑(各类围合空间)边界条件多样性及环境目标参数多样性需求的通风解决方案，创造人类衣食住行、工农业生产，乃至深地、深海、深空等所需的生活或生产环境。作者长期致力于建筑室内与地下空间环境(地下水电工程、洞库及隧道工程环境保障等)的科研与教学工作，深刻体会到建筑室内气候的营造具有相当的复杂性：

室内空间壁面边界条件的多样性，导致空气运动路径复杂，且工业生产工艺或人体运动进一步加剧了气流流动控制的复杂性。

内扰因素存在多样性，如各种工业生产过程中伴生的热羽流，地下或封闭空间中火灾烟气扩散、有害气体异重流控制等。

外扰因素如室外风、太阳辐射等时刻发生变化的气象条件，也会直接或间接地影响室内气候环境。

此外，所调控的各类场所的环境设计参数，如温度、湿度、风速、洁净度、压力及空气组分等也具有多样性。例如，核动力工程设计用通风参数分为安全级和非安全级两大类，分别对应不同的保证率及环境营造方式要求。面对从"中国制造"走向"中国创造"的历史性转变，公用设备工程师需要具备对新颖、复杂的产品制造所需环境保障系统进行建模、分析、设计和测试的综合能力，以保障国计民生各行各业需求的良好室内空气环境为己任，为自主创新、原始创新保驾护航。

在多年的科学研究和人才培养过程中，作者深刻体会到基本概念、基础理论的重要性。鉴于此，本书力求重点阐述室内气候营造所需的理论基础。本书共5章，第1章阐述室内通风射流与受限空间的空气运动特性，既包括对传统混合通风、置换通风空气运动特性的归纳分析，也涵盖贴附通风技术理论的研究进展。第2章分析了外扰因素——风压驱动的室内空气流动。第3章讨论内扰因素——室内边界条件下的热源空气对流、烟羽流运动及热浮力驱动的室内空气流动规律，分析了浮力射流、机械射流和浮力羽流的运动特征。第4章阐述基于通风空调输配系统的变流通断面气流流动问题以及通风管道减阻理论、方法。第 5 章阐述目标保障区域即室内工作区或控制区中的空气运动及温度分布特性。

　　室内空气动力学问题的一般研究方法：提取建筑边界特征(几何边界及热源、污染源等条件)→建立流体流动、传热、传质数学模型(理论分析)→开展实验测试、数值模拟→发现内在联系(计算公式、关联式等)→提出室内环境问题解决方案。本书旨在阐明室内空气动力学的基本原理及通风技术理论，阐述室内热对流及有组织通风射流的内在联系，向读者呈现室内环境这一普遍且重要对象的空气动力学相关问题的研究进展，提供室内通风气流组织的科学理论、方法。

　　在多年研究过程中，作者得到了国家自然科学基金项目、"十二五"国家科技支撑计划、"十三五"国家重点研发计划等的支持，在此表示衷心感谢。此外，感谢国家科学技术学术著作出版基金对本书出版的资助。团队成员高然教授、尹海国教授、杨长青、张莹、熊静、黄明华、董馨等博士，博士研究生卜宝芸等在本书撰写中给予了协助，谨此致谢。

　　限于作者水平和精力，书中不足之处在所难免，请读者批评指正。

李安桂

2023 年 12 月

主要符号表

符号	含义
a	紊流系数
a, b	矩形面热源边长，m
A	房间通风孔口有效面积，m^2
Ar	阿基米德数
b_0	射流出口的半厚度，m
B	浮力通量，m^4/s^3
B_0	热源源点处的浮力通量，m^4/s^3
c_p	定压比热容，$kJ/(kg \cdot ℃)$
C_d	建筑开口流量系数
C_p	空气动力系数，风压系数
C_{pw}	建筑迎风面空气动力系数
C_{pl}	建筑背风面空气动力系数
d	射流断面直径，m；热丝直径，m
d_0	射流风口直径，m
D	射流最大直径，m
D_0	当量直径，m
D_b	热烟气层的厚度，m
D_h	水力直径，m
D_s	圆形面热源直径，m
E	热源散热量或室内总余热量，W；火灾热释效率
E_c	热源对流散热量，W
E_n	散布于工作区的余热量，W
E_r	热源辐射散热量，W
E_T	通风效率
$E(f)$	功率谱密度，m^2/s^2
f	气流的脉动频率，1/s；面热源、体热源顶面积，m^2
F	地板面积，m^2

符号	含义
F_f	进/排风窗口的面积，m^2
F_j	室内受限射流断面面积，m^2
F_h	室内回流区横断面面积，m^2
F_n	垂直于单股射流的房间横断面面积，m^2
g	重力加速度，m/s^2
g'	折算重力加速度，m/s^2
Gr	格拉晓夫数
h	房间热分层高度，m
h_s	体热源高度，m
h_b	阳台高度，m
H	建筑高度或房间上、下通风口高度差，m
H_{UP}	房间无量纲热分层高度上限值
H_L	房间无量纲热分层高度下限值
H_w	窗口开口的高度，m
$H(\omega)$	传递函数
l_n	置换通风出口区的长度，m
m	质量流量，kg/m^3；速度扩散系数；热分布系数
m_1	与 $\sum f/F$ 有关的系数
m_2	与热源高度 h_s 有关的系数
m_3	与 E_r/E 有关的系数
m_p	烟羽流质量流量，kg/s
m_b	阳台下方溢出型羽流的质量流量，kg/s
n	热源的数量、丝排数量
n_1	热源羽流相交域的数量
n_2	建筑内热源羽流受限域的数量
Nu	努谢尔特数
p	温度扩散系数
P	建筑表面任意点静压值，Pa
P_0	自由来流静压值，Pa
P_f	自然风压，Pa
P_r	辐射散热比
Pr	普朗特数

续表

符号	含义
P_{w}	风压，Pa
$P_{\mathrm{w}}(\omega)$	风压脉动分量的傅里叶变换
q_{v}	单位容积热强度，$\mathrm{W/m^3}$
Q	射流断面流量或通风量，$\mathrm{m^3/s}$
Q_0	风口流量，$\mathrm{m^3/s}$
Q^*	无量纲通风量
Q_{c}	双侧开口的室内通风量，即穿堂风的通风量，$\mathrm{m^3/s}$
Q_{s}	单侧开口室内通风量，$\mathrm{m^3/s}$
r_0	出风口半径，m
R	射流断面半径，m
Ra	瑞利数
$R_{\max}$	室内受限射流半径最大值，m
$R_{\mathrm{v\alpha}}$	速度剖面宽度，m
$R_{\mathrm{t\alpha}}$	过余温度剖面宽度，℃
S	送风口中心线与竖壁法向距离，m；主体段任意截面到风口距离，m；丝排间距，m
s_{n}	射流起始长度，m
s	总散热面积，$\mathrm{m^2}$
t	热羽流温度，℃
t^*	无量纲温度
t_0	送风温度，℃
t_{e}	排风温度，℃
t_{F0}	距地板表面 0.1m 处的空气温度，℃
t_{m}	热羽流轴线温度，℃
t_{n}	室内工作区平均温度，℃
t_{wf}	夏季通风室外计算温度，℃
T	脉动送风周期，s
T_0	送风温度，℃
T_{m}	射流轴线温度，℃
T_{n}	周围空气温度，℃
u	射流断面任意点速度，m/s
u_0	风口出风速度，m/s

续表

符号	含义
u_a	射流断面平均流速，m/s
u_j	受限射流截面平均流速，m/s
u_m	射流轴线速度，m/s
u_r	轴线脉动速度，m/s
u_R	距地面 10m 高度处的时均参考风速，m/s
u_s	射流质量平均流速，m/s
u_∞	射流末端风速或周围环境风速，m/s
$\bar{u}$	室内平均风速，m/s
W	溢出型羽流宽度，m
x	射流任意截面到极点的距离，m
x_0	射流极点深度，m；热源间距，m
x_{max}	射流最大半径断面中心点到极点距离，m
x_T	热源之间距离的阈值，m
$\bar{x}$	无量纲距离
$\bar{x}_{max}$	射流最大半径时无量纲距离
y	射流中心线的垂直位移，m
z_e	中和面距热分层界面的距离，m
z_v	虚拟极点到热源的竖向距离，m
z^*	无量纲高度
α	射流极角，(°)；卷吸系数
β	射流出流角，即射流初始方向与水平面的夹角，(°)；功率谱密度指数
ρ	空气密度，kg/m³
ρ_0	环境流体密度，kg/m³
ρ_g	烟气密度，kg/m³
μ	动力黏性系数，N·s/m²；流量系数
ν	运动黏度，m²/s
ω	角频率，rad/s
λ	空气导热系数，W/(m·℃)

注：以上符号凡在图中、文中另有标注者，以就近的标注含义为准。

目　　录

前言

主要符号表

第1章　室内通风射流 ··· 1

  1.1　空气自由射流 ··· 4

    1.1.1　等温自由紊流射流 ·· 5

    1.1.2　冷、热自由紊流射流 ··· 10

    1.1.3　射流的相互作用 ··· 15

  1.2　室内受限射流 ··· 26

    1.2.1　室内通风受限射流分区 ·· 26

    1.2.2　受限射流各特征参数 ··· 27

    1.2.3　水平贴附射流 ·· 35

    1.2.4　竖向贴附射流及空气湖流动 ··································· 37

  1.3　通风射流流型及其气流组织 ··· 40

    1.3.1　通风射流流型 ·· 40

    1.3.2　高大空间气流组织模型实验与气流流型 ··············· 42

    1.3.3　几种通风气流组织对比 ·· 45

  参考文献 ··· 53

第2章　风压驱动的室内空气流动 ·· 56

  2.1　风压驱动流动机制 ·· 56

  2.2　建筑空气动力系数 ·· 58

    2.2.1　风向角的影响 ·· 59

    2.2.2　建筑体型的影响 ··· 61

    2.2.3　建筑开口位置的影响 ··· 64

    2.2.4　风速的影响 ··· 64

    2.2.5　地表粗糙度的影响 ·· 66

  2.3　风压驱动下建筑单侧开口室内空气流动 ························ 69

    2.3.1　建筑开口通风量 ··· 69

    2.3.2　风压驱动单侧开口室内空气流动 ··························· 71

  2.4　风压驱动下建筑双侧开口室内空气流动 ························ 72

2.5 自然通风器 ·· 79
　　2.5.1 通风器内外流场分布 ··· 80
　　2.5.2 通风器性能影响因素 ··· 81
　　2.5.3 格栅形式与阻力特性 ··· 84
2.6 民居自然通风文丘里效应与烟囱效应 ······································· 87
　　2.6.1 双坡屋顶文丘里效应 ··· 87
　　2.6.2 天井烟囱效应 ··· 89
2.7 空气渗透量计算与通风网络法 ·· 90
　　2.7.1 经验模型法 ·· 91
　　2.7.2 区域模型 ·· 93
2.8 室内空气流动非稳定性 ·· 100
　　2.8.1 非稳定性气流作用下的通风量 ··· 101
　　2.8.2 室内通风气流脉动特性 ··· 102
2.9 复杂建筑物/群的风压驱动自然通风模拟 ································· 105
　　2.9.1 湍流模型的选择 ·· 106
　　2.9.2 入口边界条件的设置 ·· 107
　　2.9.3 建筑室外风场到室内自然通风模拟策略 ···························· 109
参考文献 ·· 112
第3章 热浮力驱动的室内空气流动 ·· 117
3.1 概述 ··· 117
3.2 孤立点源热羽流 ·· 118
3.3 线源热羽流及其叠加效应 ··· 124
3.4 面源热羽流 ·· 127
3.5 体源热羽流 ·· 131
3.6 轴对称型烟羽流与溢出型烟羽流 ·· 136
　　3.6.1 轴对称型 ·· 136
　　3.6.2 阳台溢出型 ·· 137
　　3.6.3 窗口溢出型 ·· 138
3.7 正浮力与中性浮力环境中的烟羽流 ··· 139
　　3.7.1 不同通风排烟条件下火灾热释放率 ···································· 139
　　3.7.2 储烟效应 ·· 143
　　3.7.3 狭长空间烟气流动与输运 ··· 146
　　3.7.4 中性浮力下火灾烟气迁移运动 ··· 151
3.8 重气泄漏扩散迁移运动及引排通风 ··· 153
　　3.8.1 重气泄漏扩散特性 ··· 153

　　　3.8.2　重气污染物引排通风 ················ 158
　3.9　热分层流动 ···················· 161
　　　3.9.1　点源热分层 ················ 163
　　　3.9.2　面源热分层 ················ 164
　　　3.9.3　体源热分层 ················ 169
　3.10　中和面 ···················· 173
　3.11　多热源热羽流 ·················· 174
　　　3.11.1　交汇热羽流 ················ 174
　　　3.11.2　双点源、面源及体源热分层 ········· 176
　　　3.11.3　多热源交汇热羽流及热分层 ········· 180
　3.12　受限热羽流 ··················· 183
　3.13　离地热源热分层问题 ··············· 189
　参考文献 ······················ 191
第4章　变流通断面与管道中空气流动 ··········· 196
　4.1　汇流 ······················ 196
　　　4.1.1　遮挡效应 ················· 197
　　　4.1.2　锥形汇流 ················· 199
　　　4.1.3　平面汇流 ················· 199
　4.2　送风源流特性 ·················· 203
　4.3　管道流动阻力及阻力系数 ············· 208
　　　4.3.1　流态与水头损失 ·············· 208
　　　4.3.2　沿程阻力与局部阻力 ············ 209
　　　4.3.3　沿程阻力系数 ·············· 211
　　　4.3.4　流动局部阻力及局部阻力系数 ········ 213
　4.4　管道阻力场及其示踪因子 ············· 215
　　　4.4.1　管道流动阻力与协同角 ··········· 215
　　　4.4.2　表征管道阻力示踪因子的能量耗散函数分析法 ·· 218
　4.5　变向流动及减阻 ················· 220
　4.6　分流、汇流流道减阻 ··············· 224
　4.7　收缩器及扩散器内流体流动 ············ 229
　　　4.7.1　边壁条件 ················· 230
　　　4.7.2　扩散角及收缩角 ·············· 231
　4.8　静压箱/均流器的设计原理 ············· 234
　参考文献 ······················ 237

第5章　室内通风效果预测 ·· 240

5.1　阿基米德数及其表达式 ·· 240

5.2　室内工作区空气运动特性 ·· 243

　　5.2.1　平均风速预测 ··· 244

　　5.2.2　风速脉动特性 ··· 246

　　5.2.3　人体运动的影响 ··· 251

5.3　热力控制型通风热分布系数及通风效率 ································ 254

5.4　典型热源模式室温垂直分布 ·· 259

　　5.4.1　空间均布热源 ··· 260

　　5.4.2　地板均布平面热源 ··· 261

　　5.4.3　空间带状热源 ··· 263

　　5.4.4　局部热源 ··· 263

　　5.4.5　辐射换热对室温分布的影响 ··· 264

　　5.4.6　热源强度线性分布 ··· 266

　　5.4.7　组合热源模式 ··· 268

　　5.4.8　空间温度分布若干工程实例 ··· 271

5.5　通风模式及换气次数对室温分布的影响 ································ 277

5.6　等温射流、热射流与浮力羽流 ·· 281

参考文献 ··· 283

第1章　室内通风射流

室内空气动力学的实质是阐明围合和半围合空间内人类活动、工农业生产过程中伴生的运动气流、热对流与有组织的通风射流相互作用的内在联系。室内空气流动涉及机械射流、自然对流、浮力羽流等动量交换和能量交换，这些过程深刻影响着室内热源自然对流、送风强制射流及其相互作用而产生的流动状态。从宏观角度，三种传递过程——动量传递、热量传递和质量传递的规律均具有类比性。反映速度场的动量方程、反映温度场的能量方程和反映浓度场的组分方程，存在定性和数学描述上的相似性。本书重点阐述室内通风中反映动量传递的气流速度与反映热量传递的室内空气温度分布规律。

室内空气动力学作为流体力学的重要分支，主要研究在围合和半围合空间内，通风射流及各种气流运动与人类生产生活的相互作用，以及室外近地边界层风的特性，风对建筑物内外环境的作用，风引起的热交换、质交换和气载污染物扩散特性。室内空气动力学研究的是特定空间中气流速度(范围一般为 10^{-1} ～10m/s)远小于声速的特定空间空气动力学问题，如住宅建筑的自然通风与公共建筑的空调气流组织、排除工业生产过程中散发的各种有害物的机械通风、传染病医院的分区通风、建筑火灾烟气的流动及地下空间的通风与空气环境安全保障等。室内空气动力学是在流体力学的基础上，随着现代建筑工业和室内环境保障技术发展需求而成长起来的一个分支学科。

室内机械通风过程通常是指在机械力(指风机叶片等施加给空气的作用力，驱使空气产生流动)作用下，为满足室内或广义围合空间(如工业生产车间、地下空间环境等)所需的风速、温度、湿度等参数需求，以空气射流形式进入空间并带动周围环境流体共同作用所形成的空气运动过程。

通风射流的本质是具有复杂边界条件、起始条件的力学问题。

第一，室内空间是指广义上的围合和半围合空间，尺度可大至以 10^4 m 计的地下隧道、10^3 m 的工业生产车间，小至 10^{-3} m 或更小量级的小微缝隙或芯片等精密制造设备内部的空间。这些空间的边壁条件存在多样性，其空气运动路径及换热过程十分复杂。

第二，通风技术所保障的被调控区域参数要求具有多样性。以保障人体舒适和工业生产环境为目标，对于内部被调控的区域环境，要求同时满足温度、湿度、风速及空气品质等处于合理的参数范围内。

第三，外扰因素复杂。室外气象参数如风速、温度、太阳辐射强度和相对湿度等在不同年份、季节每时每刻都在变化。室外气象参数影响着墙体、窗户玻璃热交换，更直接影响室外空气由孔洞、缝隙等直接进入建筑参与室内环境传热传质过程。

第四，内扰因素众多。工业厂房及民用建筑中存在各种体量的工艺设备、不同温度的固有热源，以及人体、照明等复杂热源。此外，工业生产工艺及人体运动加剧了气流运动控制及预测的复杂性。

第五，一些工业生产厂房或地下空间(如地下水电站、隧道及洞库等)还存在各种气载有害物，这些有害物往往要依靠机械通风射流才能排至室外。因此，以高效送风射流技术有效地排除污染物、营造所需的工作环境也是通风技术的主要任务之一。

通风射流通常可视为不可压缩流动。为满足建筑环境工程的人体舒适性、噪声及经济性要求，对于空气流动介质，室内通风射流的速度一般不超过15m/s(对工业厂房，气流输送速度可达 40m/s)，其马赫数远小于 1。除了特殊环境分析，通常设计中可按不可压缩介质处理。

射流理论是通风空调及建筑环境保障技术的理论基础。通风射流按其驱动力分为机械驱动、风压驱动、热浮力驱动及其复合驱动，可以按以下原则进行分类：

(1) 从射流受限度分类，通风射流分为自由射流和受限射流。建筑空间往往会影响到射流的纵向射程及扩散半径，当射流作用室内空间断面远大于射流出口断面时，射流不受围合壁面的限制，称为自由射流；反之，如果射流受限于建筑空间的部分壁面或完全受到周围固体壁面的限制，则为受限射流。

(2) 通风射流通常可分为二维射流和三维射流，根据风口的断面形状可分为圆形射流、矩形射流和条缝形射流等。当矩形风口长、宽比超过 10:1，可发展成为条缝形射流。圆形射流在运动方向各个断面形状均呈现圆形；对于矩形风口，若其长、宽之比不超过 4:1，矩形射流经过一段距离后也会逐渐发展为圆形射流。若矩形风口以面积当量直径 $D_0 = 2\sqrt{ab/\pi}$ 计算(a、b 分别为矩形风口的长和宽)，可以采用圆形射流的关联式来计算矩形射流的各个参数。

(3) 通风射流可分为等温射流与非等温射流(冷、热射流)。若射流出口的温度与周围环境空气温度相等，则为等温射流；反之，则为非等温射流。如果射流出口的温度低于周围环境空气温度为冷射流，反之则为热射流。以密度修正弗劳德数 Fr 或阿基米德数 Ar 来反映非等温自由射流空气密度差引起的热浮力的影响。当 $Ar=0$ 或 $|Ar|<0.001$ 时，可忽略因热浮升力效应导致的射流弯曲，按照等温射流计算。Ar 有多种表达形式，对于受限空间非等温射流，还可以用反映房间尺度效应的修正阿基米德数 Ar^* 来描述，第 5 章将详细介绍。

(4) 通风射流按流动的形态分为层流通风射流和紊流通风射流(湍流射流)。

建筑通风空调工程技术中所涉及的空气射流流动，一般多属于紊流通风射流问题，即气流中的各点速度、温度、浓度、压力等参数都随时间而变化。目前，纳维-斯托克斯(Navier-Stokes，N-S)方程的非线性项尚不能用已知的数学方法求解[1]，对一般建筑通风气流运动的湍流问题难以得到解析解。因此，基于准则数关系的半经验理论是解决室内空气动力学问题的主要方法之一。室内空气运动流体微团紊乱运动在足够长的时间间隔内是服从数学统计规律的，因而可以建立湍流微观方程式，采用统计方法来研究湍流运动的宏观规律性[2]。湍流强度是表征气流的"湍化"程度，即脉动速度均方根与气流平均速度之比，该值越大表明气流的脉动程度越高。对于通风空调长直管道气流运动的湍流强度，范围一般为 5%~7%。Eckert 等[3]对光滑壁面射流边界层速度测试表明，脉动速度分量为主流(时均)速度的 4%~8%。

从通风射流空气运动角度来看，可将湍流射流中的速度分解为时均风速与脉动风速，带来了以下便利：

(1) 速度真值是不稳定的，采用上述的处理方法后，可以在大多数情况下假设流体流动是准稳定的。

(2) 对室内通风所涉及的稳态气流运动问题，射流的平均速度可体现出流动过程的根本性特征，且满足室内风速、温度等环境参数保障的设计需求。

(3) 射流的速度、温度及气体浓度变化规律可由半经验理论求解或量纲分析与模型实验获得。气流运动遵循连续微分方程式、运动微分方程式、传热微分方程式、固体及流体边界上的热交换方程式，以及确定问题解的单值性条件。可通过研究获得气流速度、温度及气体浓度各种参数关系，应重点明晰下列影响室内空气运动的因素及其相互关系。

①建筑空间的几何形状及体量对气流流动的影响；②各种热源和污染源的位置、分布、散热量或污染物强度，即它们在空间内形成的温度场、有害物浓度场及速度场；③送风口(源)及排风口(汇)的分布及其参数；④送风温差及速度特性；⑤空间围护结构的表面温度等，具有低温表面(如冬季玻璃及墙体表面)或高温物体表面，可能会发生强烈的对流。

通风空调气流组织理论旨在专门研究与解决各类生产、生活和科学实验所要求的受控空间空气环境设计及控制问题。空间内气流组织与送风口特性、送风参数、热源(污染源)性质及空间的几何尺度等有关。科学地营造室内空气环境，必须了解基于建筑边界条件的通风射流流动机理及室内空气运动规律。只有使送入的空气合理运动布局，才能有效消除被调对象的热湿负荷及有害物，保证既定区域的空气参数处于合理限度。本书重点阐述射流区及工作区(控制区)中空气流动分布参数的内在联系。室内空气动力学既包括一般空间及大空间(如房间、隧道等)气流与物体间的相互作用及热交换过程，也涉及各种管道内的空气流动问题。本章从空气自由射流出发，讨论混合通风射流与室内受限射流原理。

1.1　空气自由射流

了解空气自由射流运动规律是掌握射流理论体系的出发点。自由射流一般适用于静止环境(即环境介质速度为 0)或低风速环境、无限展开的空间，或围合结构尺寸远大于送风射流特征尺寸的房间。

空气自由射流可以分为自由层流射流和自由紊流射流。Schlichting[4]和 Bickley[5]对于自由层流射流，分别从理论上推导出平面层流射流(plane laminar jet)的速度分布和流量。Andrade 等 [6]对平面层流射流实验测量并证实了 Schlichting 和 Bickley 理论分析的合理性。从狭缝中射出的二维层流射流可视作平面层流射流。若定义射流雷诺数 $Re = 2u_0b_0/v$，其中特征尺寸 $2b_0$ 为射流出口处的厚度。实验测量表明，当 $Re \leqslant 30$ 时，射流为层流运动[7]，如图 1.1 所示。射流边界呈直线扩张，射流的动量通量保持守恒。

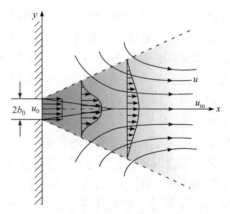

图 1.1　平面层流自由射流流动结构

若射流出口雷诺数超过临界值时(此值与速度、射流介质物性参数及特征尺度有关，详见 4.3 节)，则形成自由紊流射流，射流以初始流速 u_0 自孔口射出后与周围静止流体诱导掺混形成凹凸不平的射流流型。瞬时速度是波动的，流场存在大小不一的涡旋，形成射流卷吸(entrainment)现象，见图 1.2。随着射流边界逐渐向两侧扩展，流量沿程增大。当射流继续前行，射流界面(边缘)流速降低，轴线速度难以继续保持原来的初始流速，在射流主体段全断面上发展成为自相似性充分紊流。建筑室内通风空调实践中遇到的送风射流方式主要为紊流射流。

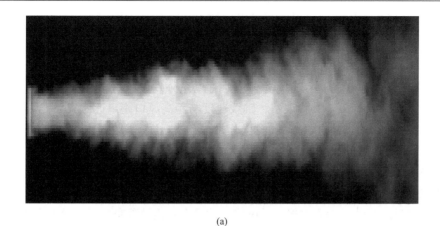

(a)

(b)

图 1.2　平面等温自由射流流动结构

(a) 射流流型可视化；(b) 射流流动结构

r_0 为风口半径，m；α 为射流极角，大小为射流外边界夹角一半；x_0 为射流极点深度，m；s_n 为从风口算起的起始段长度，m；s 为主体段任意截面到风口距离，m；x 为主体段任意截面到极点距离，$x = x_0 + s$，m；R 为射流断面半径，m；u_0 为出口速度，m/s；u_m 为轴线速度，m/s，在起始段 $u_m = u_0$；u 为射流任意截面距中心距离为 y 点的速度，m/s，射流末段风速为 u_∞

1.1.1　等温自由紊流射流

等温射流是指出流流体温度与周围环境温度相同的射流。当气流从风口送出时，其动能将逐渐消散到因室内空气被卷入射流所形成的紊流中。等温射流运动过程可以划分为以下几个区段，如图 1.2 所示[8]。

(1) 起始段：$u_m/u_0 = 1$，射流主体中心未受到周围流体掺混的影响，轴线速度保持为出口速度，该段的长度取决于射流风口的结构形式和出风速度，在平面射流下约为 $12d_0$，在圆形射流下约为 $5d_0$。

(2) 过渡段：射流主体开始卷吸周围流体，射流主体轴线速度逐渐减小$(u_m < u_0)$。实验中观察到这一段范围较短，为$5d_0 \sim 8d_0$，在射流分析计算时，可忽略不计。

(3) 主体段：$u_m / u_0 \approx k/x$，该部分为射流充分发展的区段，其起始点与风口结构的紊流系数有关。实验表明，轴线速度与距离风口距离近似成反比。主体段长度与u及风口结构形状和有效面积有关，开始断面一般处于$5d_0 \sim 8d_0$，可以延伸至$25d_0 \sim 100d_0$的长度。

(4) 末段：$u_m = (1 - \varepsilon) u_\infty$，射流轴线速度大小衰减至周围环境风速(舒适性空调可取 0.5m/s 作为射流末段速度)，ε 为预先设定的小量。注意，射流末段之后风速不再满足射流轴线参数方程，其风速波动呈现随机性分布，详见第 5 章所述。

关于自由紊流射流特性已进行了较为充分的研究[8]，如 Albertson 等[9]及阿勃拉莫维奇等做了大量的实验和理论分析[10]。

1. 断面时均风速分布的相似性

尽管射流断面的瞬时速度时刻在发生变化，但是从时均风速而言，无论是轴线速度还是断面速度均存在相似性，且轴线上流速 u_m 最大，距风口及轴线越远流速越小。如果将流速 u 和断面坐标 y 分别以无量纲坐标 u/u_m 和 y/R 来表示，则各断面上的无量纲流速分布均落在同一条曲线上(但并不意味着同一函数)。

2. 射流边界呈线性扩展

自由紊流射流的混合层厚度随距离发展呈线性增加。若将主体段射流的上下边界延长，则交汇于风口的左侧 O 点，该点被称为射流"虚拟源点"，见图 1.2(b)。对宏观时均风速而言，射流的边界(射流断面半径 R)呈现线性扩展，且随风口射流紊流度增加而增大。由于射流内部流体微团的紊动作用在边界面附近表现剧烈，实验观察到的边界线往往并不是一条光滑笔直的直线，而是呈现锯齿形的波动延伸。

"射流断面半径"和"射流边界"的概念完全是有条件的，这是因为从射流边界过渡到外部流动的界线并不明显，随着距离 y 的增大，逐渐趋近于 0 或周围环境风速 u_∞。因此，射流断面半径 R 可以理解为离开射流轴线的距离，在该距离处的气流速度与 u_∞ 只相差一个预先给定的小量 $\varepsilon \ll 1$(如相差 1%)，当 $y = R$ 时，$u = (1 - \varepsilon) u_\infty$。

3. 射流各断面上任意点速度值 u 约等于 u_x

射流区轴线速度 u_m 随着射程增大而不断减小。射流断面上任意点速度在射流轴线方向上的分量 u_x 比垂直射流轴线方向上的分量 u_y 大得多。在通风设计过

程中可将 u_y 忽略，近似认为射流各断面上任意点的速度 u 即为 u_x。

对于等温自由射流主体段，其射流运动特性微分方程组及积分解的理论基础已较为成熟。以下将分析自由紊流射流主体段各特征参数，包括轴线速度 u_m、断面流量 Q 和速度 u 等参数随射程 s 或 x 的变化关系，这些关系式是室内通风设计计算的理论基础。

在射流横截面上，单位时间总动量应该相等。对于任意自由射流断面，由动量定理：

$$\int_0^m u\,\mathrm{d}m = \int_0^A \rho u^2 \mathrm{d}A = 常数 \tag{1.1}$$

式中，$\mathrm{d}m$ 为流经微元面积 $\mathrm{d}A$ 的质量；ρ 为射流的密度；u 为通过微元面积的流速。为了计算该积分，需建立射流横断面速度图。实验表明，速度断面可表示为

$$\frac{u}{u_m} = f\left(\frac{y}{x}\right) \tag{1.2}$$

根据量纲分析及实验结果，在主体段中存在：

$$\frac{u_m}{u_0} = \frac{KA^{\frac{1}{2}}}{x} \tag{1.3}$$

式中，K 为常数。

$$\rho \pi r_0^2 u_0^2 = \int_0^R 2\pi \rho y u^2 \mathrm{d}y \tag{1.4}$$

等号两边以 $\rho \pi R^2 u_m$ 变换后，有

$$\left(\frac{r_0}{R}\right)^2 \left(\frac{u_0}{u_m}\right)^2 = 2\int_0^1 \left(\frac{u}{u_m}\right)^2 \left(\frac{y}{R}\right) \mathrm{d}\left(\frac{y}{R}\right) \tag{1.5}$$

自由射流任意断面无量纲速度分布可近似写成式(1.6)的形式，m、n 与射流出口结构型式及流速分布均匀性有关：

$$\frac{u}{u_m} = \left[1 - \left(\frac{y}{R}\right)^m\right]^n \tag{1.6}$$

将式(1.6)代入式(1.5)，并令 $\eta = y/R$，可得

$$\left(\frac{r_0}{R}\right)^2 \left(\frac{u_0}{u_m}\right)^2 = 2\int_0^1 \left[1 - \left(\frac{y}{R}\right)^m\right]^{2n} \left(\frac{y}{R}\right) \mathrm{d}\left(\frac{y}{R}\right) = 2\int_0^1 \left(1 - \eta^m\right)^{2n} \eta\,\mathrm{d}\eta \tag{1.7}$$

式中，y/R、u_0/u_m 由射流轴线边界到外边界变化范围是 0～1；m、n 根据圆形、条

缝形或矩形风口结构型式等取不同的值。对于光滑圆形风口，$m=1.5$，$n=2$，有

$$\frac{u_\mathrm{m}}{u_0} = 3.28\left(\frac{r_0}{R}\right) \tag{1.8}$$

圆形风口出口流速分布不均匀性也可用无量纲紊流系数 a 表示(详见 4.2 节)，R 与 s 之间存在如下关系：

$$R = r_0 + 3.4as \tag{1.9}$$

即

$$\frac{u_\mathrm{m}}{u_0} = \frac{0.48}{\dfrac{as}{d_0} + 0.147} \approx \frac{1}{\dfrac{as}{r_0} + 0.29} \tag{1.10}$$

式中，s 为自由射流主体段中任意截面到风口的距离。因 $x_0 \ll s$，在工程设计中可近似用射流主体段任意截面到极点的距离 x 表示为

$$\frac{u_\mathrm{m}}{u_0} = C\frac{d_0}{ax} \tag{1.11}$$

式(1.10)、式(1.11)可以表示射流区主体段内轴线速度与射程的变化规律。注意，断面质量平均流速 u_s 更接近于所在射流断面的 1/2 轴线速度，$u_\mathrm{s} \approx 0.5u_\mathrm{m}$；对于断面平均流速 u_a，则 $u_\mathrm{a} \approx 0.2u_\mathrm{m}$。

阿勃拉莫维奇以射流各截面动量通量相等为出发点，并考虑出口流速分布不均匀性，提出了等温自由射流主体段特性参数计算式，见表 1.1[10]。对于给定的出口，圆形射流断面体积流量(或卷吸率)与 s 成正比，而平面射流则与 s 的平方根成正比关系。还有一些研究给出了圆形等温自由射流主体段特性参数计算式[9-21]，见表 1.2，其主体段轴线速度曲线见图 1.3，趋势是一致的。另外，若射流末段受到墙体的限制(即射流受限)，则 u_m 将快速衰减至环境风速[22]。

表 1.1　阿勃拉莫维奇等温自由射流主体段特性参数计算式[10]

特性参数	圆形射流	平面射流
轴线速度(u_m)	$\dfrac{u_\mathrm{m}}{u_0} = \dfrac{0.966}{\dfrac{as}{r_0} + 0.294}$	$\dfrac{u_\mathrm{m}}{u_0} = \dfrac{1.2}{\sqrt{\dfrac{as}{b_0} + 0.41}}$
s 断面体积流量(Q)	$\dfrac{Q}{Q_0} = 2.2\left(\dfrac{as}{r_0} + 0.294\right)$	$\dfrac{Q}{Q_0} = 1.2\sqrt{\dfrac{as}{b_0} + 0.41}$
断面平均流速(u_a)	$\dfrac{u_\mathrm{a}}{u_0} = \dfrac{0.19}{\dfrac{as}{r_0} + 0.294}$	$\dfrac{u_\mathrm{a}}{u_0} = \dfrac{0.492}{\sqrt{\dfrac{as}{b_0} + 0.41}}$

续表

特性参数	圆形射流	平面射流
断面质量平均流速(u_s)	$\dfrac{u_s}{u_0}=\dfrac{0.455}{\dfrac{as}{r_0}+0.294}$	$\dfrac{u_s}{u_0}=\dfrac{0.833}{\sqrt{\dfrac{as}{b_0}+0.41}}$
断面半径(R 或 b)	$\dfrac{R}{r_0}=3.4\left(\dfrac{as}{r_0}+0.294\right)$	$\dfrac{b}{b_0}=2.44\left(\dfrac{as}{r_0}+0.41\right)$

表 1.2　圆形等温自由射流主体段特性参数计算式

文献来源	轴线速度	射流直径	流量
Alberston 等[9]	$\dfrac{u_m}{u_0}=6.2\dfrac{d_0}{x}$	$d_e=0.228x$	$\dfrac{Q}{Q_0}=0.32\dfrac{x}{d_0}$
АМЕЛИН[10]	$\dfrac{u_m}{u_0}=0.48\dfrac{d_0}{ax}$	$d=6.8ax$	$\dfrac{Q}{Q_0}=4.4\dfrac{ax}{d_0}$
Tollmien[11]	$\dfrac{u_m}{u_0}=7.32\dfrac{d_0}{x}$	$d_{1/2}=0.2x$	—
Görtler[12]	$\dfrac{u_m}{u_0}=5.75\dfrac{d_0}{x}$	—	—
Schlichting 等[13]	$u_m=\dfrac{3}{8\pi}\dfrac{k}{\nu_t x}$	$d_{1/2}=0.17x$	$\dfrac{Q}{Q_0}=0.456\dfrac{x}{d_0}$
Baturin[14]	$\dfrac{u_m}{u_0}=\dfrac{0.48}{ax/d_0+0.145}$	—	—
List[15], Hinze[17]	$\dfrac{u_m}{u_0}=\dfrac{K_1 A^{\frac{1}{2}}}{x+\dfrac{a_2}{a_1}}$	$d=2(a_1 x+a_2)$	—
Fellouah 等[16]	$\dfrac{u_m}{u_0}=5.59\dfrac{1}{x/d_0-2.5}$	—	—
Rajaratnam[18]	$\dfrac{u_m}{u_0}=6.3\dfrac{d_0}{x}$	—	—
Quinn[19]	$\dfrac{u_m}{u_0}=6.1\dfrac{1}{x/d_0-3.65}$	—	—
巴哈列夫等[20]	$\dfrac{u_m}{u_0}=\left(6.5-4.5\mathrm{e}^{-0.5\frac{x}{d_0}}\right)\cdot\left(2+\dfrac{x}{d_0}\right)^{-1}\mathrm{e}^{-0.001\frac{x}{d_0}}$	$d=2\left(\dfrac{d_0}{2}+x\tan\alpha\right)\mathrm{e}^{-a_1\frac{x}{d_0}}$	—

续表

文献来源	轴线速度	射流直径	流量
谢比列夫[21]	$\dfrac{u_m^2}{u_0^2}=\left[1-\mathrm{e}^{-(d_0/2cx)^2}\right]$ 或 $\dfrac{u_m}{u_0}=\dfrac{d_0}{2cx}$	$r=cx\sqrt{2\ln\dfrac{mu_0\sqrt{\pi}d_0}{2ux}}$, $c=0.082, m=6.88$	$\dfrac{Q}{Q_0}=0.328\dfrac{x}{d_0}$

注：d_0 为射流出口直径；d 为射流断面直径；x 为极点至计算断面距离；a 为无量纲紊流系数；Q_0 为出口流量；Q 为计算断面射流流量；$d_{1/2}$ 为主体段射流场 $u=u_m/2$ 处的直径；d_e 为 $u=u_m/\mathrm{e}$ 处直径；v_t 为涡黏性系数(常数)；$k=2\pi\int_0^\infty u^2 r\mathrm{d}r$；$K_1$ 为实验常数；a_1、a_2、a_3 为实验常数；α 为初始时扩散角的一半；A 为出口面积；e 为自然常数。

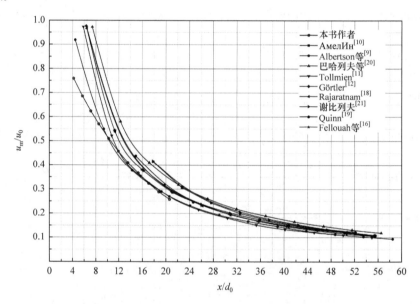

图 1.3 等温自由射流主体段轴线速度

1.1.2 冷、热自由紊流射流

通风空调气流组织的目的在于设计适宜的通风射流空气运动方式，有效排除多余的热(冷)量及有害物。在通风空调工程中，一般需要以冷射流来降低室温，而在冬天则需要热射流来提高室温。

如 1.1.1 小节所述，对于冷、热自由紊流射流，由于射流与周围介质的密度不同，在热浮力和重力不平衡作用下，射流轴线将发生弯曲，阿基米德数 Ar 可作为判断依据之一。当 $Ar>0$ 时，通风射流为热射流，射流轴线向上弯曲；$Ar<0$ 时，则为冷射流，射流轴线则向下弯曲，如图 1.4 所示。当 $|Ar|<0.001$ 时，则可忽略射流的弯曲，按等温射流计算。

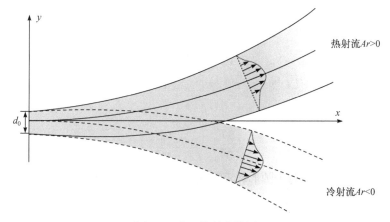

图 1.4　冷、热射流简图

与等温射流比较，分析室内空间中冷、热自由紊流射流的本质是获得温度分布的规律，也就是获得射流与周围空气温差分布随空间位置的变化特性。阿勃拉莫维奇给出主体段温度分布的特性参数计算式[10]，见表 1.3。

表 1.3　冷、热自由紊流射流主体段特性参数计算式[10]

特性参数	圆形射流	平面射流
轴线温差(ΔT_m)	$\dfrac{\Delta T_m}{\Delta T_0} = \dfrac{0.706}{\dfrac{as}{r_0} + 0.294}$	$\dfrac{\Delta T_m}{\Delta T_0} = \dfrac{1.032}{\sqrt{\dfrac{as}{b_0} + 0.41}}$
断面质量平均温差($\Delta T'$)	$\dfrac{\Delta T'}{\Delta T_0} = \dfrac{0.46}{\dfrac{as}{r_0} + 0.294}$	$\dfrac{\Delta T'}{\Delta T_0} = \dfrac{0.833}{\sqrt{\dfrac{as}{b_0} + 0.41}}$
轴线轨迹(y/d_0 或 $y/2b_0$)	$\dfrac{y}{d_0} = Ar\left(\dfrac{s}{R_0}\right)\left(0.253\dfrac{as}{R_0} + 0.35\right)$	$\dfrac{y}{2b_0} = \dfrac{0.452 Ar}{a^2}\sqrt{\dfrac{T_0}{T_n}}\left(\dfrac{as}{2b_0} + 0.205\right)^{2.5}$

注：$\Delta T_m = T_m - T_\infty$，$T_m$ 为射流轴线温度，T_∞ 为周围空气温度；$\Delta T' = T' - T_\infty$，$T'$ 为断面质量平均温度。

对于表 1.3 与表 1.1，比较等温射流和非等温射流，会发现射流温度分布边界层较速度边界层厚度稍大。若室内环境风速为 u_∞ 时，近似有 $\dfrac{\Delta T_m}{\Delta T_0} = k\dfrac{u_m - u_\infty}{u_0 - u_\infty}$，$k$ 为过余温度比与过余速度比的函数。对于通风空调室内空间，一般当 $u_\infty < 0.15$m/s 时，该式中 u_∞ 为小量，可视为 0。射流温度边界层和流动边界层的关系体现于普朗特数 Pr，对于圆形空气射流，无量纲轴线温差与速度约存在 $k=0.73$ 的比例关系，对于平面空气射流，$k=0.86$。

对于顶棚(天花板)垂直下送(图 1.5)，冷、热自由紊流射流轴线速度衰减、轴

线温度衰减的准则关系式分别如下[23]:

$$\frac{u_{\mathrm{m}}}{u_0} = K_{\mathrm{p}} \frac{d_0}{s} \left[1 \pm 1.9 \frac{Ar}{K_{\mathrm{p}}} \left(\frac{s}{d_0} \right)^2 \right]^{\frac{1}{3}} \tag{1.12}$$

$$\frac{\Delta T_{\mathrm{m}}}{\Delta T_0} = 0.73 \frac{u_{\mathrm{m}}}{u_0} \tag{1.13}$$

式中，K_{p} 为射流常数。对于圆形和矩形喷口，当 u_0=2.5～5m/s 时，K_{p}=5.0；当 $u_0 \geqslant$ 10m/s 时，K_{p}=6.2。式(1.12)中的正、负号选取规则：送冷风时取正(+)号，送热风时取负(−)号。

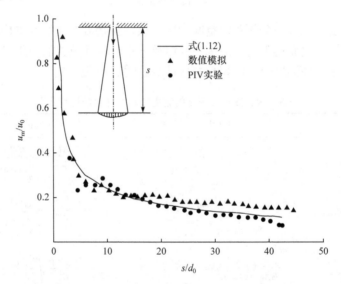

图 1.5　射流轴线速度数值模拟、激光粒子测速(PIV)实验和准则关系式[式(1.12)]计算对比

对于冷、热自由紊流射流，有文献提出了卢布林参数 λ [24]，其物理意义同 Ar，只是特征尺度用风口面积 $\sqrt{A}$ 等代替 d_0 而已，用 λ 来表征射流轨迹方程：

$$\lambda = g \frac{A^{1/2}}{u_0^2} \frac{\Delta T}{T_{\mathrm{n}}} \tag{1.14}$$

作用在射流单位体积空气上的热浮力可表达为

$$\rho \frac{\mathrm{d}^2 s}{\mathrm{d}t^2} = g(\rho_{\mathrm{a}} - \rho) \tag{1.15}$$

式中，ρ_{a} 为室内空气的密度，当射流内外的全压有变化，且室内空气绝对温度

为 T_n 时，则

$$\frac{\mathrm{d}^2 s}{\mathrm{d} t^2} = g \frac{\Delta T}{T_n} \tag{1.16}$$

弗林和比林顿的实验表明，在 (x, y) 坐标系中，其速度方程为[24]

$$\frac{u}{u_0} = k_u \left(\frac{A^{1/2}}{x} \right)^{\alpha} \tag{1.17}$$

温差方程式为

$$\frac{\Delta T}{\Delta T_m} = \mathrm{e}^{-br^2} \tag{1.18}$$

式中，b 为与风口形状相关的系数。

对于圆形冷、热自由紊流射流，射流轴线上无量纲温度可表示为[21]

$$\frac{T_m - T}{T_0 - T_\infty} = \frac{1 - \mathrm{e}^{\frac{1+\sigma}{2}\left(\frac{R_0}{cx}\right)^2}}{\left[1 - \mathrm{e}^{-\left(\frac{R_0}{cx}\right)^2} \right]^{\frac{1}{2}}} \tag{1.19}$$

式中，$T_0 - T_\infty$ 为射流起点的空气剩余温度；T_m、T、T_0、T_∞ 分别为射流轴线温度、射流断面任意点空气温度、送风温度及环境温度；R_0 为射流半径；c、σ 为与射流出流形式有关的常数。

当射流的温差在 $-33 \sim 33^\circ\mathrm{C}$，速度在 $1 \sim 7\mathrm{m/s}$，卢布林参数 λ 范围为 $0.0003 \sim 0.25$ 时，射流轨迹方程为

$$\frac{y}{\sqrt{A}} = 0.226 \lambda \left(\frac{x}{\sqrt{A}} \right)^{2.61} \tag{1.20}$$

针对冷、热射流和水平面呈某一角度射出时，射流出流角为 β 的空气射流轨迹轴线方程式如下[21, 24-25]：

$$y = x\tan\beta + Ar \frac{x^2}{d_0 \cos^2 \beta} \left(0.51 \frac{ax}{d_0 \cos \beta} + 0.35 \right) \tag{1.21}$$

$$y = x\tan\beta + \frac{n}{3m^2} \frac{g}{T_n} \frac{\Delta T_0}{u_0 \sqrt{F_0}} \frac{x^3}{\cos^3 \beta} \tag{1.22}$$

式中，β 为射流出流角，即射流初始方向与水平面的夹角；m、n 分别为送风射流的运动特征和热力特征值：

$$m = \frac{\theta\varphi}{\sqrt{\pi c}} , \quad n = \frac{(1+\sigma)\theta}{\sqrt[3]{\pi c\varphi}} \tag{1.23}$$

式中，c 和 σ 为与射流的出流形式有关的常数，对于圆形射流取 $c=0.082$，$\sigma = 0.8$；θ 为考虑初始射流与周围空气的密度和温度差别的修正系数，可表示为

$$\theta = \sqrt{\rho_0 / \rho_\infty} = \sqrt{T_\infty / T_0} \tag{1.24}$$

从狭长条缝或大长宽比(长宽比≥10)风口射出的空气射流可视为平面射流，其与周围环境之间存在二维平面流动的掺混薄层，在条缝长度方向上几乎无扩散运动，只在垂直于条缝长度的平面上卷吸周围空气运动。

平面射流任一断面上，流速分布为[21]

$$u = u_{\mathrm{m}}\mathrm{e}^{-\frac{1}{2}\left(\frac{y}{cx}\right)^2} \tag{1.25}$$

剩余温度分布由式(1.26)确定：

$$T - T_\infty = (T_{\mathrm{m}} - T)\mathrm{e}^{-\frac{\sigma}{2}\left(\frac{y}{cx}\right)^2} \tag{1.26}$$

式中，u 和 $T-T_\infty$ 分别为射流任意点上的速度和剩余温度；x 为从射流起点到任意断面的距离；y 为从空间断面任意点到射流轴线的距离。

φ 为考虑射流出口空气流速不均匀分布的修正系数，可表示为

$$\varphi = \left[\int_0^1 \left(\frac{u}{u_0}\right)^2 \mathrm{d}\left(\frac{F}{F_0}\right)\right]^{\frac{1}{2}} \tag{1.27}$$

若流速均匀分布，系数 $\varphi = 1$。

由此，平面射流轴线上空气运动速度可表示为[21]

$$u = \frac{\varphi\theta u_0}{\sqrt{\sqrt{\pi c}}}\sqrt{\frac{2B}{x}} \tag{1.28}$$

与水平面呈 β 角度的平面空气射流，其轴线轨迹方程式为[21]

$$y = x\mathrm{tg}\beta + \frac{2}{5}\frac{n}{m^2}\frac{g}{T_{\mathrm{n}}}\frac{\Delta T_0}{u_0^2}\frac{x^{\frac{5}{2}}}{b_0^{\frac{1}{2}}(\cos\beta)^{\frac{5}{2}}} \tag{1.29}$$

引入平面射流几何特征值 H：

$$H = \left(\frac{m^2}{n}\frac{T_{\mathrm{n}}}{g}\frac{u_0^2 b^{\frac{1}{2}}}{\Delta T_0}\right)^{\frac{2}{3}} \tag{1.30}$$

平面空气射流的轴线方程可简化为抛物线形式：

$$y = x\mathrm{tg}\beta \pm 0.4 \frac{x^{\frac{5}{2}}}{H^{\frac{3}{2}}(\cos\beta)^{\frac{5}{2}}} \tag{1.31}$$

作为水平射流，轴线轨迹方程成为单项式：

$$y = \pm 0.4 \frac{x^{\frac{5}{2}}}{H^{\frac{3}{2}}} \tag{1.32}$$

平面射程：

$$x_0 = 1.84 H \cos\beta (\sin\beta)^{\frac{3}{2}} \tag{1.33}$$

对于任意 β，平面射流最大射程：

$$(x_0)_{\max} = 0.79 H \tag{1.34}$$

平面射流顶点横坐标：

$$x_B = H \cos\beta (\sin\beta)^{\frac{2}{3}} \tag{1.35}$$

1.1.3　射流的相互作用

射流的相互作用问题在建筑通风空调及能源动力工程中经常存在，本小节主要分析多股同向平行射流、相交射流、交叉射流等的相互作用。多股射流叠加后气流流动与单股射流动量有关，下面重点分析其轴线流动速度分布。假定两个基本射流呈某一角度，在其射流交叉处动量汇合，合成动量向量确定了汇合后射流的方向[26](图 1.6)。

1. 多股同向平行射流

通风空调气流组织中常涉及多股射流的叠加问题，一般多发生于射流的中、末端(图 1.6 及图 1.7)。对于多股相互影响的平行射流，在其起始段轴线速度仍可保持初始速度 u_0。实验表明，多股射流可发生相互引射作用，此时多股射流中每股射流的初始段长度可比自由射流缩短约 30%。一般认为，两相邻射流汇合的截面即为主体段开始截面(图 1.8 的 A—A 截面)，起始段和主体段之间存在较短的过渡段，在工程设计中可以忽略。主体段速度峰值趋向相互靠拢且沿轴向逐渐衰减，而两股射流之间的速度谷值则逐渐增加，最终汇合射流横截面上的速度分布越来越趋于均匀[27]。多股射流的流动特性还受到风口间距的影响[28-29]。

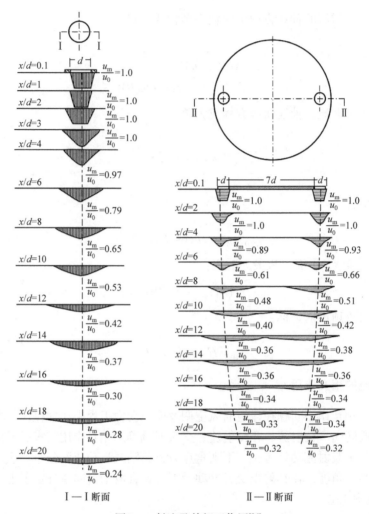

图 1.6　射流及其相互作用[26]

CFD 模拟及可视化实验得到顶部向下送风的多股射流相互作用，如图 1.7 所示[30]。

Shepelev[31]分析了多股相互平行射流流动，如图 1.8 所示。对于 n 股平行射流(出口间距为 $2a$)，基于动量守恒，其相互作用流场中任意点(x, y, z)处的速度 u_Σ 可表示为[32]

$$u_\Sigma^2 = u_1^2 + u_2^2 + \cdots + u_{n-1}^2 + u_n^2 \tag{1.36}$$

其中，

$$u_1 = \frac{Ku_0\sqrt{F_0}}{x} e^{-\frac{1}{2}\frac{(y-a)^2+z^2}{(cx)^2}} \tag{1.37}$$

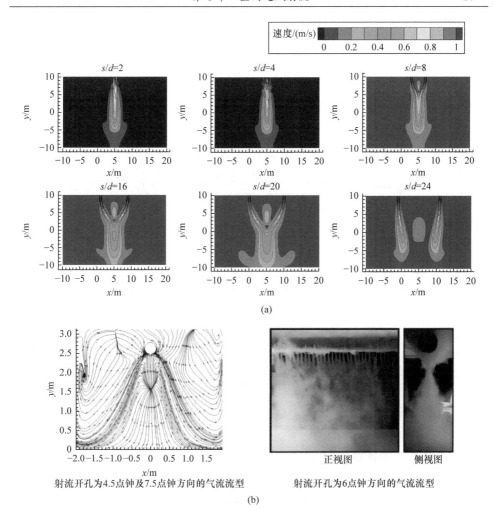

(a)

射流开孔为4.5点钟及7.5点钟方向的气流流型　　　　射流开孔为6点钟方向的气流流型

(b)

图 1.7　多股射流相互作用

(a) 两股射流速度场；(b) 送风管道双排开孔[30]

s 为相邻两风口中心间距；d 为风口直径

$$u_2 = \frac{Ku_0\sqrt{F_0}}{x}\mathrm{e}^{-\frac{1}{2}\frac{(y+a)^2+z^2}{(cx)^2}} \tag{1.38}$$

$$u_i = \begin{cases} \dfrac{Ku_0\sqrt{F_0}}{x}\mathrm{e}^{-\frac{1}{2}\frac{(y-ia)^2+z^2}{(cx)^2}}, & i=1,3,5,\cdots \\[4mm] \dfrac{Ku_0\sqrt{F_0}}{x}\mathrm{e}^{-\frac{1}{2}\frac{[y+(i-1)a]^2+z^2}{(cx)^2}}, & i=2,4,6,\cdots \end{cases} \tag{1.39}$$

式中，K、c 为实验常数。

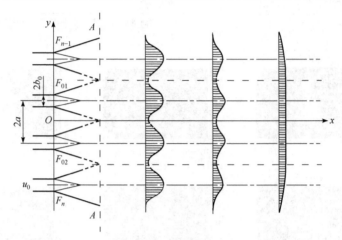

图 1.8　多股相互平行射流流动[31]

以两股平行射流为例，平行射流的轴线速度($z = 0$)可表示为

$$u_{\Sigma m} = \frac{Ku_0\sqrt{F_0}}{x}\left[e^{-\left(\frac{y-a}{cx}\right)^2} + e^{-\left(\frac{y+a}{cx}\right)^2}\right]^{\frac{1}{2}} \tag{1.40}$$

平行射流组中单股射流的轴线速度($y = a$ 或 $y = -a$)为

$$u_{m1} = \frac{Ku_0\sqrt{F_0}}{x}\left[1 + e^{-\left(\frac{2a}{cx}\right)^2}\right]^{\frac{1}{2}} \tag{1.41}$$

沿两股射流对称轴($y = 0$)的速度为

$$u_{\Sigma x} = \frac{Ku_0\sqrt{2F_0}}{x}e^{-\left(\frac{a}{cx}\right)^2} \tag{1.42}$$

对于常见的通风空调技术应用场合，位于同一平面、出口面积 F_0、出流速度 u_0 的多股平行射流(如 1~10 股)，其轴线速度可表示为[32-33]

$$\frac{u_{\Sigma m}}{u_0} = K\frac{\sqrt{F_0}}{x}K_{\Sigma m} \tag{1.43}$$

式中，$K_{\Sigma m}$ 为多股平行射流作用系数，见图 1.9。

2. 相交射流基本特性

交叉射流和相对射流碰撞(射流沿轴线相向碰撞)是射流相互作用的典型形式[27]。两股风口直径、出口速度相等的相交射流的形变见图 1.10。两股射流相交后(其轴线呈交角 α，发生斜碰)，在截面垂直方向上产生形变，发生射流"压扁

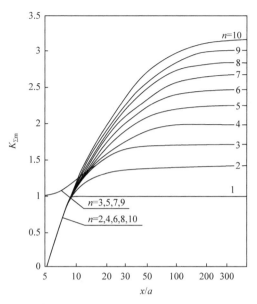

图 1.9　单排多股平行射流的相互作用系数 $K_{\Sigma m}$ [32-33]

效应"，总射流又以一定的扩展角继续流动，射流主体径向边界增大。交角 α 越大，射流断面在水平方向射流越易呈扁平化。

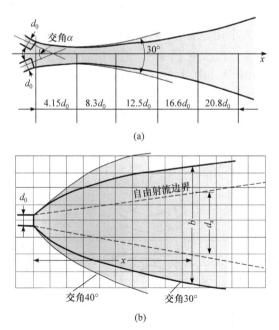

(a)

(b)

图 1.10　相交射流的形变[34]

(a) 垂直断面；(b) 水平断面

图 1.11 为射流交角 α 与射流断面水平方向形变率 φ 的关系。定义 φ 为射流形变率，其表达式为 $\varphi = (b - d_x) / d_0$。其中，$b$ 为距风口 x 处断面的水平方向射流宽度，d_x 为该断面自由射流的直径，d_0 为风口直径。交角 α 越大，射流形变越严重，而形变最大的区域发生于射流相交区。射流相交后产生的总射流沿流向离开一段距离后几乎不再发生形变，以稳定流型向前扩展。

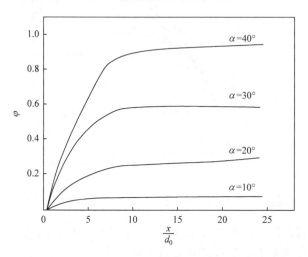

图 1.11　射流交角 α 与射流断面水平方向形变率 φ 的关系[34]

当两股初始动量大小相等的射流(风口直径、出口速度均相等)相向流动发生碰撞时，碰撞后的射流方向改变了 90°，沿着垂直于初始射流轴线的方向流动，如图 1.12(a)和(b)所示[34-35]。图 1.12(c)给出了具有相同初始动量的四股柱壁射流碰撞后的气流可视化图。若两股射流的初始动量大小不同，则射流相撞后的流向转折点位置取决于初始射流的速度及质量较大者。

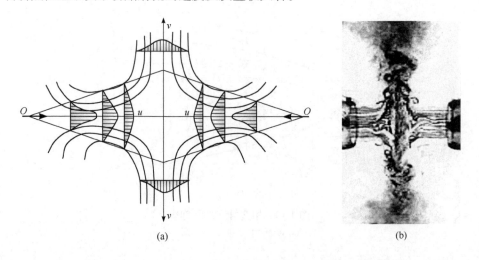

(a)   (b)

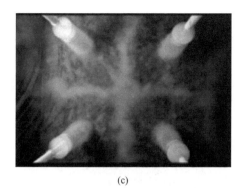

(c)

图 1.12　相交射流

(a) 两股相向射流流型；(b) 两股相向射流可视化；(c) 四股柱壁射流可视化(俯视)

Conrad[36]比较了两股沿顶棚相向运动碰撞的等动量条缝形风口射流流型，碰撞后的运动方向改变了 90°，如图 1.13 所示。碰撞之前的水平贴附射流轴线速度为

$$u_{\mathrm{m}} = \left(\frac{b_0}{\zeta x}\right)^{0.375} \tag{1.44}$$

式中，ζ 为送风口特征参数，$\zeta = 0.1 \sim 0.4$[37]；x 为距风口的距离。

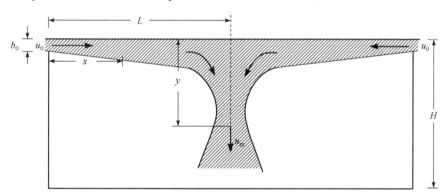

图 1.13　沿顶棚相向运动碰撞的等动量条缝形风口射流流型

碰撞之后的竖向射流轴线速度为

$$u_{\mathrm{m}} = \kappa \left(\frac{b_0}{\zeta L}\right)^{0.375} \left(\frac{L}{L+y}\right)^{q} \tag{1.45}$$

式中，y 为距顶棚的竖向距离；κ、q 为实验系数，两股射流时 κ 取 0.65，q 取 1；L 为沿顶棚的射流长度。

3. 交叉射流运动分析

两股动量分别为 $m_1 u_{01}$、$m_2 u_{02}$ 的射流交叉碰撞，碰撞之后的运动特性取决于

m_1、m_2 及 u_{01}、u_{02}。当较小动量的次气流(初速度为 u_{02})射入较大动量的主气流(初速度为 u_{01})时，逐渐被较大动量的射流支配(或携带)而改变方向，最后被较大动量射流所"同化"；次气流的迎风面会出现正压，背风面会出现负压，这一现象同流场中的固体障碍物对来流产生的影响类似，致使次气流断面改变为马蹄形，产生了带有回流旋涡的尾迹区，见图 1.14[38]，加快了热质交换过程。

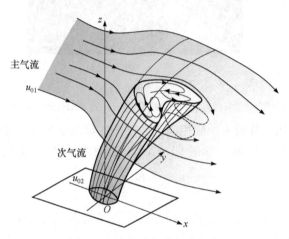

图 1.14　次气流与主气流相交

1) 射流轨迹

分析次气流的运动特性，射流轴线因受主气流动压作用发生形变，次气流出现周向速度分量，增加了侧面切应力，其卷吸掺混作用较为强烈。以宽度为 b 的狭缝射流作为次气流，分析次气流微元段受力，如图 1.15 所示。

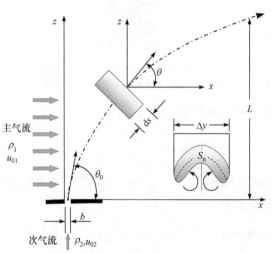

图 1.15　次气流微元段受力分析

流场中次气流微元段 ds 的迎风面受到的主气流动压与弯曲流动产生的离心力相平衡，其关系式为[39]

$$\frac{1}{2}\rho_1\left(u_{01}\sin\theta\right)^2\zeta\Delta yds = -\rho_2 S_n ds\frac{\overline{u}_2^2}{R} \tag{1.46}$$

式中，ρ_1 为主气流密度；ζ 为气流阻力系数，可由实验获得，一般为 1～3；θ 为次气流与 x 轴的夹角；Δy 为次气流剖面沿 y 轴的宽度；微元 ds 为沿次气流轴线长度变化；S_n 为次气流横断面面积；$\overline{u}_2$ 为次气流平均流速；ρ_2 为次气流密度。如果是等密度交叉射流，则 $\rho_1 = \rho_2$；R 为微元段曲率半径，$R = \left[1+\left(\dfrac{dy}{dx}\right)^2\right]^{\frac{3}{2}}\bigg/\left(\dfrac{d^2y}{dx^2}\right)$。

假设在次气流边界层内，其动量守恒，即

$$\overline{u}_2^2 S_n \sin\theta = u_{02}^2 S_0 \sin\theta_0 \tag{1.47}$$

式中，u_{02} 为次气流初速度；S_0 为次气流开口面积；θ_0 为次气流与 x 轴的初始夹角。

由次气流运动轨迹的三角函数关系 $\sin\theta = \dfrac{\tan\theta}{\sqrt{1+\tan^2\theta}} = \dfrac{dz}{dx}\bigg/\left[1+\left(\dfrac{dz}{dx}\right)^2\right]^{\frac{1}{2}}$，得到次气流轨迹方程：

$$\frac{z}{r_u^2 b} = \frac{2}{k}\left(\sqrt{k\left(\frac{x}{r_u^2 b}\right)+\cot^2\theta_0}-\cot\theta_0\right) \tag{1.48}$$

式中，r_u 为次气流与主气流的初速度比，$r_u = \dfrac{u_{02}}{u_{01}}$；$k$ 为常数，$k = \dfrac{\zeta}{\sin\theta_0}$；$\theta_0 \in \left(0, \dfrac{\pi}{2}\right]$。

值得注意的是，以上分析中基于宽度为 b 的狭缝射出的次气流运动，忽略了次气流剖面宽度 Δz 的变化，即 $S_0 = \Delta z b_0$。此外，当次气流为直径较大的圆形射流时，应考虑 Δz 的沿程变化，其变化规律可由实验获得，一般性关联表达式为[40]

$$\frac{z}{r_u d} = A\left(\frac{x}{r_u d}\right)^\gamma \tag{1.49}$$

式中，d 为圆形射流直径；A 和 γ 均为常数。

不同研究者获得的系数和指数略有差异，但通过实验获得的射流轨迹方程形式基本相似。Margason[41]提出了 A 和 γ 的一系列实验结果，发现对于圆形射流有 $1.2 < A < 2.6$，且 $0.28 < \gamma < 0.34$。

Keffer 等[42]则采用 $r_u^2 d$ 对次气流轨迹关联式进行整理，在实验研究中重点关注了靠近次气流出口处的区域(次气流距出口最大下游距离为 $4d$)。这也与狭缝射流(二维平面射流)次气流(其特征尺度为 b)轨迹变化规律(式(1.48))相统一，如图 1.16 所示。

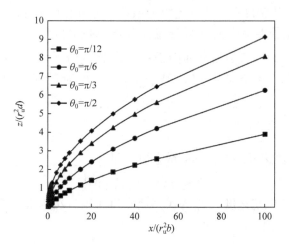

图 1.16　狭缝射流(二维平面射流)次气流轨迹

此外，Subramanya 和 Porey[43]认为，绕流阻力系数 ζ 是沿程变化的，$\zeta = f(z/d)$，可通过实验获得。假定沿次气流轴线任意断面的动量通量和其初始动量通量成比例，得到次气流轨迹方程如下[43]：

$$\frac{x}{d} = \int \sinh\left\{ \frac{1}{\frac{\pi}{2}r_u^2\beta_0}\left[\int \frac{\Delta y}{d}\zeta \mathrm{d}\left(\frac{z}{d}\right)\right]\right\} \mathrm{d}\left(\frac{z}{d}\right) \tag{1.50}$$

式中，β_0 为沿次气流轴线任意断面与初始动量通量比。

2) 穿透深度

当次气流运动轴线与主气流方向相同时，次气流出口平面到相交后射流轴线之间的法向距离 L 与次气流风口直径 d 之比，定义为相对穿透深度 L^*，见图 1.15。实验给出的圆形次气流最大相对穿透深度 L^*_{max} 计算式如下[44]：

$$L^*_{max} = 1.15\sqrt{\frac{\rho_2 u_{02}^2}{\rho_1 u_{01}^2}}\sin\theta_0 \tag{1.51}$$

实验所采用的 θ_0 为 51°~90°，如图 1.17 所示。若提高 $\dfrac{\rho_2 u_{02}^2}{\rho_1 u_{01}^2}$ 及在一定范围内增大气流夹角 θ_0，则相交气流中的相对穿透深度增大，气流夹角的影响更加显著[44]。

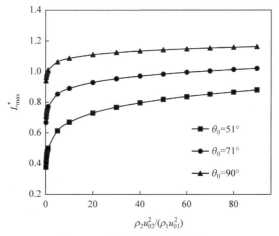

图 1.17　最大相对穿透深度 $L_{\max}^*$

3) 速度分布

由以上分析可知，此类射流交叉运动的轨迹较为复杂，其与射流的出口形状、入射角度 θ、主气流及次气流初速度等因素有关，现结合数值计算结果简要分析相交气流的速度分布。

当次气流射入主气流后($u_{02} \neq u_{01}$)，随着射流向前发展，无量纲过余速度 $(u_{2m} - u_{01})/(u_{02} - u_{01})$(此处 u_{2m} 为次气流断面最大速度)不断降低。极限情况，自由射流($u_{01} = 0$)速度下降最慢。速度比 r_u 越小，主气流"同化"次气流的能力越强。图 1.18 为次气流与主气流初速度比 r_u 对交叉射流速度分布的影响。

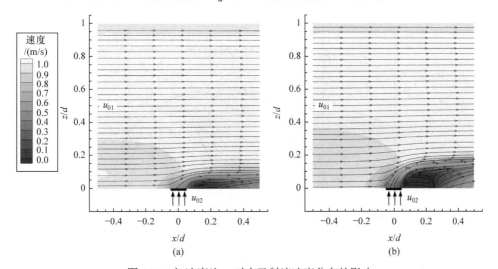

图 1.18　初速度比 r_u 对交叉射流速度分布的影响

(a) $r_u = 0.5$；(b) $r_u = 1.0$

当气流夹角 $\theta = 0$ 时为同向射流，$\theta = \pi$ 时为相向射流，前文已有论述，此处不再讨论。

1.2　室内受限射流

本节阐述室内受限射流的特征参数及其设计计算式。基于射流的室内气流组织是冷源、热源及其输配系统等在室内环境营造中的最终体现，是创造室内舒适、健康环境最直接的终端技术。室内气流组织效果直接关联着建筑能源的供给侧和需求侧。从需求侧角度，它关系到被调控区域人工环境保障的最终效果；从供给侧角度，事关建筑供冷、供热负荷，即建筑通风空调系统的能耗乃至建筑碳排放强度。

1.2.1　室内通风受限射流分区

对于室内受限(非贴附)射流通风，因射流运动受到周围边界的影响，受限射流的速度衰减分布不同于自由射流。通风受限射流的结构可分为射流起始段、受限扩张段、收缩段及射流末段等。以送风口位于房间端部、高度 $h = 0.5H$ 时所形成的室内受限射流为例，射流半径及流量在 I—I 断面之前区域，随射程增大而增大，而在 I—I 至 II—II 断面之间区域其增大逐渐趋缓，在 II—II 断面之后区域，射流主体段半径及流量则逐渐减少至环境风速(III—III 断面)。通风受限射流的边界线多呈橄榄形，其射流外边界与固体边壁之间会形成与射流方向相反的回流区，如图 1.19 所示。

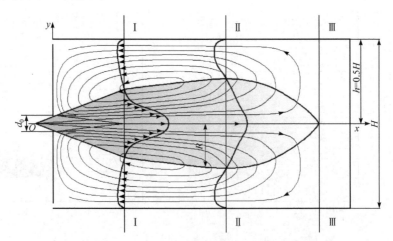

图 1.19　$h=0.5H$ 时室内受限射流流动及速度简图

通风空调中射流的自由度可用 $\sqrt{F_n}/d_0$ 表示，其倒数 $d_0/\sqrt{F_n}$ 则为射流的受限度。其中，F_n 为垂直于单股射流的房间横断面面积；d_0 为射流风口直径，也可用于非圆形风口。可定义射流的无量纲距离 $\bar{x}=ax/\sqrt{F_n}$ 来表达临界断面所在位置，其中紊流系数 a 受风口结构特性的影响，a 值体现了风口构造形式对出风不均匀性及速度衰减的影响程度。

(1) 第一临界断面(Ⅰ—Ⅰ断面)：为受限射流起始段和受限扩张段的分界面，位于 $\bar{x}\approx0.1$ 处，此后轴线速度开始发生改变，室内受限射流断面面积 F_j 与房间横断面面积 F_n 之比 $F_j/F_n\approx20\%\sim25\%$。当 $\bar{x}\leqslant0.1$ 时，从射流出口到Ⅰ—Ⅰ断面，通风气流按照自由射流的运动规律发展，气流出口到Ⅰ—Ⅰ断面上的各特征参数可按自由射流相关公式计算。a 越大，则射流扩散得越快，临界面也越趋近送风口。

(2) 受限扩张段：即Ⅰ—Ⅰ断面到Ⅲ—Ⅲ断面($\bar{x}\approx0.2$)，送风射流开始受到空间边壁限制，自由射流的动量守恒特性被破坏，射流断面流量和面积的增加开始趋缓。与自由射流相比，射流各断面平均流速及横断面面积均继续增加，至 $F_j/F_n\approx40\%\sim45\%$ 为止。回流流量、回流平均速度在第二临界断面处出现最大值。之后，射流开始收缩，断面动量呈现急剧下降，同时各横断面射流流量、射流横断面面积和轴线速度均不断减小。

(3) 射流收缩段：为Ⅱ—Ⅱ断面至Ⅲ—Ⅲ断面之间的区间，位于受限射流包络线端部(全场包络面呈现"橄榄形")，射流主体段流量逐渐减少至 0。如果射流风速较大，则会冲击到对面墙壁，形成冲击射流形式，流型包络面呈"⌐"型。

(4) 射流末段(如混合通风射流轴线速度 $u_m<0.5\text{m/s}$)：由于末端及周围壁面的限制，形成与射流方向相反的回流流动，房间任意断面射流流量与回流流量相等。射流轴线上的压力，一般要小于同一截面对应内壁面上的压力，壁面压力在末端处达到最大值。

当送风口位置 $h<0.5H$ 或 $h>0.5H$ 时，送风口靠近顶棚或靠近地板。射流的包络面会对应地趋近顶棚或地板，此时包络面的形状呈现非对称性分布，甚至呈现"⌐"或"⌐"形状，后面将进一步深入分析。

1.2.2　受限射流各特征参数

1. 受限射流参数

关于自由射流，存在以下基本假设：

(1) 射流边界呈直线，即射流的射线由起源开始，向外成一角度扩散，并延伸到无限远处，可用方程 $R=kx$ 表示，受卷吸流体周围的质量流线呈现不闭合的双曲线形式。

(2) 截面无量纲纵向速度 u/u_m 在射流主体段的各横截面中分布相似。

(3) 射流任意截面上, 动量在轴线上的投影量均认为是常数。

室内受限射流与自由射流不同, 对于室内受限射流存在以下假设:

(1) 射流只能在有限范围的空间中流动, 呈现闭合的流线。对连续流动介质的有限扰动, 会出现闭合循环涡流。

(2) 射流作用半径(射流宽度)及射流流量增加到某一程度时存在最大值, 即当 x 为有限值时, $R = R(x)$ 和 $Q = Q(x)$ 存在有限最大值。

(3) 在射流起源的某一距离处, 射流半径达到最大值, 之后射流半径、轴线速度及流量开始逐渐减小, 并趋于零(或环境风速 u_∞)。

自由射流与室内受限射流半径($R_0 = d_0/2$)的变化如图 1.20 所示[45]。自由射流半径呈线性增加, 而受限射流半径存在最大值, 即在射流前段首先增加, 当达到最大值后又不断减小。下面分析求解室内受限射流半径等函数关系式。

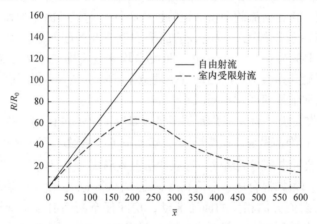

图 1.20　自由射流与室内受限射流半径的变化

2. 室内受限射流半径

室内受限射流在开始一段距离内半径可自由扩展, 但之后由于射流受室内壁面限制, 因此不宜采用 $R(x) = kx$ 进行计算。室内受限射流半径可用式(1.52)表示:

$$R(x) = kx\mathrm{e}^{-\alpha_0 \frac{x}{d_0}} \tag{1.52}$$

式中, $k = \tan\alpha$, α 为射流在起始段开始时扩散角的一半; α_0 为系数, $\alpha_0 = f\left(d_0/\sqrt{F_\mathrm{n}}\right)$; x/d_0 为距极点的无量纲距离。

基于无量纲距离 $\bar{x}$, $\bar{x} = ax/\sqrt{F_\mathrm{n}}$, 变量 x/d_0 表示为

$$\frac{x}{d_0} = \frac{\sqrt{F_\mathrm{n}}}{d_0}\frac{\bar{x}}{a} = \frac{\sqrt{F_\mathrm{n}}}{ad_0}\bar{x} \tag{1.53}$$

则

$$R(x) = kx\mathrm{e}^{-\frac{\alpha_0}{a}\frac{\sqrt{F_n}}{d_0}\overline{x}} = k\frac{\sqrt{F_n}}{a}\overline{x}\mathrm{e}^{-\frac{\alpha_0}{a}\frac{\sqrt{F_n}}{d_0}\overline{x}} \tag{1.54}$$

室内受限射流半径的函数表达式为

$$R(x) = 4\sqrt{F_n}\,\overline{x}\mathrm{e}^{-4\overline{x}} \tag{1.55}$$

式(1.55)即为当 $h/H = 0.5$ 时室内受限通风射流断面半径的函数关系式。根据式(1.55)，以 $F_n = 9\mathrm{m}^2$、$12\mathrm{m}^2$、$15\mathrm{m}^2$ 为例，$R(x)$ 随 $\overline{x}$ 的变化如图 1.21 所示[45]。

由图 1.21 可知，在射流起始段，室内受限射流的半径与房间的横断面面积近似成正比关系。当房间横断面面积增大时，同一位置处的射流半径也会相应增大，且存在最大射流半径，射流无量纲距离 $\overline{x}_{\max}$ 表达式为

$$\overline{x}_{\max}\frac{\alpha_0}{a}\frac{\sqrt{F_n}}{d_0} = 1 \tag{1.56}$$

$$\overline{x}_{\max} = \frac{ad_0}{\alpha_0\sqrt{F_n}} \tag{1.57}$$

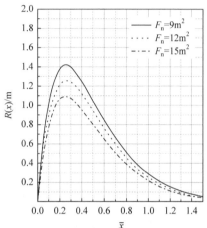

图 1.21　室内受限射流 $R(x)$ 随 $\overline{x}$ 的变化

由 $\overline{x} = ax\big/\sqrt{F_n}$ 得到

$$\frac{ax_{\max}}{\sqrt{F_n}} = \frac{ad_0}{\alpha_0\sqrt{F_n}} \tag{1.58}$$

因此，达到射流最大半径时，射流距离 $x_{\max}$ 为

$$x_{\max} = \frac{d_0}{\alpha_0} \tag{1.59}$$

$$\left(\frac{x}{d_0}\right)_{\max} = \frac{x_{\max}}{d_0} = \frac{1}{\alpha_0} \tag{1.60}$$

室内受限射流半径最大值为

$$R_{\max} = \frac{kd_0}{\mathrm{e}\alpha_0} \tag{1.61}$$

即射流最大直径 D 为

$$D = 2R_{\max} = \frac{2kd_0}{\mathrm{e}\alpha_0} \tag{1.62}$$

3. 受限射流截面

巴哈列夫等[20]给出室内受限射流断面面积 F_j 的函数表达式为

$$F_j = \pi R^2 = \frac{\pi k^2 F_n}{a^2} \bar{x}^2 e^{\frac{2\alpha_0}{a} \frac{\sqrt{F_n}}{d_0} \bar{x}} \tag{1.63}$$

如前所述，$\bar{x} = ax / \sqrt{F_n}$。室内受限射流断面面积与房间横断面面积之比可表示为

$$\frac{F_j}{F_n} = \frac{\pi k^2}{a^2} \bar{x}^2 e^{\frac{2\alpha_0}{a} \frac{\sqrt{F_n}}{d_0} \bar{x}} \tag{1.64}$$

显然，$R(x)$ 取得最大值时，F_j / F_n 也同时取得最大值：

$$\left(\frac{F_j}{F_n} \right)_{max} = \frac{\pi k^2 d_0^2}{\alpha_0^2 e^2 F_n} \tag{1.65}$$

罗津别尔格实验中参数 $\sqrt{F_n} / d_0$ 分别为 4.77、10.13、21.50 和 75.50，萨道夫斯卡雅实验中参数 $\sqrt{F_n} / d_0$ 则分别为 8.06、12.13 和 17.96[46-47]。罗津别尔格等实验表明，房间单股受限射流的 F_j / F_n 存在最大值，且对于不同受限度 $d_0 / \sqrt{F_n} \approx$ 0.40~0.45，至于房间的多股射流受限度则需要通过分析确定。归纳其实验数据，轴对称受限射流最大半径出现在 $\bar{x}_{max} \approx 0.25$ 处[46-47]。

当 $h / H = 0.5$ 时，室内受限射流断面面积为[45]

$$\frac{F_j}{F_n} = 50.24 \bar{x}^2 e^{-8\bar{x}} \tag{1.66}$$

定义室内回流区断面面积 F_h 为 F_n 与 F_j 差值，则室内受限射流回流区断面面积为

$$\frac{F_h}{F_n} = 1 - 50.24 \bar{x}^2 e^{-8\bar{x}} \tag{1.67}$$

式(1.66)和式(1.67)中 F_j / F_n 及 F_h / F_n 与 $\bar{x}$ 的关系如图 1.22 所示[45]。当 $\bar{x} = 0.25$ 时，F_j / F_n 存在最大值，而 F_h / F_n 的变化趋势恰好相反。

4. 受限射流轴线速度

自由射流送风口到虚拟极点距离 x_0 的表达式为[25]

$$x_0 = 0.147 \frac{d_0}{a} \tag{1.68}$$

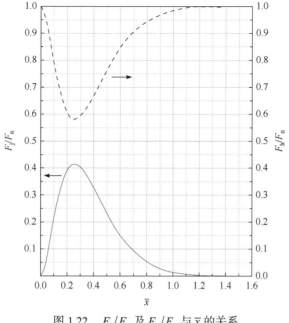

图 1.22　F_j/F_n 及 F_h/F_n 与 $\bar{x}$ 的关系

室内受限射流主体段轴线速度分布的函数表达式：

$$\frac{u_m}{u_0} = \frac{5.8d_0}{s + 0.147 d_0/a} \mathrm{e}^{-\frac{k}{\sqrt{F_n}}\left(s + 0.147\frac{d_0}{a}\right)} \tag{1.69}$$

式中，s 为射流计算断面到射流送风口的距离，$s = x - x_0 = x - 0.147 d_0/a$，$x$ 为射流断面到射流虚拟极点的距离。

5. 受限射流纵向速度分布

Albertson 等[9]、Pal[48] 及 Tuve[49] 实验证实，圆形射流断面速度可由高斯函数来准确表征。室内受限射流纵向速度的函数表达式为

$$u = u_m \mathrm{e}^{-3.15\left(\frac{r}{R}\right)^2} \tag{1.70}$$

室内受限射流在离轴线 r 处的纵向速度关系的一般表达式为

$$\frac{u}{u_0} = \frac{5.8d_0}{s + 0.147 d_0/a} \mathrm{e}^{-\frac{k}{\sqrt{F_n}}\left(s + 0.147\frac{d_0}{a}\right)} \mathrm{e}^{-3.15\left(\frac{r}{R}\right)^2} \tag{1.71}$$

由图 1.23 观察到，射流横截面速度分布近似呈正态分布，轴线处速度最大，到达 $r = R$ 处，即射流与回流的交界面(射流包络面)上，速度接近于零或者

环境风速。

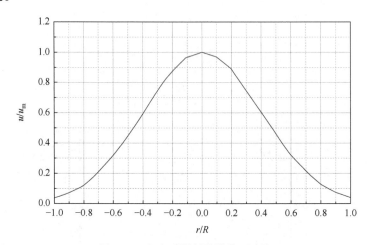

图 1.23　室内受限射流横截面速度

6. 受限射流断面流量

受限射流卷吸过程不同于自由射流，由于室内壁面的限制，室内受限射流达图 1.19 中临界断面Ⅲ—Ⅲ后，断面流量开始逐渐下降。

分析单位时间内通过微环面积 $2\pi r \mathrm{d}r$ 的流量，其可表示为 $2\pi r u \mathrm{d}r$ (图 1.24)，则通过整个射流断面的流量为

$$Q_{\mathrm{j}} = \int_{0}^{R} 2\pi r u \mathrm{d}r = 2\pi R^2 u_{\mathrm{m}} \int_{0}^{1} \left(\frac{u}{u_{\mathrm{m}}}\right)\left(\frac{r}{R}\right)\mathrm{d}\left(\frac{r}{R}\right) \tag{1.72}$$

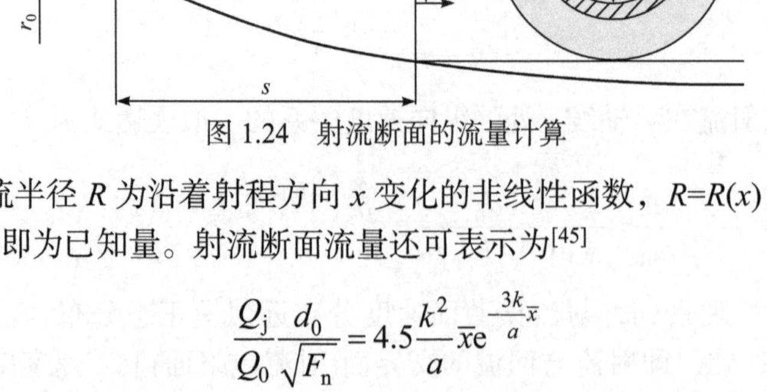

图 1.24　射流断面的流量计算

受限射流半径 R 为沿着射程方向 x 变化的非线性函数，$R=R(x)$，当断面位置 x 值确定，R 即为已知量。射流断面流量还可表示为[45]

$$\frac{Q_{\mathrm{j}}}{Q_0}\frac{d_0}{\sqrt{F_{\mathrm{n}}}} = 4.5\frac{k^2}{a}\overline{x}\mathrm{e}^{-\frac{3k}{a}\overline{x}} \tag{1.73}$$

对于 $h/H = 0.5$，单股轴对称受限射流为例，可得[45]

$$\frac{Q_{\mathrm{j}}}{Q_0}\frac{d_0}{\sqrt{F_{\mathrm{n}}}} = 72a\bar{x}\mathrm{e}^{-12\bar{x}} \tag{1.74}$$

考虑到室内壁面摩擦效应及室内涡旋动量的耗散，引入修正系数 A，则有

$$\frac{Q_{\mathrm{j}}}{Q_0}\frac{d_0}{\sqrt{F_{\mathrm{n}}}} = 72aA\bar{x}\mathrm{e}^{-12\bar{x}} \tag{1.75}$$

根据文献[50]实验数据得到修正系数 $A = 0.29\mathrm{e}^{17.48\bar{x}-28.3\bar{x}^2}$，室内受限射流断面流量的函数关系式为

$$\frac{Q_{\mathrm{j}}}{Q_0}\frac{d_0}{\sqrt{F_{\mathrm{n}}}} = 21.1a\bar{x}\mathrm{e}^{5.48\bar{x}-28.3\bar{x}^2} = f(Q_{\mathrm{j}}/Q_0) \tag{1.76}$$

对于狭长条缝形风口可取 $a=0.11$，$f(Q_{\mathrm{j}}/Q_0)$ 随 $\bar{x}$ 的变化见图 1.25[45]，函数关系如下：

$$\frac{Q_{\mathrm{j}}}{Q_0}\frac{d_0}{\sqrt{F_{\mathrm{n}}}} = 2.3\bar{x}\mathrm{e}^{5.48\bar{x}-28.3\bar{x}^2} = f(Q_{\mathrm{j}}/Q_0) \tag{1.77}$$

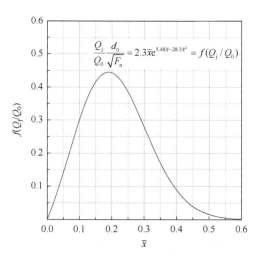

图 1.25　$f(Q_{\mathrm{j}}/Q_0)$ 随 $\bar{x}$ 的变化(条缝形风口)

分析图 1.25，室内受限射流断面流量随 $\bar{x}$ 的增大而增大，至 $\bar{x} = 0.19$ 时，$f(Q_{\mathrm{j}}/Q_0)$ 达到最大值 0.45，此位置为图 1.19 中 Ⅱ—Ⅱ 断面。然后断面流量逐渐减少，当 $\bar{x} = 0.55\sim0.60$ 时，$f(Q_{\mathrm{j}}/Q_0)$ 趋近于 0。当 $\bar{x} = 0.19$ 时(这与 1.2.1 小节中

的分析一致), 室内受限射流截面最大流量为

$$\left(\frac{Q_\mathrm{j}}{Q_0}\frac{d_0}{\sqrt{F_\mathrm{n}}}\right)_{\max} = 0.45 \tag{1.78}$$

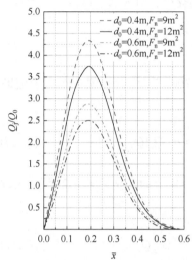

图 1.26 Q_j/Q_0 随 $\bar{x}$ 的变化

下面以 F_n 分别为 9m² 和 12m², d_0 分别为 0.4m 和 0.6m 为例, 分析 Q_j/Q_0 随 $\bar{x}$ 的变化, 如图 1.26 所示[45]。

从图 1.26 中可以看出, Q_j/Q_0 在起始段与末段变化较小。在房间送风量 Q_0 不变的情况下, 送风口直径不变时, 房间横断面面积越大, 受限射流断面流量越大; 房间横断面面积及送风量不变时, 送风口直径越大, 出流速度降低, 受限射流断面流量越小。

7. 受限射流区断面平均流速

室内受限射流区断面平均流速及流量可表示为

$$u_\mathrm{j} = \frac{1}{F_\mathrm{j}}\int_{F_\mathrm{j}} u \mathrm{d}F_\mathrm{j} \tag{1.79}$$

$$\int_{F_\mathrm{j}} u\mathrm{d}F_\mathrm{j} = \int_0^R 2\pi r u \mathrm{d}r = Q_\mathrm{j} \tag{1.80}$$

室内受限射流区断面平均速度 u_j 等于射流区断面流量与其所在断面的面积之比。当 $h/H = 0.5$ 时, 可以得到室内射流区断面平均速度:

$$\frac{u_\mathrm{j}}{u_0}\frac{\sqrt{F_\mathrm{n}}}{d_0} = 0.04\frac{1}{\bar{x}}\mathrm{e}^{13.8\bar{x}-28.3\bar{x}^2} \tag{1.81}$$

室内受限射流区断面平均速度随 $\bar{x}$ 变化见图 1.27[45]。室内受限射流区平均速度在起始段随着 $\bar{x}$ 的增加而急剧下降, 在 $\bar{x} = 0.2$ 附近(射流断面最大流量处)存在拐点, 此后下降速度趋缓。在 $\bar{x} = 0.55 \sim 0.60$, 受限射流平均速度趋近于零。

室内受限射流区 u_j/u_0 随 $\bar{x}$ 的变化如图 1.28 所示[45]。其变化规律同前文所述, 可以看出在 $\bar{x} = 0.2$ 附近(射流断面最大流量处)存在拐点。

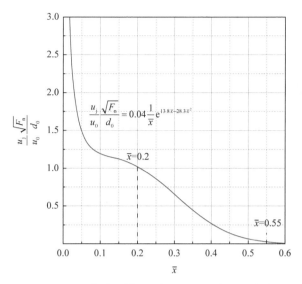

图 1.27　室内受限射流区断面平均速度随 $\bar{x}$ 变化

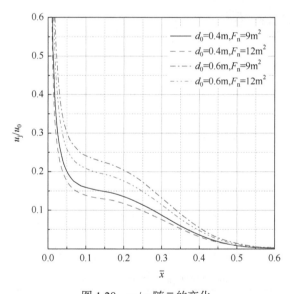

图 1.28　u_{j}/u_0 随 $\bar{x}$ 的变化

1.2.3　水平贴附射流

水平贴附射流可视为 $h=0$ 时的室内受限射流的特例，如图 1.29 所示。此时，出口射流完全贴附于房间顶部，由于房间顶棚影响了气流的卷吸，其流动特性与自由射流和室内受限射流有所不同。水平贴附射流的射程比自由射流和室内受限射流的射程都要长，水平贴附射流各断面的最大速度位于近壁面处。类似地，室内水平贴附射流流场结构可分为贴附射流段、受限扩张段等。

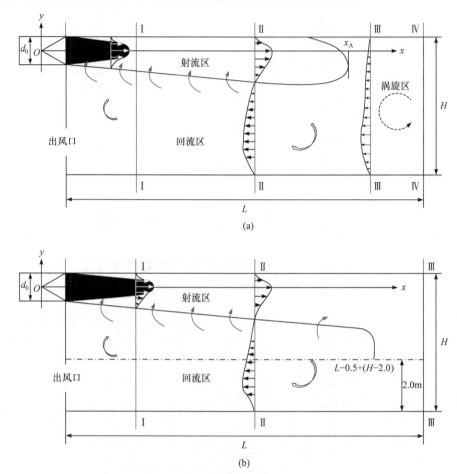

图 1.29　水平贴附射流示意图 ($h=0$)

(a) $u_0 < u_c$；(b) $u_0 \geqslant u_c$。u_c 为最大水平射程为房间长度时射流出口速度

水平贴附射流与室内受限射流特征类似，其特征参数计算式见表 1.4。

表 1.4　水平贴附射流各特征参数计算式

特征参数	计算式	说明
水平贴附射流半径 R	$R = 5.66\sqrt{F_n}\,\overline{x}\mathrm{e}^{-4\overline{x}}$	水平贴附射流半径约为室内受限射流($h/H=0.5$)半径的 $\sqrt{2}$ 倍，均随着无量纲距离增加而先增大后减少，并且两种通风方式在同一位置取半径最大值，射流半径随着无量纲距离的增加在同一位置趋于 0
水平贴附射流断面面积 F_j	$F_j = \dfrac{1}{2}\pi R^2 = \dfrac{\pi k^2 F_n}{2a^2}\overline{x}^2 \mathrm{e}^{-\frac{2k}{a}\overline{x}}$	基于镜像原理，射流半径变为原来的 $\sqrt{2}$ 倍

特征参数	计算式	说明
水平贴附射流轴线速度 u_m/u_0	$\dfrac{u_m}{u_0}=\dfrac{8.2d_0}{s+0.208\,d_0/a}\mathrm{e}^{-\frac{k}{\sqrt{F_n}}(s+0.208d_0/a)}$	近壁面的空气卷吸受限，轴线速度衰减缓慢，与室内受限射流相比，贴附射流的轴线速度相对较大
水平贴附射流径向速度分布 u/u_0	$\dfrac{u}{u_0}=\dfrac{8.2d_0}{s+0.208\,d_0/a}\mathrm{e}^{-\frac{k}{\sqrt{F_n}}(s+0.208d_0/a)-3.15\left(\frac{r}{R}\right)}$	水平贴附射流径向速度与风口直径、特性及房间断面面积等有关
水平贴附射流断面流量 Q_j/Q_0	$\dfrac{Q_j}{Q_0}=1.63\dfrac{\sqrt{F_n}}{d_0}\bar{x}\mathrm{e}^{(5.48\bar{x}-28.3\bar{x}^2)}$	贴附壁面作用下射流空气受限，断面流量变小

1.2.4　竖向贴附射流及空气湖流动

本小节分析竖向贴附(附壁)射流，其所贴附的固定壁面可为竖壁、柱壁、曲壁面等。基于对竖向贴附射流的长期研究，李安桂[51]提出了竖向贴附通风(附壁通风，attachment ventilation)理论与设计方法，包括竖壁、柱壁等通风设计方法(图1.30)。

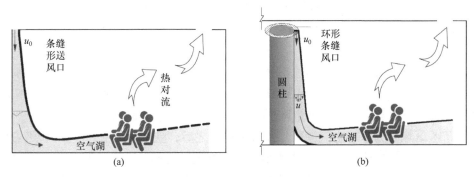

图 1.30　竖向贴附通风射流示意图
(a) 竖壁贴附射流；(b) 柱壁贴附射流

1. 竖壁贴附射流的结构与分区

从力学角度看，竖壁贴附通风方式可视为竖壁和水平贴附空气流动的叠加：以切向或一定角度射出的气流实现"竖向半受限贴壁流—冲击地面转向—水平向贴壁流"连续运动。竖壁贴附射流结构可概括为"三点四区"(即贴附点、分离点、地面贴附点，偏转贴附区竖向贴附区、撞击区、水平空气湖区)，如图1.31所示[51]。

(1) 区域Ⅰ为竖向贴附区。射流主体在两侧压差作用下贴附于竖壁，沿壁面向下部运动，射流主体速度衰减缓慢，实现了射流沿竖壁的有效输送。当 $s = b/2$ 时(s 为送风口中心线与竖壁距离，b 为送风口宽度)，送风可紧贴竖壁。

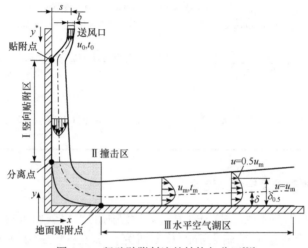

图 1.31　竖壁贴附射流的结构与分区[51]

若 s 较小时($s/b \leqslant 5$)，受附壁效应作用(wall attachment effect; Coanda effect)，射流会向墙壁倾斜运动，趋近并贴附于竖壁，风口至贴附点区域称为偏转贴附区。此时，对于竖壁贴附通风射程而言，s 的影响可以忽略不计。当 $s/b > 5$ 时，贴附送风失效。

(2) 区域Ⅱ为撞击区。射流沿竖壁趋近于地面时，受地面逆压梯度的影响，空气射流在 $\partial u_y / \partial x \big|_{x=0} = 0$ 处从竖壁分离，撞击地面转为水平流动。射流主体发生 90°偏转，并与周围空气发生剧烈掺混，在该区域速度变化较大。

(3) 区域Ⅲ为水平空气湖区。经过区域Ⅱ之后，受扩展附壁效应影响[52]，从地面贴附点开始，送风气流沿水平地面向前推进，形成低风速、小温差的流动空气薄层区域。该区是通风气流组织调控的目标控制区域，其水平射程越长，送风射流沿地面延伸越远，通过气流组织特征参数及其关联式进行设计计算，确保满足人体热舒适性或生产环境需求。

2. 柱壁贴附射流的结构与分区

矩形柱(方柱)柱壁贴附通风气流运动规律与竖壁贴附通风类似，但因其存在棱角效应，导致相邻柱壁贴附气流在工作区中存在交汇与叠加，其射流结构分区如图 1.32 所示。值得注意的是，沿着棱角的相邻气流进入工作区后产生交汇掺混(柱体棱角效应)，增加了水平空气湖区动量的消耗，空气流动速度相对于竖壁贴附射流衰减更快。

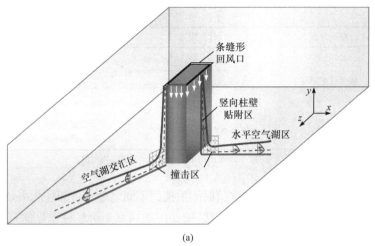

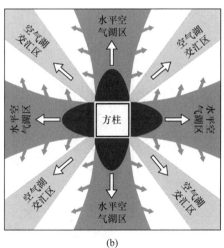

图 1.32 柱壁贴附射流结构与分区[51]

(a) 矩形柱通风示意图；(b) 方柱水平空气湖区流场

竖向柱壁贴附射流各特征参数可采用表 1.5 公式进行计算[51]。

表 1.5 竖向柱壁贴附射流各特征参数计算式

分区	特征参数	计算式	说明
竖向柱壁贴附区	轴线速度	$\dfrac{u_{\mathrm{m}}\left(y^{*}\right)}{u_{0}}=\dfrac{1}{0.013\left(\dfrac{y^{*}}{b}\right)^{1.11}+0.985}$	速度通用关联式 $\dfrac{u_{\mathrm{m}}\left(y^{*}\right)}{u_{0}}=\dfrac{1}{0.012\left(\dfrac{y^{*}}{b}\right)^{1.11}+0.90}$

续表

分区	特征参数	计算式	说明
竖向柱壁贴附区	轴线过余温度	$\dfrac{t_n - t_m}{t_n - t_0} = \dfrac{1}{0.011\left(\dfrac{y^*}{b}\right)^{1.11} + 0.973}$	温度通用关联式 $\dfrac{t_n - t_m}{t_n - t_0} = \dfrac{1}{0.01\left(\dfrac{y^*}{b}\right)^{1.11} + 0.942}$
	断面速度	$\dfrac{u}{u_m} = -0.83 + 2.03 \times e^{-0.42\eta}$	适用于竖壁贴附射流、矩形柱柱壁及圆柱柱壁贴附射流

注：表 1.5 说明栏中的计算式既可用于柱壁贴附射流，也可用于竖壁贴附射流。

　　圆柱柱壁贴附射流与矩形柱柱壁贴附射流的不同之处在于圆柱曲率效应问题。从顶部环形条缝风口送出的空气，同竖壁贴附通风和矩形柱柱壁贴附通风流动类似，其竖向流动规律几乎完全一致。在水平空气湖区，射流特性沿径向变化略不同于竖壁和矩形柱柱壁，呈现沿圆周 360° 径向气流分布特性，如图 1.33 所示。

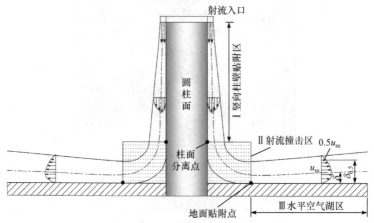

图 1.33　圆柱柱壁贴附射流结构与分区

　　同样地，圆柱柱壁贴附送风射流在室内的空气流动路径可分为竖向柱壁贴附区Ⅰ、射流撞击区Ⅱ和水平空气湖区Ⅲ。其中，区域Ⅰ、Ⅱ与竖壁贴附通风及矩形柱柱壁贴附通风完全一致。区域Ⅲ为水平空气湖区，由于圆柱的几何对称特性，通风在地面呈现沿径向辐射扩散，流量及扩展厚度随之沿径向射程增加，轴线速度衰减较为迅速。

　　圆柱柱壁贴附射流各特征参数可采用表 1.5 计算式进行计算[51]。

1.3　通风射流流型及其气流组织

1.3.1　通风射流流型

　　空气分布器(常简称为"风口")是指送风系统(或空调设备)中将空气送入

或排出房间的一种末端部件，其类型主要分为送风口、回风口及风口组合装置。送风口包括喷口、散流器、格栅、条缝形风口、球形风口、旋流风口等，是由相似的结构型式和几何模数所组成的不同规格的一组风口。风口的结构型式对射流湍流强度、射程、流型包络面等空气扩散参数及其阻力系数有直接影响。

流型包络面指用以描述送风射流流型轮廓上的等速点所连接而成的分界面，该分界面上的空气速度等于所规定的允许速度值，一般可采用 0.5m/s，见图 1.34。

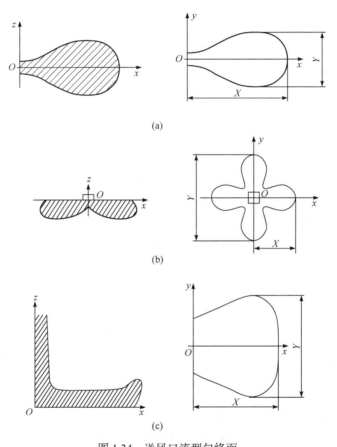

(a)

(b)

(c)

图 1.34　送风口流型包络面
(a) 喷口流型；(b) 方形吸顶散流器流型；(c) 竖壁贴附送风流型
X 为单向射程，Y 为扩散宽度；左侧为侧视图，右侧为俯视图

不同空气分布器如球形喷口、方形散流器、竖壁贴附条缝形风口等的射流流型可视化见图 1.35。在相同送风量或送风速度条件下，不同风口结构型式的紊流系数、形成的气流流型及室内流场相差颇大。根据建筑空间及控制区的需求，可

通过室内通风流场计算来选择合适的空气分布器。

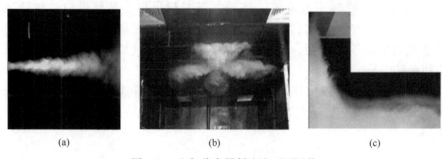

图 1.35 空气分布器射流流型可视化

(a) 球形喷口；(b) 方形散流器；(c) 竖壁贴附条缝形风口

1.3.2 高大空间气流组织模型实验与气流流型

气流组织实验的目的在于研究通风气流流动过程的规律性，明晰不同通风模式下空气流动与传热过程，以及通风速度、温度、房间体量、风口结构的影响。确定房间内气流流动与温度分布，阐明换热规律与通风效果，获得各通风模式下的温度效率、能量利用率，为通风设计、工程应用提供理论依据。

高大空间建筑的高度一般超过 5m，体积大于 1 万 m^3，如民用建筑的影剧院、体育馆、展览馆、地下车库等，工业建筑的生产厂房和国防工程等。高大空间除了具有一般通风空调工程的共性以外，还存在空间温度梯度大和热分层现象，以及冬季送热风失效、易存在空气滞止区(如大型地下车库中的 CO、NO_x、C_mH_n 等积存于气流死角区域)等问题。下面以地下水电站厂房通风为例，对高大空间气流组织进行分析。我国水电站装机容量及建设规模已位居世界首位。20 世纪六七十年代以来开展了一系列水电站通风气流组织模型实验，如 60 年代渔子溪水电站横向均匀送风模型实验、70 年代安砂水电站厂房气流模型实验，以及后来的三峡、葛洲坝、龙羊峡、龙滩、小浪底、李家峡等一系列水电站气流组织模型实验。水电工程通风空调气流组织模型实验旨在验证室内机械通风设计方案的运行效果和可靠性，确定不同送风方式下高大厂房气流流态、温度和速度分布，得出最优气流组织设计方案。

(1) 对于室内非等温气流运动模型实验，除几何相似外，阿基米德数还应保持相等。

(2) 对室内等温气流运动模型实验来说，则要求雷诺数达到自模区。

通风气流组织模型实验能科学地反映实际的气流流态和速度场，对合理确定复杂、高大空间通风空调气流组织方案起到了重要的指导作用。以西安建筑科技大学完成的安砂水电站发电机层通风空调气流组织模型实验为例，其发电机层尺寸为 55m×17m×14m(长×宽×高)，总装机容量为 11.5 万 kW(两台 2 万 kW；一台 7.5 万 kW)。厂房采用"纵向高速射流多层串联"的通风方式，在发电机层工作区形成符合工艺生产需求、均匀的气流和流速。

图 1.36 和图 1.37 分别给出了两种送风速度下，安砂水电站发电机层侧上部送风气流运动的流态。侧上部送风、下部回风时，出现较大回流，是该种气流分布的显著特点。实验表明，出口风速 u_0 为 12m/s 时，射流末段涡流区不足全部射程的 5%(图 1.36)。当出口风速降低为 9.35m/s 时，射流末段涡流区则增加到射程的 20%(图 1.37)。气流组织的流型主要取决于射流速度及送风口型式，回风口对其影响较小。此外，如果在涡流区或回流区开同等面积的孔口，前者的排风量会远大于后者。回流方向较大程度上取决于风口送风的方向。在高大厂房中，若送风射流主体段被较大障碍物阻挡时(阻塞比 $\eta \geqslant 15\%$，η 为障碍物迎风面面积与其所在射流断面面积之比)，射流流态会发生较大改变，甚至导致射流流态破坏。

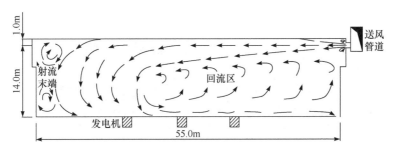

图 1.36 安砂水电站发电机层侧上部送风气流运动流态($u_0 = 12$m/s)

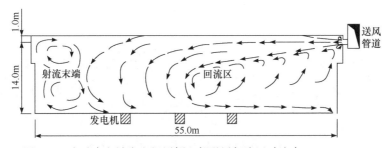

图 1.37 安砂水电站发电机层侧上部送风气流运动流态($u_0 = 9.35$m/s)

以黄河龙羊峡水电站发电机层通风空调气流组织实验为例，其发电机层尺寸为 140.5m×23m×23.4m(长×宽×高)，总装机容量为 128 万 kW。主厂房采用两端对吹射流的通风方式，送风口设于两端的上部，送风射流沿厂房的顶棚上方流动，在房间下部形成回流。

　　图 1.38 和图 1.39 分别给出了数值模拟与实验测试得到的高大空间内两股对吹矩形喷口射流流型及断面速度分布。喷口送风速度为 7～17m/s，射流的射程不但取决于出风口型式与尺寸，而且还与房间的断面尺寸有关。鉴于龙羊峡水电站厂房长度大于 100m，从一端送风不能满足室内气流分布的要求，推荐采用双侧射流，送风速度可取 10m/s，见图 1.39。射流的最大横断面面积与房间的横断面面积之比为 0.41～0.46，排风口位置则对射流的气流影响不显著。值得注意的是，在射流的中央位置，存在速度为 0 的动态断面。

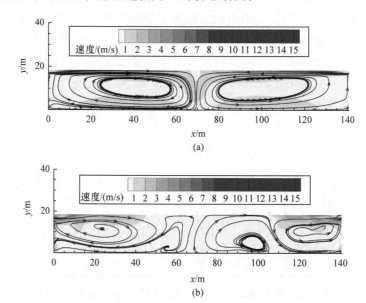

图 1.38　高大空间内两股对吹矩形喷口射流流型及断面速度分布
(a) 水平直吹；(b) 出风口下倾 15°

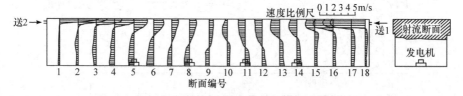

图 1.39　龙羊峡水电站主厂房断面速度分布
测试条件：送 1-$U_0 \leqslant$10m/s，L_0=129600m³/h；送 2-$U_0 \leqslant$10m/s，L_0=129600m³/h；上排-L=122700m³/h；下排-L=165600m³/h；送 2 送风口短管向上挠 10°

　　对于扁平风口，当长宽比大于 10，会形成具有一定厚度的空间带状扁平射流。对于长宽比小于 5 的矩形风口，射流经过一定长度以后，逐渐演变为圆锥型射流。当风口安装高度位于房间上部 $h \geqslant 0.7H$ 时，射流会呈现向顶棚贴附的有限空间射流流动。当 $h=0.5H$ 时，可形成完整的橄榄型射流。

1.3.3　几种通风气流组织对比

1. 混合通风、置换通风及贴附通风气流组织原理

气流组织是对既定空间空气的流动形态及流量进行合理设计分配,满足其空气温度、湿度、流速,以及舒适感或除去气载有害物等要求[53]。良好的通风气流组织往往既可实现通风空调效果,提供健康舒适的环境,又能大幅度降低能耗。本小节以混合通风、置换通风及贴附通风为例,分析几种通风气流组织的异同。图 1.40 为基于稀释原理的混合通风、基于置换原理的置换通风和贴附通风这几种通风气流组织方式示意图。

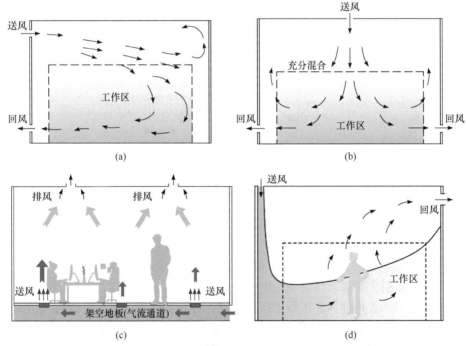

图 1.40　几种通风气流组织方式示意图
(a) 混合通风侧送风; (b) 混合通风顶送风; (c) 置换通风地板送风; (d) 贴附通风

混合通风以消除全室负荷为目标,一般从房间上部区域送风,通风气流与室内空气充分混合,在室内工作区形成均匀的风速场及温度场(图 1.41(a)和(b)),几乎不存在温度分层现象[53]。混合通风的通风效率较低[24-25, 54-55],但因其系统简单,布置方便等优点,在工程设计中广泛应用。

置换通风具有的机械送风速度及动量一般与热源热对流运动同向,且具有同等量级(约 0.5m/s),与室内空气仅存在少量掺混。置换通风方式将较低温度的新鲜空气低速(0.25~0.5m/s)进入室内下部工作区,因其冷空气密度大于室内环境

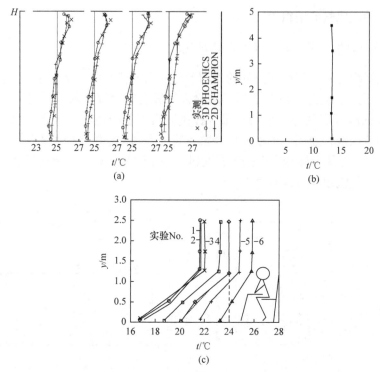

图 1.41　不同送风形式垂直温度梯度[56-58]
(a) 混合通风(实验室)；(b) 混合通风(机场航站楼)；(c) 置换通风(办公室)

的空气密度而弥漫于房间底部，在热源对流作用下形成房间温度上部高、下部低的热分层现象(图 1.41(c))，因此其通风效率较高。值得注意的是，置换通风一般适用于夏季空调送冷风工况且冷负荷强度不大的场合(低于 40W/m²)，或者作为新风系统与辐射供暖系统结合使用[54]。

　　混合通风和置换通风在工程中应用广泛，存在的问题：由于混合通风送风气流受机械力作用，新鲜空气率先通过上部区域，控制区处于回流区，其送风气流运动方向与热对流不一致，导致能量浪费和空气品质降低[59]；置换通风则采用因势利导的底部侧送风，送风气流运动方向与热对流一致，节省能量和空气品质较高，但因其供冷负荷能力低[56, 60]、占用工作区空间(如地板送风则需要提高0.3~0.5m 来安装静压箱)等问题，在工程应用场合中受到较多限制[58]。

　　贴附通风则融合了混合上送风和置换下部侧送风两种方式的优点，降低了需求侧空调系统设计负荷，解决了冬季送热风失效的难题，且节省了宝贵的工作区空间，如图 1.40(d)所示。贴附通风以控制区环境保障为目标，送风气流的上部贴壁边界层流动及下部水平空气湖运动，体现了混合通风、置换通风两种方式的特性。

2. 通风射流区与回流区

如前所述,通风的本质是营造控制区中气流流速、温度、湿度等参数满足人们生活或工业生产的需求。建筑通风室内空间可划分为两大区:控制区(工作区)和非控制区。在理念上,由大空间统一参数控制改变为分区参数控制体现了通风理论与技术的进步。控制区可处于通风射流区或回流区,以实现其合适物理场参数的分布,见图 1.42[61]。两个区域——通风射流区与回流区涉及的动量射流、自然对流、浮力羽流等动量和能量交换特性显著不同,其场参数控制机理及设计理论不同。通过射流区和回流区的划分,有助于从概念、机理层面科学表达各种气流组织形式的气流流动本质与调控机制。

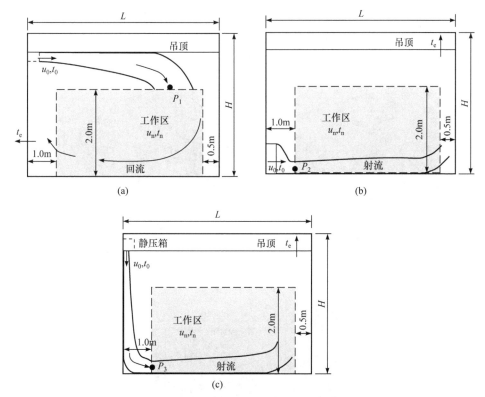

图 1.42　几种通风方式控制区及风速控制点
(a) 混合通风(控制点 P_1); (b) 置换通风(控制点 P_2); (c) 贴附通风(控制点 P_3)

通风射流区是指通风射流从出口直至末端控制风速等参数边界之前的区域,包括了射流的起始段、主体段及射流末段(图 1.42 的控制点 P_1、P_2 及 P_3)。对于置换通风和贴附通风方式,工作区一般处于射流区。通风射流区流场具有以下特点:机械送风射流以设计初速度进入空间,由其主导控制区中的热羽流空气运动过程，以创造所需的速度场、温度场及浓度场等参数。置换通风、贴附通风等均属于射流控制型气流组织方式。

回流区则是指射流末段之后的气流运动区域，其特征是室内气流流动具有随机性。回流区的流场特点是利用机械射流"强弩之末"的剩余动量效应，与环境流体发生相互作用，以创造控制区中所需的速度场、温度场及浓度场等参数。可以通过不同的通风气流组织形式为既定室内空间实现所需要的空气流动形态，但是通风效率及空调冷热负荷与射流控制型通风方式显著不同。顶送风、侧通风及中部送风等混合通风气流组织方式的控制区一般位于回流区。

3. 几种气流组织夏季工况案例分析

以长×宽×高为 5.2m×3.7m×3.0m 的办公建筑为例，混合通风、置换通风及竖壁贴附通风气流组织形式送回风布局见图 1.43[61]。其中，室内设计温度为 26℃±1.0℃，显热冷负荷分别为 80W/m² 和 40W/m²。混合通风口采用同侧上送下回的

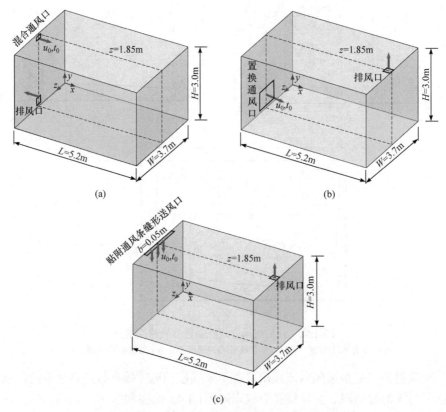

图 1.43　不同通风气流组织形式送回风布局[61]

(a) 混合通风；(b) 置换通风；(c) 竖壁贴附通风

风口布置形式(送风口尺寸为 0.5m×0.2m)；置换通风口在房间下部，水平送风(送风口尺寸为 1.0m×0.7m)；竖壁贴附通风条缝送风口位于房间顶部，紧贴竖壁向下送风(送风口尺寸为 2.0m×0.05m)，三种模型排风口尺寸均为 0.3m×0.3m。

图 1.44、图 1.45 及图 1.46 分别给出了 CFD 模拟得出的混合通风、置换通风及竖壁贴附通风在室内纵断面(z =1.85m)(风口中间截面)的风速场[61]。图 1.44 所示的同侧上送下回混合通风方式，送风气流以 2.0m/s 速度水平送出，在冷气流重力作用下逐渐与室内空气掺混，工作区处于回流区，除了近壁面之外，气流速度为 0.1～0.2m/s。

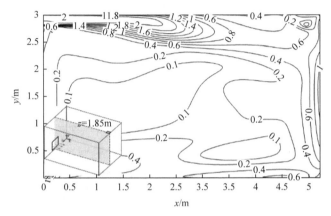

图 1.44　混合通风在室内纵断面(z=1.85m)风速场(单位：m/s)

u_0=2.0m/s，t_0=20℃

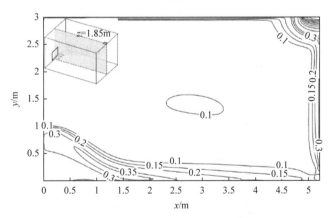

图 1.45　置换通风在室内纵断面(z =1.85m)风速场(单位：m/s)

u_0 = 0.35m/s，t_0 = 20℃

置换通风为下部低速侧送，送风速度 0.35m/s，送风冷气流由近地板处通风口送出，受重力作用气流下沉至地板，并沿地板呈水平辐散状运动，气流在高度

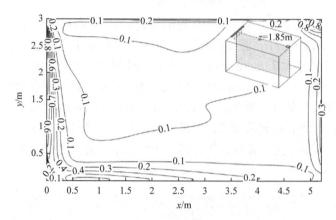

图 1.46　竖壁贴附通风在室内纵断面(z=1.85m)风速场(单位：m/s)

$u_0 = 1.0\text{m/s}$, $t_0 = 20℃$

方向掺混较小，风口高度以上区域空气基本未受送风气流扰动，其风速为 0.1～0.3m/s，如图 1.45 所示。

对于竖壁贴附通风，如图 1.46 所示，送风气流由顶部条缝形风口以 1.0m/s 送入，贴附壁面向下流动，在距地板约 0.5m 高度处与竖壁发生脱离，并在地板上形成低风速、小温差的空气流动薄层区域。距地板 0.5m 以上区域送风气流与周围环境空气掺混较少，工作区风速为 0.1～0.3m/s，形成了类似于置换通风效果。

4. 冬季供热工况案例分析

为补充冬季建筑物热量损失，冬季工况送风温度应高于室内温度，由于受热气流浮升力作用，送风气流上扬趋势显著，尤其对高大空间，热气流较难送至工作区。下面重点比较置换通风及贴附通风冬季送热风效果。

置换通风在室内纵断面(z=1.85m)风速场及温度场如图 1.47 所示[61]。送风气

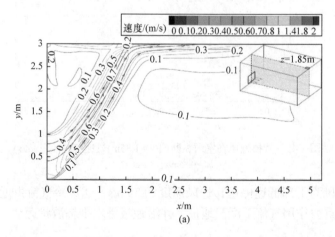

(a)

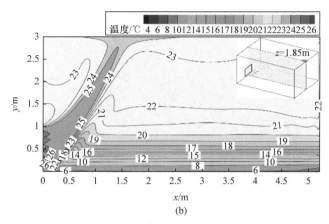

(b)

图 1.47　置换通风在室内纵断面($z=1.85$m)风速场及温度场

(a) 风速场；(b) 温度场；$u_0=0.30$m/s

流在热浮升力作用下"直奔"天花板区域，无法覆盖人员工作区，形成了"上热下冷"的垂直温度分布，竖向温度梯度较大，难以满足冬季室内热环境需求。因此，置换通风一般不适用冬季供暖送风。

图 1.48 为竖壁贴附通风供热工况室内纵断面($z=1.85$m)风速场及温度场[59]。可以发现，竖壁贴附通风克服了置换通风不能用于冬季供暖送热风的缺陷，也避免了混合通风热风失效的问题，可以保证送风热气流与室内工作区冷气流的充分混合，工作区的温度为 22～24℃，较好地满足了人体热舒适需求。混合通风、置换通风及贴附通风气流组织的特性见表 1.6。

除上述典型通风气流组织模式外，一些学者还基于建筑环境节能与空气品质需求提出了工作区水平送风、个性化通风、撞击式通风、层式通风等方式，此处不再赘述，详见文献[62]～[71]。

房间内的空气运动，很大程度上系由送风气流运动和热对流(冷热负荷特性)

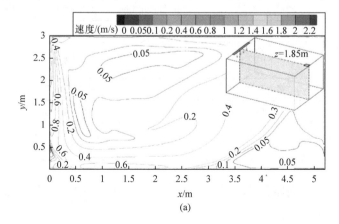

(a)

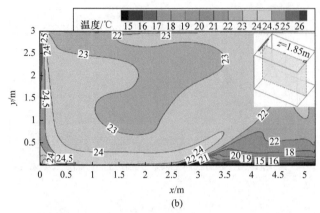

(b)

图 1.48　竖壁贴附通风供热工况室内纵断面($z = 1.85$m)风速场及温度场
(a) 风速场；(b) 温度场；$u_0 = 2.0$m/s

表 1.6　混合通风、置换通风及贴附通风气流组织的特性[51]

特性		混合通风[61,72]	置换通风[73-74]	贴附通风
气流组织简图				
控制目标		消除全室负荷，全室温度、湿度等均匀；控制区位于回流区	消除部分室内负荷，即以消除控制区负荷为目标；空间存在显著的温度梯度；送风气流首先到达控制区	
运动特征	运动机制	惯性力主导，机械力与热浮力逆向，热浮力对流动产生抑制作用	热浮力主导，机械力与热浮力同向，热浮力对流动产生助推作用	惯性力和热浮力共同主导流动，机械力与热浮力同向，热浮力对流动产生助推作用
	气流特征	气流强烈掺混	气流动量扩散、热羽流卷吸	
	送风参数特点	大温差、高风速	小温差、低风速	较大温差，可适当提高送风速度
空间利用		利用顶部空间	占用下部使用空间	利用顶部空间　利用柱体上部空间
工程造价		一般	高	一般　一般
通风效果	温度(浓度)分布	温度(浓度)均匀一致	温度(浓度)分层	
	空气品质	接近回风	更接近送风	
	换气效率	约50%	50%~100%	
	通风(温度)效率 E_T	约1.0	1.2~1.5(办公建筑)	1.1~1.4(办公建筑)；与空间高度有关，对于高大空间 E_T 更高

驱动的。本章主要阐述了送风射流房间的气流运动，关于热对流的影响将在第 3 章、第 5 章论述。

参 考 文 献

[1] SANDERS S. 125 Questions: Exploration and Discovery[M]. Washington D C: Science/AAAS Custom Publishing Office, 2021.

[2] 赵松年, 于允贤. 湍流问题十讲——理解和研究湍流的基础[M]. 北京: 科学出版社, 2016.

[3] ECKERT E R G, DRAKE R M J. Analysis of Heat and Mass Transfer[M]. New York: McGraw-Hill, 1987.

[4] SCHLICHTING V H. Laminare strahlausbreitung[J]. Zeitschrift für Angewandte Mathematik und Mechanik, 1933, 13(4): 260-263.

[5] BICKLEY W G. LXXIII. The plane jet[J]. The London, Edinburgh, and Dublin Philosophical Magazine and Journal of Science, 1937, 23(156): 727-731.

[6] ANDRADE E N D C , TSIEN L C. The velocity-distribution in a liquid-into-liquid jet[J]. Proceedings of the Physical Society, 1937, 49(4): 381-391.

[7] 章梓雄, 董曾南. 粘性流体力学[M]. 北京: 清华大学出版社, 1998.

[8] 周从直, 杨琴, 龙向宇. 环境流体力学[M]. 重庆: 重庆大学出版社, 2010.

[9] ALBERTSON M L, DAI Y B , JENSEN R A, et al. Diffusion of submerged jets[J]. Transactions of the American Society of Civil Engineers, 1950, 115(1): 639-664.

[10] АМЕЛИН A. Теоретические Основы Образования Тумана в Химических Производствах[M]. Москва: Госхимиздат, 1951.

[11] TOLLMIEN W. Berechnung turbulenter ausbreitungsvorgänge[J]. Journal of Applied Mathematics and Mechanics/Zeitschrift für Angewandte Mathematik und Mechanik, 1926, 6(6): 468-478.

[12] GÖRTLER H. Decay of swirl in an axially symmetrical jet, far from the orifice[J]. Revista Matemática Hispanoamericana, 1954, 14(4): 143-178.

[13] SCHLICHTING H, GERSTEN K. Boundary-Layer Theory[M].9th ed. Berlin: Springer, 2017.

[14] BATURIN V V. Fundamentals of Industrial Ventilation[M]. Oxford: Pergamon Press, 1972.

[15] LIST E J. Mechanics of Turbulent Buoyant Jets and Plumes[M]. Oxford: Pergamon Press, 1986.

[16] FELLOUAH H, BALL C G, POLLARD A. Reynolds number effects within the development region of a turbulent round free jet[J]. International Journal of Heat and Mass Transfer, 2009, 52(17): 3943-3954.

[17] HINZE J O. Turbulence[M]. New York: McGraw-Hill, 1975.

[18] RAJARATNAM N. Turbulent Jets[M]. Amsterdam: Elsevier, 1976.

[19] QUINN W R. Upstream nozzle shaping effects on near field flow in round turbulent free jets[J]. European Journal of Mechanics-B/ Fluids, 2006, 25(3): 279-301.

[20] 巴哈列夫 B A, 特罗扬诺夫斯基 B H. 集中送风式采暖通风设计计算原理[M]. 宋德平, 译. 北京: 中国工业出版社, 1965.

[21] 谢比列夫 И A. 室内气流空气动力学[M]. 周谟仁, 邢增辉, 曾树坤, 译. 北京: 建筑出版社, 1978.

[22] 李安桂. 空气射流、浮力尾流和浮力射流的统一性[J]. 暖通空调, 1998, 28(5): 8-10.

[23] 陆耀庆. 实用供热空调设计手册[M]. 2 版. 北京: 中国建筑工业出版社, 2008.

[24] 克鲁姆 D J, 罗伯茨 B M. 建筑物空气调节与通风[M]. 陈在康, 尹业良, 陆龙文, 等, 译. 北京: 中国建筑工业出版社, 1982.

[25] 赵荣义. 空气调节[M]. 4 版. 北京: 中国建筑工业出版社, 2009.

[26] 巴图林 B B. 工业通风原理[M]. 刘永年, 译. 北京: 中国建筑工业出版社, 1965.

[27] 邢宗文. 流体力学基础[M]. 西安: 西北工业大学出版社, 1992.

[28] 李先春. 燃烧学理论与应用[M]. 北京: 冶金工业出版社, 2019.

[29] 陶鹏飞. 抽水蓄能电站地下厂房气流组织研究及动态模拟软件平台开发[D]. 西安: 西安建筑科技大学, 2014.

[30] 王晓理. 纤维空气分布系统气流组织特性及设计方法[D]. 西安: 西安建筑科技大学, 2015.

[31] SHEPELEV I. Aerodynamics of Air Flows in Rooms[M]. Moscow: Stroyizdat, 1978.

[32] GOODFELLOW H D, KOSONEN R. Industrial Ventilation Design Guidebook: Volume 1: Fundamentals[M]. California: Academic Press, 2020.

[33] GRIMITLYN M. Air Distribution in Rooms[M]. Moscow: Stroyizdat, 1982.

[34] 王松岭. 流体力学[M]. 北京: 中国电力出版社, 2007.

[35] 李伟锋, 孙志刚, 刘海峰, 等. 两喷嘴对置撞击流驻点偏移规律[J].化工学报, 2008, 59(1): 46-52.

[36] CONRAD O. Untersuchung über das verhalten zweier gegeneinander strömenden wandstrahlen[J]. Gesundheits-Ingenieur, 1972, 93(10): 303-308.

[37] ALFRED K. Computing temperatures and velocities in vertical jets of hot or cold air[J]. ASHVE Transaction, 1954, 60: 385-410.

[38] 同济大学, 重庆大学, 哈尔滨工业大学, 等. 燃气燃烧与应用[M]. 4 版. 北京: 中国建筑工业出版社, 2011.

[39] 钱申贤. 燃气燃烧原理[M]. 北京: 中国建筑工业出版社, 1989.

[40] MAHESH K. The interaction of jets with crossflow[J]. Annual Review of Fluid Mechanics, 2013, 45: 379-407.

[41] MARGASON R J. Fifty years of jet in cross flow research[C]. Proceedings of the AGARD symposium on computational and experimental assessment of jets in crossflow. AGARD-CP-534, London, UK, 1993: 1.1-1.41.

[42] KEFFER J F, BAINES W D. The round turbulent jet in a cross-wind[J]. Journal of Fluid Mechanics, 1963, 15: 481-496.

[43] SUBRAMANYA K, POREY P D. Trajectory of a turbulent cross jet[J]. Journal of Hydraulic Research, 1984, 22(5): 343-354.

[44] 勒菲沃 A H, 鲍拉尔 D R. 燃气涡轮发动机燃烧[M]. 3 版. 刘永泉, 等, 译. 北京: 航空工业出版社, 2016.

[45] 张华. 室内受限射流通风流场理论分析与求解[D]. 西安: 西安建筑科技大学, 2009.

[46] САДОВСКАЯ Н Н. Циркуляция воздушных по-токов при сосредоточенной подуха возд-уха[Z]. Ленинград-дский институт охраны труда ВЦСПС (ЛНОТ) Л, 1955.

[47] 魏润柏. 通风工程空气流动理论[M]. 北京: 中国建筑工业出版社, 1981.

[48] PAL S I. Two-dimensional jet mixing of a compressible fluid[J]. Journal of the Aeronautical Sciences, 1949, 16(8): 463-469.

[49] TUVE G. Air velocities in ventilating jets[J]. ASHVE Transactions, 1953, 59: 261.

[50] 文进希. 平面受限贴附射流的流动规律[D]. 西安: 西安冶金建筑学院, 1982.

[51] 李安桂. 贴附通风理论及设计方法[M]. 北京: 中国建筑工业出版社, 2020.

[52] LI A G. Extended Coanda Effect and attachment ventilation[J]. Indoor and Built Environment, 2019, 28(4): 437-442.

[53] The Chartered Institution of Building Services Engineers (CIBSE). Heating, Ventilating, Air Conditioning and Refrigeration: CIBSE Guide B[M]. Norwich: CIBSE Publications, 2005.

[54] AWBI H B. Ventilation Systems: Design and Performance[M]. London: Routledge, 2008.

[55] 马最良, 姚杨. 民用建筑空调设计[M]. 北京: 化学工业出版社, 2015.

[56] NIELSEN P V. Displacement ventilation: Theory and design[R]. Dept. of Building Technology and Structural Engineering, Aalborg University. Indoor Environmental Engineering, 1993, R0038: 18.

[57] 吴明洋, 刘晓华, 赵康, 等. 西安咸阳国际机场 T2 和 T3 航站楼高大空间室内环境测试[J]. 暖通空调, 2014,

44(5): 135-139, 96.

[58] American Society of Heating, Refrigeration and Air-Conditioning Engineers (ASHRAE). ASHRAE Handbook: Fundamentals[R]. Atlanta: American Society of Heating, Refrigerating, and Air Conditioning Engineers, 2017.

[59] MELIKOV A K. Advanced air distribution: improving health and comfort while reducing energy use[J]. Indoor Air, 2016, 26(1): 112-124.

[60] HAMILTON S D, ROTH K W, BRODRICK J. Displacement ventilation[J]. ASHRAE Journal, 2004, 46(9): 56-58.

[61] 贺肖杰. 竖壁贴附通风与置换通风、混合通风气流组织性能比较[D]. 西安: 西安建筑科技大学, 2020.

[62] KARIMIPANAH T, AWBI H B. Theoretical and experimental investigation of impinging jet ventilation and comparison with wall displacement ventilation[J]. Building and Environment, 2002, 37(12): 1329-1342.

[63] BELTAOS S, RAJARATNAM N. Plane turbulent impinging jets[J]. Journal of Hydraulic Research, 1973, 11(1): 29-59.

[64] BELTAOS S, RAJARATNAM N. Impinging circular turbulent jets[J]. Journal of the Hydraulics Division, 1974, 100(10): 1313-1328.

[65] SCHWARZ W H, COSART W P. The two-dimensional turbulent wall-jet[J]. Journal of Fluid Mechanics, 1961, 10(4): 481-495.

[66] LIN Z, CHOW T T, TSANG C F, et al. Stratum ventilation—A potential solution to elevated indoor temperatures[J]. Building and Environment, 2009, 44(11): 2256-2269.

[67] LI R, SEKHAR S C, MELIKOV A K. Thermal comfort and IAQ assessment of under-floor air distribution system integrated with personalized ventilation in hot and humid climate[J]. Building and Environment, 2010, 45(9): 1906-1913.

[68] SKWARCZYNSKI M A, MELIKOV A K, KACZMARCZYK J, et al. Impact of individually controlled facially applied air movement on perceived air quality at high humidity[J]. Building and Environment, 2010, 45(10): 2170-2176.

[69] MELIKOV A K, SKWARCZYNSKI M A, KACZMARCZYK J, et al. Use of personalized ventilation for improving health, comfort, and performance at high room temperature and humidity[J]. Indoor Air, 2013, 23(3): 250-263.

[70] 鱼向荣, 马仁民. 工作区水平平推流送风空调房间热分布机理[J]. 西安建筑科技大学学报(自然科学版), 1989(4): 33-42.

[71] 王怡, 马仁民. 工作区水平送风气流流动特性及人体舒适性的实验研究[J]. 西安建筑科技大学学报(自然科学版), 1997(3): 67-72.

[72] ETHERIDGE D W, SANDBERG M. Building Ventilation: Theory and Measurement[M]. Chichester: John Wiley & Sons, 1996.

[73] 李强民. 置换通风原理、设计及应用[J]. 暖通空调, 2000, 30(5): 41-46.

[74] 马仁民. 置换通风的通风效率及其微热环境评价[J]. 暖通空调, 1997, 27(4): 1-6, 65.

第2章 风压驱动的室内空气流动

第 1 章主要介绍了机械力驱动的通风射流及其特征参数计算式。自然通风不同于机械通风,自然通风主要是由自然界"风压"产生环绕围护结构的空气流动及通过各类开口(窗、门、洞、缝隙等)进入房间所导致的室内空气流动。由温差产生的"热压"驱动室内空气流动将在第 3 章中予以论述。

地球表面风的形成与流动是一种复杂的物理现象。自然界的风具有随机性、紊乱性和可变性。除具有全球尺度的湍流特征外,在大气边界层中的地面建筑物、障碍物及热源也会诱发湍流。在通风理论研究中,一般将湍流风速表示为时均风速和脉动风速的叠加。对于风压驱动的自然通风,在设计中一般使用时均风速计算。本章将重点介绍基于时均风速设计室内自然通风的方法,包括 2.1~2.7 节风压系数、建筑各类开口(含捕风器)通风量,以及通风网络计算方法的分析和讨论,2.8 节风压驱动室内空气流动产生的不稳定流动效应;2.9 节简要介绍建筑群的风压驱动自然通风模拟。

2.1 风压驱动流动机制

众所周知,当气流在通道上遇到障碍物,如山岭和建筑物,就会产生能量的转换。动压转变为静压,于是在迎风面上产生正压(对于普通多层建筑,为风速动压力的 1/2~4/5),而在背风面上产生负压(为风速动压力的 3/10~2/5)。建筑物迎风面、背风面存在压差,使空气从迎风面的窗缝和其他空隙流入室内,室内空气则从背风面孔口排出,形成了全面换气的室内风压自然通风。

风压作用于典型建筑物(或障碍物)的压力分布如图 2.1 所示。室外气流首先冲击建筑物的迎风面,而后气流绕过建筑物流动一段距离,又恢复至未受扰动时的流动状况。作为近似分析,在建筑迎风面,由于气流受建筑立面的阻挡,动压降低而静压增高(但同一正面或背面、侧面上,所在位置不同,其动压也不同),空气通过门窗或缝隙灌入室内;室外风受阻后转变为绕建筑流动。由于建筑占据了部分空间断面,风速提高、动压增加,而气流的总能量不变,由伯努利原理,静压必然相应地减小,因此在建筑物的顶部、两侧和背风面为负压区。建筑顶部负压区的最大高度可近似表示为 $H_c \approx 0.3\sqrt{A}$ (A 为建筑迎风面面积)。

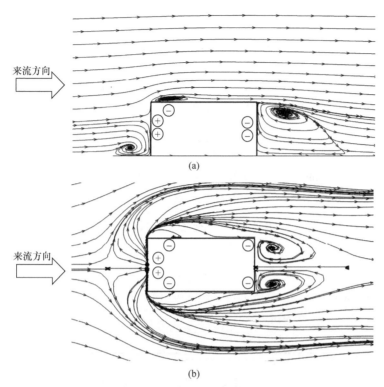

图 2.1　风压作用于典型建筑物(或障碍物)上的压力分布[1]

(a) 立面图；(b) 平面图；⊕ 宜设进风口；⊖ 宜设出风口

　　为充分利用风压作用进行自然通风，宜将进风口设于主导风向迎风面的正压区；出风口的位置应布设于背风面，或毗连的各低压区、跨跃区(来流撞击建筑迎风面而引起的气流轨迹弯曲现象)[2]或建筑顶部低压区。

　　建筑物周围风压分布计算与该建筑物的几何形状、室外风速及风向等因素有关。作为简化，建筑物外围结构上任意一点的风压 P_w 为[3]

$$P_w = \frac{C_p \rho u^2}{2} \tag{2.1}$$

式中，P_w 为风压(即为表压力)，Pa；ρ 为来流空气的密度，kg/m³；u 为建筑开口处或参考高度的自由来流平均速度；C_p 为空气动力系数(也称风压系数，为变量)①。一般情况下，$C_p = f(H/W, \alpha, \cdots)$ 在迎风面为正值(与建筑高度 H、侧风面长度 W 和风向角 α 等有关)，背风面为负值。不同形状建筑在不同方向的风力作用下，空气动力系数是不同的，空气动力系数可通过风洞实验求得。由空气动力系

---

① 俄译著作中一般称为空气动力系数，英译著作中一般称为风压系数。

数还可计算开口流量系数 C_d(反映气流通过开口时的收缩效应)，二者关系可表示为 $C_d = \dfrac{\varepsilon}{\sqrt{1+C_p}}$，$\varepsilon$ 为孔口收缩系数(流动收缩断面面积与孔口面积之比)。一般，u 随着高度的增加相应增大，如英国标准《自然通风的通风原理和设计实用规程》(BS 5925：1991(2000))给出其计算式为[4]

$$\frac{u}{u_R} = cH^a \tag{2.2}$$

式中，u_R 为平坦地面 10m 高度处的参考时均风速，m/s；c、a 为常数，其取值见表 2.1。

表 2.1　基准面风速的地形因素下 c、a 的取值[4]

地形因素	c	a
开阔平坦的乡村(open flat country)	0.68	0.17
带有分散阻碍物的乡村(country with scattered wind breaks)	0.52	0.20
城市(urban)	0.35	0.25
都市(city)	0.21	0.33

2.2　建筑空气动力系数

2.1 节介绍了风压定义及计算式，其中有一项重要的参数，作为变量的空气动力系数 C_p 将在本节重点讨论分析。

建筑的空气动力系数可定义为[3]

$$C_p = \frac{P - P_0}{\frac{1}{2}\rho u^2} \tag{2.3}$$

式中，P 为建筑表面任意观测点的静压值，Pa；P_0 为自由来流静压值，Pa；u 为建筑表面或开口处参考高度位置的自由来流平均速度。

建筑表面的空气动力系数 C_p 既与主导风向、风速及建筑几何形状等因素有关，又与附近建筑物、植被(地表粗糙度)等因素有关，这些因素也是城市通风、工业有害气体排放所涉及的关键因素。一般，通过给定场所和建筑物的风洞模型实验或全尺寸实验，不仅可精准地确定 C_p，也可以查询既有的风压数据库[5]或根据数据库生成的参数函数[6]及其相关程序[7-8]计算 C_p。本节将重点阐述通过风洞实验(图 2.2)和计算流体力学方法，确定建筑风向角、建筑体型、建筑开口位置、风速及地表粗糙度等对空气动力系数 C_p 的影响[9-10]。

图 2.2　建筑通风模型及风洞实验装置

2.2.1　风向角的影响

影响建筑空气动力系数 C_p 的主要因素之一是主导风向。建筑风向角 α 是指建筑迎风面法线与其来流方向的夹角，如图 2.3 所示。由实验测试可得到建筑迎风面空气动力系数 C_{pw}、建筑背风面空气动力系数 C_{pl} 及两者之差 ΔC_p，风向角对其影响见表 2.2 和图 2.4。以高层建筑为例，分析 α 对 C_p 的影响。风洞实验中，原型建筑为 15 层的高层办公建筑，建筑层高 4m，建筑总高为 60m，建筑总宽为 67.5m，建筑厚度为 18.6m，建筑高宽比接近 1.0[10]。实验结果表明：

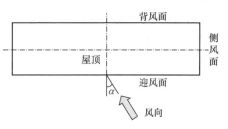

图 2.3　风向角示意图

(1) 对于迎风面，空气动力系数在 α 为 15°时最大，其次是 30°和 0°。在 $\alpha=0°\sim30°$ 时，C_p 变化范围在 10%之内。当 α 大于 30°时，随着 α 的进一步增加，C_{pw} 显著降低；在 α 为 75°时 C_{pw} 开始变为负值。对于背风面，α 为 0°~75°，C_{pl} 变化不大，然而 α 为 90°时 C_{pl} 陡增。

(2) 值得注意的是，当 α 为 15°时，ΔC_p 最大，α 为 0°、30°次之，随 α 增大而依次减小。在 α 为 90°时(此时来流平行于建筑)，C_{pw} 与 C_{pl} 基本相同。

表 2.2　风向角对建筑表面空气动力系数影响

空气动力系数	$\alpha/(°)$						
	0	15	30	45	60	75	90
C_{pw}	0.71	0.79	0.74	0.62	0.33	−0.22	−0.75
C_{pl}	−0.97	−1.02	−0.95	−0.98	−0.93	−1.05	−0.70
ΔC_p	1.68	1.82	1.68	1.60	1.27	0.84	−0.04

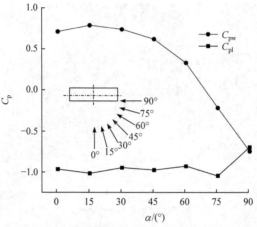

图 2.4 风向角对建筑表面空气动力系数的影响

分析建筑迎风面中心处空气动力系数随风向角变化，实验结果见表 2.3 和图 2.5。在迎风面 α 为 0°～15°时，C_{pw} 最大。随着 α 的增大，C_{pw} 下降，在 α 为 75°时开始变为负值。背风面则在 α 为 0°～75°时，C_{pl} 变化不大；α 为 90°时，C_{pl} 陡增，其值与 C_{pw} 基本相同。对于 ΔC_p，当 α 为 15°时其值最大（ΔC_p=1.89），其次为 α 为 0°时。随着 α 增大，ΔC_p 依次减小[10]。由此可见，建筑迎风面中心处空气动力系数随风向角的变化规律与建筑表面基本相同，两者互为验证。

表 2.3 建筑迎风面中心处空气动力系数随风向角变化

空气动力系数	$\alpha/(°)$						
	0	15	30	45	60	75	90
C_{pw}	0.85	0.84	0.70	0.52	0.27	−0.20	−0.47
C_{pl}	−0.94	−1.05	−1.02	−1.05	−1.02	−1.07	−0.42
ΔC_p	1.79	1.89	1.72	1.57	1.29	0.87	−0.05

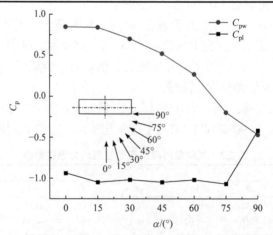

图 2.5 建筑迎风面中心处的空气动力系数 C_p 随风向角变化

不同风向角对应的建筑垂直表面风压分布和空气动力系数变化分别如图 2.6[11] 和图 2.7[12]所示。

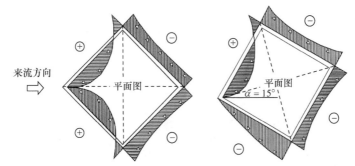

图 2.6　不同风向角对应的建筑垂直表面风压分布[11]

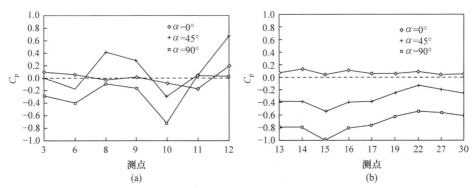

图 2.7　不同风向角对应的建筑垂直表面空气动力系数变化[12]

(a) 建筑迎风面；(b) 建筑背风面

2.2.2　建筑体型的影响

空气动力系数 C_p 与建筑高度 H、侧风面长度 W 及高长比 H/W 等直接相关。通过风洞实验及数值计算方法确定 H(图 2.8 和表 2.4)、W(表 2.5)及 H/W 对于建筑

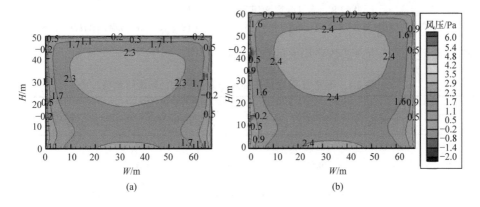

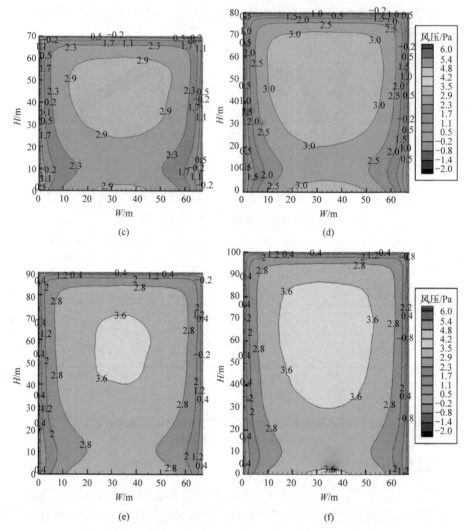

图 2.8　建筑迎风面风压分布随不同 H/W 的变化

(a) $H/W = 2.69$；(b) $H/W = 3.23$；(c) $H/W = 3.76$；(d) $H/W = 4.30$；(e) $H/W = 4.84$；(f) $H/W = 5.38$

表面风压及空气动力系数平均值的影响(图 2.9)[10]。

表 2.4　不同 H 下建筑表面风压及空气动力系数平均值

H/m	迎风面风压平均值/Pa	C_{pw} 平均值	背风面风压平均值/Pa	C_{pl} 平均值	ΔC_p 平均值
40	1.69	0.50	−0.91	−0.63	1.14
50	1.97	0.54	−1.01	−0.67	1.22
60	2.08	0.57	−1.02	−0.67	1.24

续表

H/m	迎风面风压平均值/Pa	C_{pw}平均值	背风面风压平均值/Pa	C_{pl}平均值	ΔC_p平均值
70	2.47	0.60	−1.27	−0.78	1.38
80	2.67	0.63	−1.41	−0.86	1.49
90	2.84	0.64	−1.54	−0.89	1.53
100	3.04	0.66	−1.62	−0.92	1.58

表 2.5　不同 W 下建筑表面风压及空气动力系数平均值

W/m	迎风面风压平均值/Pa	C_{pw}平均值	背风面风压平均值/Pa	C_{pl}平均值	ΔC_p平均值
18.6	2.08	0.57	−1.02	−0.67	1.24
30.0	2.21	0.57	−1.05	−0.68	1.26
40.0	2.16	0.56	−1.08	−0.73	1.29

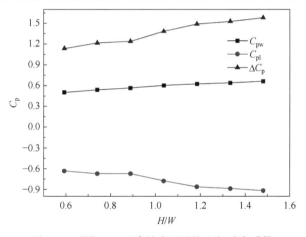

图 2.9　不同 H/W 下建筑表面平均空气动力系数

对于不同 H 的建筑，在迎风面中上部存在一个高压区，其中心位置约处于建筑高度的 2/3 处，低压区则位于建筑的边角区域。随着建筑高度的增加，迎风面的空气动力系数逐渐增大，高压区沿竖向增加。究其原因是建筑外部风场主流区高度范围内，绕流风速随着高度的增加而增大[10,13]。

对于不同 W 的建筑，迎风面的空气动力系数基本不变，背风面的空气动力系数则随着 W 增大而逐步减小。随着 H/W 的增大，建筑迎风面的平均空气动力系数缓慢上升，而背风面则明显下降，受此综合影响，ΔC_p 随着 H/W 增大有明显增大趋势。

除了 H/W 外，建筑屋顶坡度、建筑几何特征与典型厂房天窗等也是空气动力系数的影响因素[14]，如图 2.10[11]和图 2.11[15]所示。

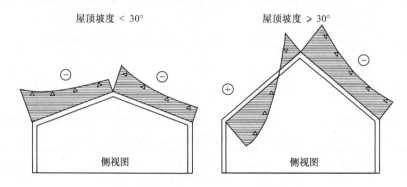

图 2.10　建筑屋顶坡度对空气动力系数的影响[11]

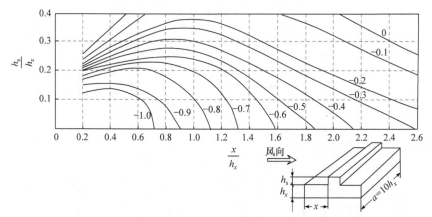

图 2.11　建筑几何特征与典型厂房天窗对迎风面空气动力系数的影响[15]
h_s为天窗高度；h_x为建筑物高度；x为建筑迎风面与天窗迎风面的距离；a为建筑物长度

2.2.3　建筑开口位置的影响

　　风洞实验及 CFD 模拟计算表明，在建筑物的迎风面或者背风面，少量门窗的启闭对其他位置 C_p 影响较小。实验及模拟给出了迎风面、背风面四周及中心开口时建筑表面风压分布，如图 2.12 所示。可见，迎风面及背风面的建筑开窗位置对相邻房间空气动力系数影响并不显著。对坡屋顶山墙建筑开窗的空气动力系数的研究表明，开窗情况对空气动力系数的影响也不显著，见图 2.13[16]。

2.2.4　风速的影响

　　风洞实验及 CFD 模拟分析表明，空气动力系数与风速大小几乎无关，即风速变化对空气动力系数影响并不显著[17-18]。究其原因可能是 C_p 反映了来流受阻后转换为静压的能力，风速动能与产生静压成对应关系(C_p定义式已清晰地表明)。

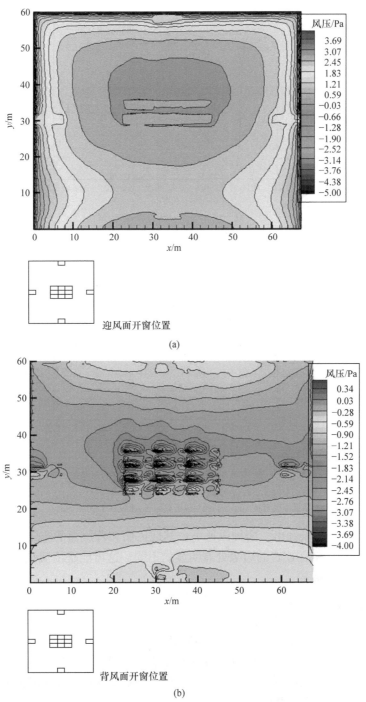

图 2.12　迎风面、背风面四周及中心开口时建筑表面风压分布

(a) 迎风面开窗；(b) 背风面开窗

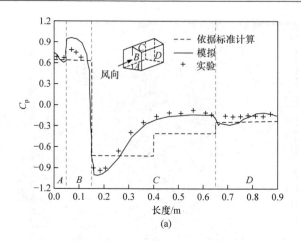

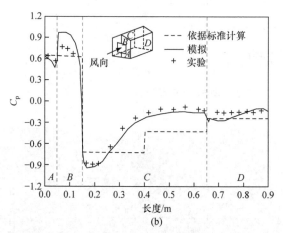

图 2.13　坡屋顶山墙开窗对空气动力系数的影响[16]

(a) 封闭工况；(b) 开窗工况

依据标准为澳大利亚/新西兰风荷载标准 AS/NZS 1170.2：2011

　　从图 2.14 可以看出，两种风速下，其迎风面和背风面的空气动力系数的分布差异较小，只是在建筑的边缘处有明显的不同，这可能是绕流在边缘处的气流流动不稳定性造成的。

2.2.5　地表粗糙度的影响

　　建筑物附近的其他构筑物对高层和低层建筑的地面压力都有较大影响，尤其是间距与高度之比小于 5 时，应考虑周围构筑物遮挡对空气动力系数的影响。低层建筑的遮挡效应主要是风压随着地表粗糙度变化所致[2]。随着地表粗糙度增大，迎风面空气动力系数降低、背风面空气动力系数相应升高，空气动力系数差则减小；反之，随着地表粗糙度减小，空气动力系数差增大[10]，如图 2.15 和图 2.16 所示。

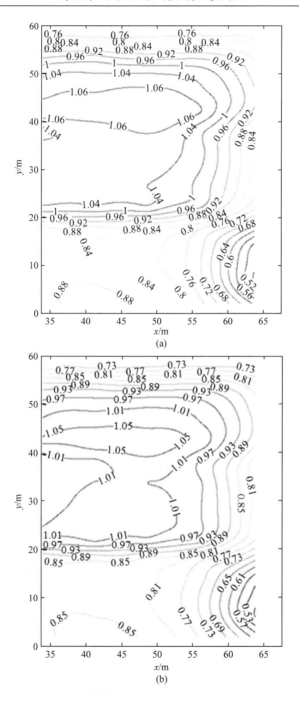

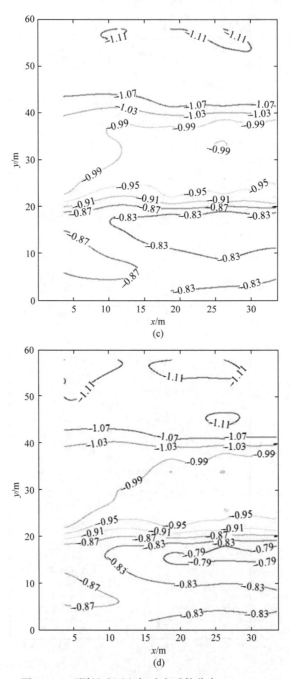

图 2.14　不同风速下空气动力系数分布($u_1 = 0.6u_2$)

(a) 迎风面(u_1)；(b) 迎风面(u_2)；(c) 背风面(u_1)；(d) 背风面(u_2)

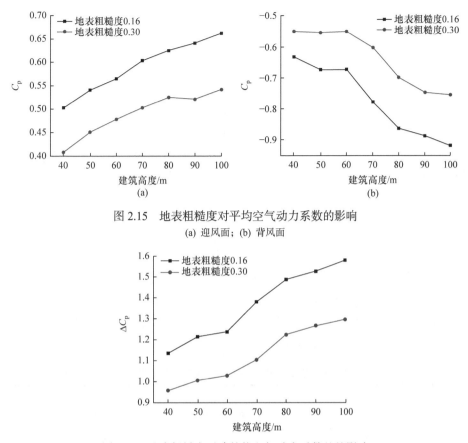

图 2.15　地表粗糙度对平均空气动力系数的影响

(a) 迎风面；(b) 背风面

图 2.16　地表粗糙度对建筑物空气动力系数差的影响

对于相邻建筑的风压影响，建筑物相对位置[19-20]、建筑截面尺寸[21-22]、建筑屋顶形式[23-25]等对建筑表面风压及空气动力系数也会存在一定的干扰作用，在此不进行论述，有兴趣的读者可参阅列出的有关文献。

2.3　风压驱动下建筑单侧开口室内空气流动

2.3.1　建筑开口通风量

建筑表面开口内外存在压差时，空气在内外部压差的作用下产生流动(其热压影响将在第 3 章讨论)。建筑开口的类型可按照开口尺寸分为大开口(门、窗等)和小开口(缝隙等)。主要有两种划分判据，一种是按无量纲面积(开口面积与开口所在建筑立面表面积之比)划分，另一种则是按照开口的边长或面积划分，如英国标准 BS 5925：1991(2000)提出的划分方法。大开口可按建筑体量计算，其绝对面积为 0.5~5m²；英国标准 BS 5925：1991(2000)规定尺寸小于 10mm 的开口为小开口。

关于大开口通风量计算，可根据稳定不可压缩流动的伯努利方程得到[26-28]：

$$Q = C_d A \sqrt{\frac{2\Delta P}{\rho}} \qquad (2.4)$$

式中，Q 为通风量，m³/s；A 为建筑开口面积，m²；C_d 为建筑开口流量系数，可采用风洞实验、总阻力损失系数法或 CFD 模拟确定，在一般自然通风中($Re > 100$)二维锐缘大开口 C_d 可取 0.61[28]；ΔP 为开口内外总压差，包含静压差和风压，Pa。

通过缝隙等小开口空气流量，可采用式(2.5)来计算[4]：

$$Q = kL\left(\Delta P_j\right)^n \qquad (2.5)$$

式中，L 为缝隙长度，m；ΔP_j 为开口内外静压差，Pa；k 为小开口流量系数，与 ΔP_j 有关，当 $\Delta P_j = 1$Pa 时，取值见表 2.6[4]；n 为缝隙流阻特性指数，与 ΔP_j、空气流态等有关，自然风压条件下小开口一般可取 $n = 0.67$[4]。可通过增压实验法对房间稳态加压或减压及内外静压差下的空气流量来测定 n 值。

表 2.6　缝隙、孔洞等小开口流量系数 k 取值　　　　　(单位：L/s)

窗户类型		k	
		普通型平均值(范围)	防风雨型平均值(范围)
木制	侧悬窗	0.23(1.19~0.04)	0.03(0.10~0.01)
	上悬窗	1.08(1.38~0.88)	0.42(1.22~0.11)
	中心转轴窗	0.80(1.25~0.04)	0.02
金属制	侧悬窗	0.31 (0.45~0.21)	0.27 (0.29~0.14)
	上悬窗	0.32 (0.55~0.18)	—
	垂直滑动窗	0.45 (1.20~0.20)	0.18 (0.34~0.04)
	水平滑动窗	0.22 (0.43~0.12)	—

建筑门、窗等大开口既可实现采光和空间连通的功能需求，又可用于有组织地调节自然通风风量；缝隙、孔洞等小开口一般由窗户、门洞等围护结构缝隙形成，产生了非预期的无组织通风。

大开口有组织自然通风通常分为单侧开口通风和双侧开口通风(穿堂风)。相对于单侧开口通风，双侧开口通风的通风量更大，因此在工程实践中应用更加广泛。然而，在大多数情况下，由于室内有隔断和障碍物等，实现双侧开口通风存在困难。因此，单侧开口通风在建筑设计中仍然具有重要意义。

　　本节和 2.4 节重点介绍大开口有组织自然通风，2.6 节简要介绍风压和热压共同作用下的空气渗透问题。

2.3.2　风压驱动单侧开口室内空气流动

　　在风压驱动下，建筑单侧开口的室内空气流动是建筑自然通风的最简单形式。通过建筑开口(窗或门)或者其他通风装置(如安装在墙上的微流通风器)使室外空气进入建筑室内，同时室内的空气从同一开口流出，或从同一面墙上的另一个开口流出，与来流和开口平面的法线方向角度有关，空气流动及其可视化如图 2.17 和图 2.18 所示。

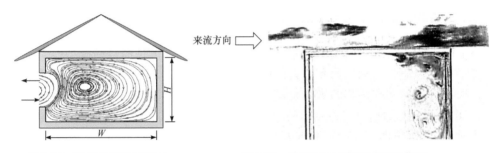

　　图 2.17　建筑单侧开口室内　　　　图 2.18　单侧开口空气流动可视化[29]
　　　　　　空气流动
单侧自然通风适用于 $W \leqslant 2.5H$(W 为房
间进深，H 为通风空间高度)

　　单侧开口通风是较普遍且相对经济的通风策略，然而除启停通风器外，室内空气流动通常是难以控制的，而且空气流动一般在离通风口 *2.5H* 的距离范围内有效(即 *W=2.5H*)[30]。此外，单侧开口通风一般仅适用于适宜的气候条件，在严寒地区，冬季通风会受到限制。

　　影响单侧开口通风量的主要因素包括开口面积及风向角[31-32]、窗开度[31-32]、窗扇导流效应[29]、自然风压脉动等[33-36]。由于开口处自身的双向流动和建筑物周围的复杂流动而难以精准预测，其通风量一般由实验结果总结成半经验公式进行计算，如英国标准 BS 5925：1991(2000)[4]和英国建筑设备注册工程师协会(The Chartered Institution of Building Services Engineers，CIBSE)[31]推荐仅考虑时均风速的经验模型[30]，作为单侧开口风压驱动自然通风设计的基准依据：

$$Q_\mathrm{s} = Q^* A u_\mathrm{R} \tag{2.6}$$

式中，Q_s 为建筑单侧开口通风量，m³/s；Q^* 为无量纲通风量，不同研究结果取值不同，受风向角、窗开度等因素影响，取值见表 2.7；A 为建筑开口面积，m²；

u_R 为参考风速，m/s，通常被认为是未受干扰的风速，等于所在建筑物的同等高度或根据平坦地面 10m 高度处的参考时均风速来确定[31]。

表 2.7　单侧开口的 Q^* 取值

文献	Q^*	备注
Warren[32]	0.025(最小通风量)	风向角、窗开度影响 Q^*
CIBSE[31]	0.025(0°风向角)	—
British Standard Board[4]	0.025(0°风向角)	—
Bu 等[33]	0.02(0°风向角)	风向角影响 Q^*
Kato 等[29]	0.015(90°风向角)	风向角、开口导叶影响 Q^*
Chu 等[34]	0.0175(90°风向角)	风向角、湍流强度影响 Q^*

除了所介绍的平均风速经验模型，还有考虑脉动风速的经验模型[35]，同时考虑平均风速、脉动风速和浮力效应的半经验模型[36]，以及考虑脉动风速、浮力效应、风向共同影响的半经验模型[37]。这些模型多基于具体的简化假设或具体实验的经验系数，此处不展开介绍，有需要的读者可以阅读参考此类文献。关于脉动风速的影响，将在 2.9 节进行分析。

2.4　风压驱动下建筑双侧开口室内空气流动

双侧开口通风(或穿堂风)，可以实现空气从一侧的一个或多个开口流入房间或建筑物，而从另一侧的一个或多个开口流出房间或建筑物[30]，如图 2.19 所示。

图 2.19　建筑双侧开口室内空气流动
适用于 $W \leqslant 5H$

穿堂风的空气流动主要由风压引起，仅在进风口和出风口之间存在明显高度差的时候，热压的作用才会体现。形成穿堂风的开口可以是小开口，如微流通风器和格栅，甚至门洞缝隙，也可以是大开口，如开启门窗。由于建筑墙体对外风场的阻碍作用，在其迎风面和背风面形成的压差强化了空气流动，故通风作用范围较深，适用于进深较大房间，其自然通风作用范围 $W \leqslant 5H$。对于此类双侧开口房间，通风的空气流型包络面一般呈橄榄型。此外，在房间拐角等远离通风流动路径的部位会存在污染物滞留区，有害物往往汇集于此，这一问题应该引起通风设计人员的重视。

双侧开口通风量可根据质量守恒原理进行基本预测。以图 2.20 多开口穿堂风为例，由伯努利方程给出作用于各开口的压差计算式(2.7)，考虑流动方向，总压差分迎风面和背风面两种形式，相应的通过各开口的空气流量也分为迎风面和背风面两种形式，如式(2.8)所示：

$$\Delta P_{2n-1} = \Delta P_0 + P_{w(2n-1)}, \quad n = 1, 2, 3, \cdots \tag{2.7a}$$

$$\Delta P_{2n} = -\Delta P_0 - P_{w(2n)}, \quad n = 1, 2, 3, \cdots \tag{2.7b}$$

$$Q_{2n-1} = C_{d(2n-1)} A_{2n-1} \sqrt{\frac{2\Delta P_{2n-1}}{\rho}}, \quad n = 1, 2, 3, \cdots \tag{2.8a}$$

$$Q_{2n} = -C_{d(2n)} A_{2n} \sqrt{\frac{2|\Delta P_{2n}|}{\rho}}, \quad n = 1, 2, 3, \cdots \tag{2.8b}$$

式中，ΔP_{2n-1}、ΔP_{2n} 分别为作用于建筑迎风面、背风面各开口的总压差；ΔP_0 为室内外参考静压差；$P_{w(2n-1)}$、$P_{w(2n)}$ 分别为建筑迎风面、背风面各开口的风压，可由式(2.1)计算；Q_{2n-1}、Q_{2n} 分别为建筑迎风面、背风面各开口空气流量；$C_{d(2n-1)}$、$C_{d(2n)}$ 为建筑迎风面、背风面各开口流量系数；A_{2n-1}、A_{2n} 为迎风面、背风面各开口面积；ρ 为空气密度，此处不考虑温差效应，且空气密度均匀分布。

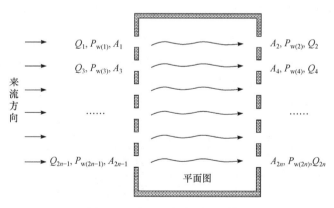

图 2.20　多开口穿堂风原理简图

根据质量守恒，可得

$$\sum Q_{2n-1} + \sum Q_{2n} = 0, \quad n = 1, 2, 3, \cdots \tag{2.9}$$

联立求解式(2.7)~式(2.9)，可得到各开口的空气流量。当 $n \leqslant 2$ 且建筑同侧的风压相等，各开口流量系数也相等时，得到式(2.10)，即英国标准协会(BS 5925：1991(2000))[4]和英国建筑设备注册工程师协会(CIBSE)[31]提出的关于风压驱动穿堂风通风量计算式：

$$Q_c = C_d A_c u_R \sqrt{\Delta C_p} \tag{2.10}$$

式中，Q_c 为双侧双风口风压驱动的穿堂风通风量；C_d 为建筑开口流量系数；A_c 为当量开口面积，$\dfrac{1}{A_c^2} = \dfrac{1}{(A_1+A_2)^2} + \dfrac{1}{(A_3+A_4)^2}$，$A_1 \sim A_4$ 分别为开口 1～4 的面积；ΔC_p 为建筑迎风面与背风面空气动力系数差。

进一步简化为 $n=1$，且两侧开口面积相等时(图 2.19)，可得

$$Q_c = C_d A_c u_R \sqrt{\frac{\Delta C_p}{2}} \tag{2.11}$$

式中，Q_c 为双侧单风口风压驱动穿堂风通风量；A_c 为当量开口面积，$A_c = A_1 = A_2$。

由于式(2.11)中的 C_d 和 ΔC_p 一般均由风洞实验或基于风洞实验结果的拟合函数式来确定。对于风压驱动双侧空气流动研究，常采用实验或 CFD 模拟确定。

针对考虑平均风速作用的风压驱动双侧开口空气流动问题，一方面利用风洞实验测定开口流量系数[10,38-41]，另一方面可采用现场实验测试方法和 CFD 模拟获得不同开口条件的流场特性[9,42-43]。

1. 风压驱动双侧开口空气流动流量系数

对于风压驱动双侧单开口、双侧双开口空气流动流量系数，是在简化模型式(2.10)、式(2.11)的前提假设下，通过实验结果获得的建筑开口流量系数[10]。当建筑中间楼层、中心房间有开口，其开口面积和开口形式会显著影响开口流量系数，如表 2.8 所示。

表 2.8　风压驱动双侧开口的建筑开口流量系数[10]

开口形式	开口面积与所在建筑表面积比	建筑开口流量系数
双侧单开口	1/8	0.726
双侧双开口	1/4	0.498
双侧开口(窗户全开)	5/8	0.238

注：实验原型开窗所在建筑表面的面积为 30m²。

建筑开口迎风面(背风面)布局也对开口流量系数产生直接的影响。如图 2.21 所示，开口位置分别位于迎风面、背风面的顶层中心、中间层中心、底层中心及中间层两端时，不同风向角来流条件下建筑开口流量系数见表 2.9。

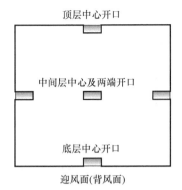

图 2.21　建筑开口迎风面(背风面)布局

表 2.9　不同风向角双侧开口迎风面(背风面)建筑风压系数差及开口流量系数

风向角/(°)	底层中心开口		中间层左端开口		中间层中心开口		中间层右端开口		顶层中心开口	
	ΔC_p	C_d	ΔC_p	C_d	ΔC_p	C_d	ΔC_p	C_d	ΔC_p	C_d
0	1.20	0.114	1.11	0.127	1.50	0.122	1.14	0.110	1.17	0.101
15	1.42	0.118	0.86	0.124	1.59	0.118	1.33	0.104	1.12	0.091
30	1.35	0.119	0.68	0.120	1.46	0.117	1.30	0.105	0.99	0.119
45	1.04	0.122	0.47	0.131	1.12	0.119	1.30	0.105	0.66	0.139
60	0.75	0.111	0.46	0.112	0.8	0.114	1.01	0.097	0.38	0.129
70	0.43	0.147	0.18	0.109	0.55	0.129	0.22	0.129	0.48	0.132

表 2.9 反映出在不同风向角(0°~70°)双侧开口的 C_d 与 ΔC_p 的变化规律性。同一建筑开口面积与所在建筑表面积比对建筑开口流量系数的影响见表 2.8。此外，在不同风向角下，空气动力系数变化较大(超过 45°时尤为显著)，但反映房间通风"净能力"的流量系数变化并不明显(变化不超过 30%)。关于穿堂风的一些研究表明[38-39]，建筑开口形式和开口面积是影响开口流量系数的主要因素，如图 2.22 和图 2.23 所示[39-40]。

2. 风压驱动双侧开口室内流场特性

室内空气流场分布事关通风最终效果，是建筑通风设计关注的主要问题。室内流场的整场、无接触测量可以用粒子成像测速(PIV)技术来实现。此外，通过对室内空气流动的数值模拟计算，也可得到建筑空间各处的流场分布。采用 2D-PIV 技术及数值计算方法对风压驱动双侧开口室内流场进行研究，获得其整场湍流运动特性。研究发现，开口位置相同时，入口风速越大，在室内形成的涡流更加显著；空气入口风速相同时，出入开口位于下部或出口在上部时，涡流区主要出现于上部空间，如图 2.24 及图 2.25(a)所示。当开口在房间上部、出

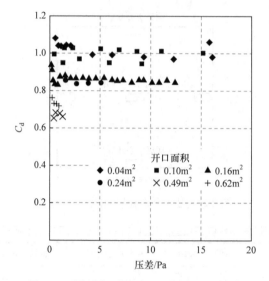

图 2.22　平开窗不同开口面积对 C_d 的影响

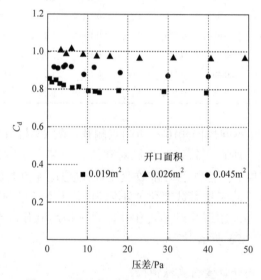

图 2.23　下悬窗不同开口面积对 C_d 的影响

口在下部时，涡流区出现于下部，如图 2.25(b)所示，文献[43]也给出了类似的结果(图 2.26)。对散发余热、污染物的高大工业生产车间等，为增加全空间自然通风排除热量、气态污染物的有效性，通风进出口位置应双侧布置，且进风口应设置在下部，朝向全年主导风向，出风口则设置于对侧上部，以保障室外洁净空气优先通过工作区后将污染物驱至室外。此外，采用数值模拟计算了风压驱动的室内双侧开口空气流动问题，模拟与实验结果是一致的。

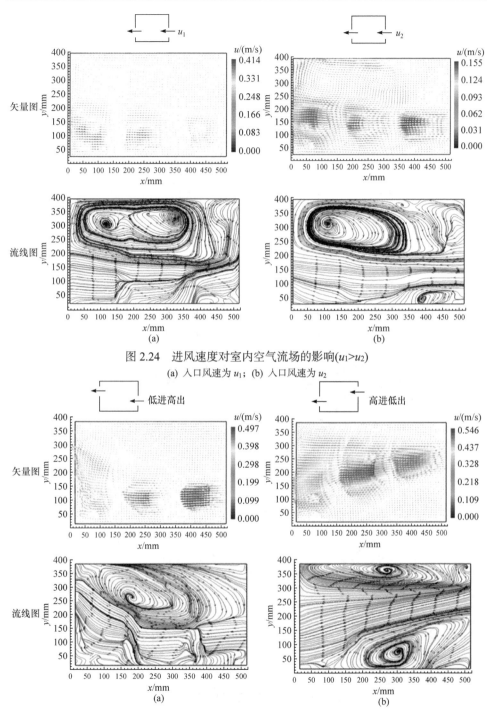

图 2.24　进风速度对室内空气流场的影响($u_1 > u_2$)

(a) 入口风速为 u_1；(b) 入口风速为 u_2

图 2.25　开口位置对室内空气流场的影响

(a) 空气低进高出；(b) 空气高进低出

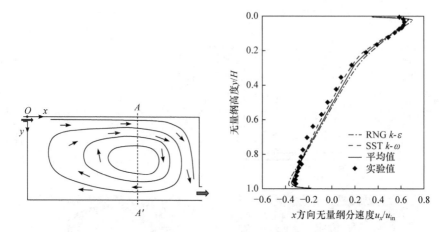

图 2.26　两种湍流模型模拟与实验结果的无量纲速度[43]
截面 A—A'，以入口速度 u_0 和空间高度 H 分别对速度和尺寸无量纲化

　　CFD 模拟所用的物理模型、边界条件等与实验模型相同，其湍流模型分别应用标准 k-ε 和 RNG k-ε 紊流模型，将模型计算与 2D-PIV 实验结果进行对比，如图 2.27 所示。从整场来看，RNG k-ε 模型的计算结果与实验结果吻合得更好[10]。

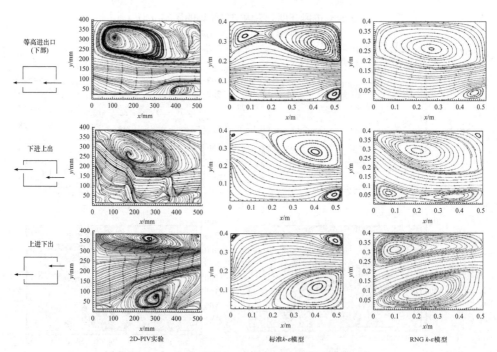

图 2.27　室内流场 2D-PIV 实验与模拟计算比较

2.5 自然通风器

自然通风器是一种实现室内换气、改善室内卫生条件的通风装置，一般安装于建筑物屋顶上，主要利用风压差或热压差将室外风引入室内或将室内空气排至室外，实现强化自然通风的作用。屋顶自然通风器可分为风压型、热压型及风压、热压共同作用型通风器。根据引风或排风的作用可以分为进风型自然通风器(或称捕风器)和排风型自然通风器[44]。

排风型自然通风器可以强化自然通风排风效果、避免发生排风倒灌。例如，避风天窗可以保证排风口在任何风向下均处于负压区，其原理是通过在天窗上增设挡风板，或者采取其他措施，利用风力造成负压，加强排风能力。目前常用的避风天窗包括矩形天窗、下沉式天窗、曲(折)线型天窗等。此外，与避风天窗有类似效果的避风风帽，也可以安装在屋顶自然排风系统出口。室外气流吹过风帽时，排风口基本上处于负压区内。在自然排风系统的出口处装设避风风帽可增大通风系统抽力。

本节重点阐述自然通风器(图 2.28[45]，图 2.29[46])的设计原理[47]，以单侧型通

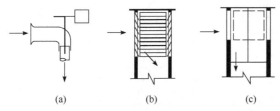

(a)　　　　　　(b)　　　　　　(c)

图 2.28　进风型自然通风器[45]

(a) 迎风式转向风帽；(b) 四面倒装 60°百叶；(c) 四面“十”型挡板

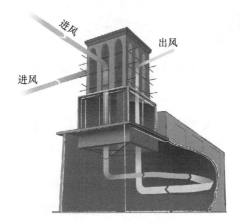

图 2.29　屋顶捕风器[46]

风器为例[48]，分析通风器内、外流压力场及流场，讨论提高自然通风器捕风性能的途径及设计方法。

2.5.1 通风器内外流场分布

通风器作为一种典型的被动式自然通风装置，将风力导入室内，实现强化自然通风。通风器通过自身构造引导气流运动，其内外空气流动与通风效果密切相关。通风器的捕风性能一方面受到环境风速及风向的影响，另一方面受到其几何结构形式，如高度、尺寸及位置等因素的影响。

1. 通风器外部流场

当室外风经过通风器时，气流在其边缘发生分离，进风口区域形成低正压区，背风面形成了明显负压区，压差为空气通过通风器进入室内循环提供了动力(图 2.30[48])。相对于平面型通风器，弧面型通风器和斜面型通风器则减少了气流转向流动的局部阻力[48]，提高了通风器的捕风性能。

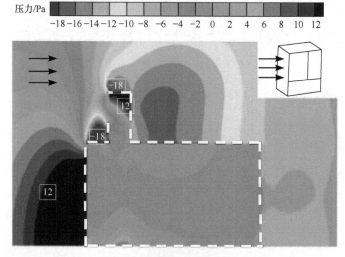

图 2.30　单侧型通风器压力分布(风向角为 0°)[48]

2. 通风器内部流场

通风器内部构造直接影响其流速及压力分布及通风效果。平面型通风器气流在入口下边缘分离，在喉部通道内形成旋涡，回流区减小了空气有效流通面积，导致进风量减小，见图 2.31(a)。流动分离也致使其内部压力和速度分布发生显著变化，增加能量耗散，降低了进入房间的空气流速[48]。与之比较，斜面型通风器(图 2.31(b))和弧面型通风器(图 2.31(c))则可以通过降低风道内部涡流区面积，增加有效流通面积。弧面型通风器可更适应气流方向的突变，具有较好的捕风性能。

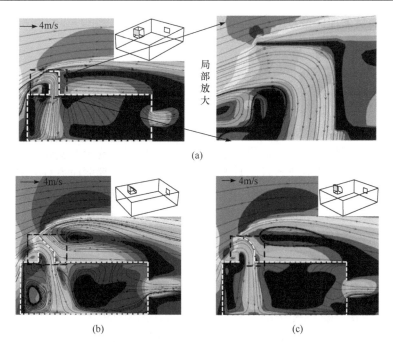

图 2.31　通风器空气流速分布(风向角为 0°)

(a) 平面型通风器流场及局部放大图；(b) 斜面型通风器流场；(c) 弧面型通风器流场

对单侧通风器进口处的气流流动烟雾示踪表明(图 2.32)[49]，其开口迎风面下缘产生了分离流和尾流区，尾流区域的存在直接影响了喉部流道的风速分布。下面将分析通风器空气动力系数、捕风量(进风量)等变化特性。

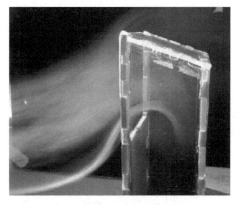

图 2.32　单侧通风器进口处的气流流动烟雾示踪(风向角为 0°)[49]

2.5.2　通风器性能影响因素

评价通风装置性能的主要指标是捕风量及阻力系数，当地室外风速及室外风向是影响通风器捕风量及工作效率的主要因素。

1. 室外风速的影响

当通风器入口截面法线方向与外部来流平行时(风向角为 0°)，通过改变室外风速，可以得到通风器和窗户的空气动力系数，见图 2.33。随着风速增加，通风器进风口空气动力系数 $C_{p,wc}$ 先增大后减小，而位于房间背风面的窗户空气动力系数 $C_{p,w}$ 基本保持不变。若通风器进风口面积一定时，随风速变化，通风器进口空气动力系数差相应发生波动，且存在极值。设计通风器时应充分考虑当地的风速及主导风向，来确定合适的进风口面积及通风器类型。当风向角为 0°时，通风器的捕风量与室外风速大小基本呈线性变化。相同室外风速条件下，弧面型通风器空气动力系数更大，具有更优的捕风效果[48]。

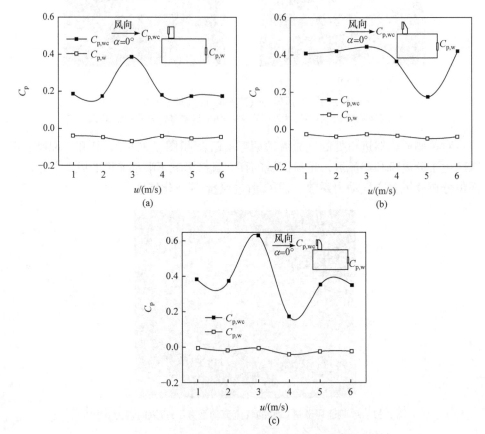

图 2.33　不同通风器的空气动力系数(风向角为 0°)
(a) 平面型通风器；(b) 斜面型通风器；(c) 弧面型通风器

2. 室外风向的影响

室外风主要包含风速和风向两个特征，风向是影响通风器捕风量的又一主要因素[50]。图 2.34 给出了 α 为 0°～90°时通风器捕风量变化情况。当 α 为 0°～45°时，几种通风器的捕风量变化趋势较为平缓；α 大于 45°时，其进出口的空气动力系数差减小，通风器风量急剧下降。以 3m/s 风速为例，当 α 从 45°增大到 90°时，捕风量降低了 40%～74%，若室外来流风向和通风器进风面角度较大时，不利于通风器强化自然通风[48]。然而，室外风速从 1m/s 增大到 5m/s 时，捕风量则相应地增加 3～5 倍(图 2.35)。

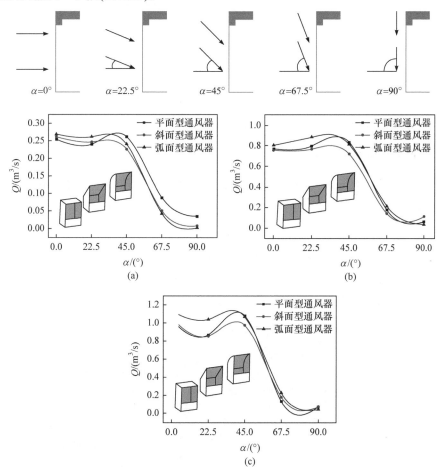

图 2.34　α 为 0°～90°时通风器捕风量变化情况
(a) $u=$1m/s；(b) $u=$3m/s；(c) $u=$5m/s

综合分析各种影响因素，通风器的捕风性能随着风速增大而提升，而风向角增大则造成通风器性能下降。在工程实践中，通风器的安装角度范围与风速应和

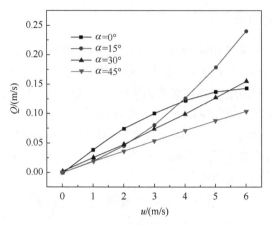

图 2.35　捕风量随风速和风向角的变化

当地主导风向有关，入口平面法线风向角应不超过 45°，尽可能平行于当地全年主导风向。因此，通风器设计或安装需要充分调研当地室外风气象参数，或设计为迎风式随风转向型通风器，以提高其自然通风性能。

2.5.3　格栅形式与阻力特性

通风入口结构形式决定了空气运动的方向和主流区范围，直接关系到其开口阻力系数和开口流量系数[28]：

$$C_{\mathrm{d}} = \sqrt{1/\zeta} \tag{2.12}$$

式中，C_{d} 为建筑开口流量系数；ζ 为开口阻力系数。

一些通风器入口采用单侧或多侧进风型格栅(百叶)形式，其进风性能主要受格栅开启倾角和格栅叶片宽高比影响，如图 2.36 所示。定义叶片所在平面与水

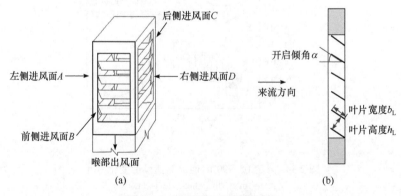

图 2.36　通风器开口格栅结构

(a) 通风器示意图；(b) 通风器侧视图

平方向的夹角为开启倾角 α，格栅叶片水平展开视为完全开启（$\alpha=0°$），定义叶片宽高比为叶片宽度 b_L 与叶片高度 h_L（相邻两平行叶片之间的法向间距）之比。进风口格栅的 α 及 b_L/h_L 较小时，C_d 较大，更有利于室外空气流入房间。现分析比较 α 及 b_L/h_L 对进风量的影响。

1. α 的影响

b_L/h_L 一定时，随 α 的增大，叶片后侧涡流区扩大。室外风顺着叶片平面导入通风器内部，α 增大使得沿叶片来流与喉部断面法线方向夹角增大，如图 2.37 所示。由于惯性运动气流流过叶片间隙时与叶片脱离，丧失了进风气流沿叶片倾斜方向保持运动的趋势，相邻叶片间末端气流产生互相干扰，增加了涡流损失[51]。

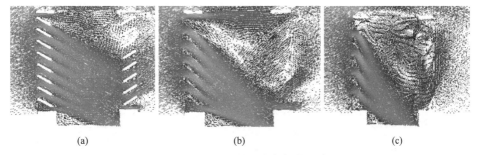

(a)　　　　　　　　　　　(b)　　　　　　　　　　　(c)

图 2.37　α 对通风器速度场的影响

(a) $\alpha=30°$；(b) $\alpha=45°$；(c) $\alpha=60°$

α 越小，气流受叶片阻挡所造成的能量损失越小，ζ 降低，使得 C_d 随之增大，如图 2.38 所示。通风器结构不同，推荐的格栅倾角不尽相同[52]。对于图 2.36，假定左侧进风面 A 为迎风面，通风器 ζ 随着该侧叶片倾斜角度增加而增大，同时应注意到，当该侧 α 为 0°～30°时，进风气流并未完全从喉部进入室内，而是有

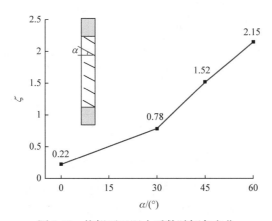

图 2.38　格栅开口阻力系数随倾角变化

部分气流从对侧的进风面 D 直接流向室外,降低了捕风效率[51]。推荐四面进风型通风器的 α 为 60°。

2. b_L/h_L 的影响

随着 b_L/h_L 增大,通风器局部 ζ 呈现先减小后增大的变化趋势,在 $b_L/h_L=2$ 时 ζ 达到最小值(图 2.39)。对于 b_L 不变时,b_L/h_L 越大(h_L 越小),气流经过格栅过程中由于惯性力作用使气流弯曲,阻力损失增加。随着 b_L/h_L 增大,喉部出风面气流流速明显增大。主要原因是 b_L/h_L 增大时(b_L 不变),h_L 减小,相对增强了叶片的导流作用,二者综合作用使 ζ 出现最小值(C_d 最大),如图 2.40 所示。鉴于此,推荐四面进风型通风器的设计宽高比选择 $b_L/h_L=2$ 为宜。

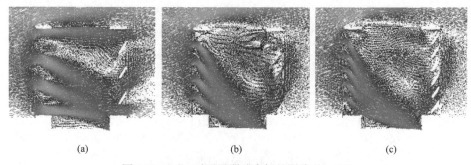

$$\begin{array}{ccc} \text{(a)} & \text{(b)} & \text{(c)} \end{array}$$

图 2.39 b_L/h_L 对通风器速度场的影响($\alpha = 60°$)

(a) $b_L/h_L= 1.2$; (b) $b_L/h_L= 1.7$; (c) $b_L/h_L= 2.2$

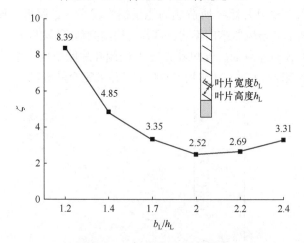

图 2.40 ζ 与叶片 b_L/h_L 的关系

综上所述,通风器性能直接影响自然通风效果,设计通风器需要深入理解其动力性能(表 2.10)。值得注意的是,实测发现,当送风口的长宽比为 1~2.5,α 相同时,其全压损失系数基本相同[53]。此外,尽管四面设倒装格栅叶片有利于降低进风阻力，但实际应用中倒装格栅会造成雨水灌入室内。考虑到自然通风器使用的耐久性，进风型自然通风器往往也采用与排风型自然通风器类似的正装叶片。

表 2.10　通风器性能比较[44]

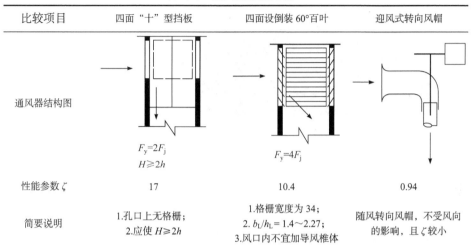

比较项目	四面"十"型挡板	四面设倒装 60°百叶	迎风式转向风帽
通风器结构图	$F_y=2F_j$ $H \geqslant 2h$	$F_y=4F_j$	
性能参数 ζ	17	10.4	0.94
简要说明	1.孔口上无格栅； 2.应使 $H \geqslant 2h$	1.格栅宽度为 34； 2. $b_L/h_L = 1.4 \sim 2.27$； 3.风口内不宜加导风椎体	随风转向风帽，不受风向的影响，且ζ较小

注：ζ为风帽的局部阻力系数；F_y 为风帽上四面孔口的有效面积(m^2)；F_j 为风井喉部的净截面积(m^2)。

除了上述影响因素外，通风器形状[50]、进风口数量[54-55]、进风口外部构造[56]、进风管喉部构造[57]等条件也会对通风器性能造成一定的影响。由此可见，通风器虽然只是强化建筑通风的一种装置，但其结构变化会导致流动边界条件发生改变，直接影响迎风面、背风面风压差和建筑开口流量系数，进而影响风压驱动的室内空气流动效果。一般情况下，自然通风的动压本身较小，因此降低通风器或进风口的阻力具有重要意义。在自然通风器的设计及研发过程中，应充分掌握通风器的原理及设计方法。

2.6　民居自然通风文丘里效应与烟囱效应

民居不仅是我国劳动人民数千年智慧文化的见证，更蕴含着丰富的建筑环境技术经验，如徽州传统民居、江西传统天井式民居、福州多进天井式民居、藏族碉房等。本节以杭州市桐庐县尚志堂为例[58]，分析其自然通风强化原理(图 2.41)。

2.6.1　双坡屋顶文丘里效应

一些历史性建筑(现代仍有应用)多采用双坡屋顶，其坡度角近似为 30°～

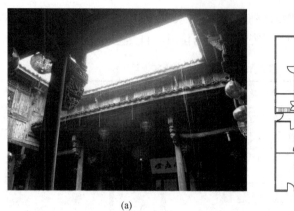
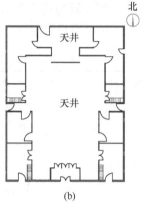

(a)　　　　　　　　　　　　　　　(b)

图 2.41　杭州市桐庐县尚志堂

(a) 实景；(b) 平面图

40°，从宏观上可视为文丘里管下半部，屋脊处相当于文丘里管喉部收缩最窄处，其前坡屋面、后坡屋面则相当于喉部收缩段和扩散段。图 2.42 和图 2.43 分别对比分析了文丘里管和双坡屋顶的示意图及其压力变化。室外风流经双坡屋顶时，空气流动截面改变导致近屋顶处速度的增大(稍远处则速度几乎不发生变化)，见图 2.44，屋脊处形成呈现吸力的负压区，引导室内空气从屋脊负压区的开口流出[58]。由图 2.43 可以看出，气流在文丘里管喉部最窄处或屋脊处达到压力最小值，两者的变化趋势一致。CFD 模拟给出了双坡屋顶民居建筑周围的速度场，清晰地展示了民居双坡屋顶流动的文丘里效应(图 2.44)。

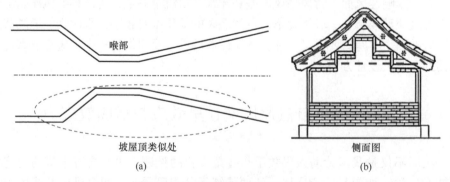

(a)　　　　　　　　　　　　　　　(b)

图 2.42　文丘里管和双坡屋顶示意图

(a) 文丘里管喉部；(b) 双坡屋顶屋脊

如图 2.44 所示，尚志堂的天井处于前坡屋顶之后，当气流流经坡屋面后，由于文丘里效应，可在天井处形成负压，强化了天井的抽吸效果[58]。很多古代建筑的自然通风充分利用了这种双坡屋顶的文丘里效应。

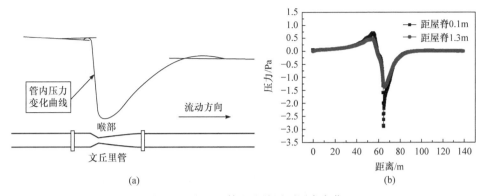

图 2.43 文丘里管和双坡屋顶压力变化

(a) 文丘里管内压力变化；(b) 建筑周围流场中双坡屋顶压力变化(来流垂直于屋脊)

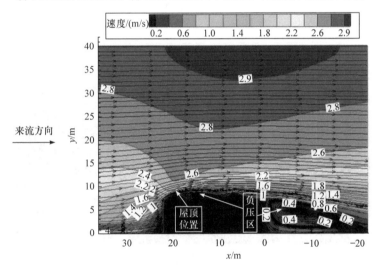

图 2.44 双坡屋顶民居建筑周围的速度场

2.6.2 天井烟囱效应

民居天井多为房屋之间或房屋与墙体之间围合形成的露天空间。天井是古建筑院落中的重要空间构成，同时也蕴含着自然通风的智慧。以图 2.45 中的民居天井自然通风 CFD 模拟情况为例，可以看出天井在传统民居中具有良好的热压通风效果，能够产生明显的"拔风"效应。

图 2.45(b)为全部门窗开启时天井热压通风模拟结果，显示出空气自下而上流动，风速为 0.15～0.4m/s，热压"拔风"效应显著，营造了较好的自然通风效果。其通风的气流流动基本路径是，空气由一层与室外直接相联系的外门和外窗进入天井底部，然后经过一层挑檐的导流向上流动，与二楼外窗流入的气流相汇合，在天井热压"拔风"效应作用下，继续向上流动，达到了民居室内良好的通

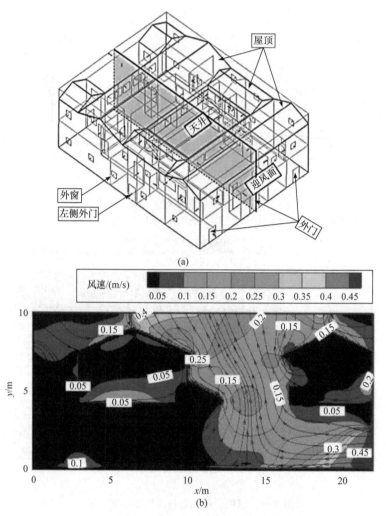

图 2.45　民居天井自然通风 CFD 模拟

(a) 数值计算模型；(b) 天井热压通风模拟结果

风效果。建筑中和面以下的门窗开启时为进风状态，而中和面以上的门窗为出风状态。改变楼顶的烟囱高度，可以调控中和面(零压面)的位置。

2.7　空气渗透量计算与通风网络法

空气渗透作为自然通风的一种形式，主要受建筑整体密闭性、气候(风速和温度等)、建筑位置(地形)、室内热源等影响。作用在建筑开口或围护结构缝隙上的压力是自然风压、热压和机械通风风压(如果存在)产生压力的总和，如图 2.46

所示[30]。根据空气作用在建筑开口的压力总和，可以获得开口的空气流量。通常有两种方法，一种是以实验为基础的经验模型法，另一种是区域模型分析法[59]。

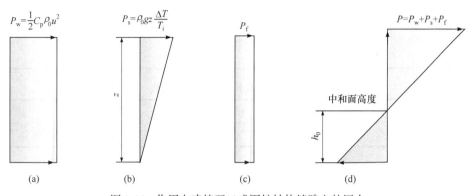

图 2.46　作用在建筑开口或围护结构缝隙上的压力
(a) 自然风压；(b) 热压；(c) 机械通风风压；(d) 热压、风压联合

2.7.1　经验模型法

经验模型法通常以实验为基础，主要包括换气次数法、增压实验法及参数回归等方法，这些方法的特点见表 2.11[11, 59]。

表 2.11　空气渗透量计算用经验模型法

名称	数据要求	优势	劣势
换气次数法	建筑基本尺寸、高度等	易于使用，计算简便	不能提供详细预测
增压实验法	增压测试数据	易于使用，计算简便	仅适用于既有建筑(可进行压力测试)
参数回归	渗透参数和平均风速、温度等	较易于使用，可以提供与气象条件有关的渗透预测	仅适用于既有建筑(示踪气体测试)，且回归数据有可能给出不可靠结果

1. 换气次数法

换气次数法常用于冷风渗透热损失计算[59]，不同的建筑气密性条件对应不同的换气次数，如表 2.12 所示。建筑气密性受建筑类别影响较大，以住宅建筑为例，工程设计中换气次数通常取"中等"类别的低值。《实用供热空调设计手册上(第二版)》[60]对居住建筑的冷风渗透热损失采用换气次数法估算，换气次数根据房间气密性情况进行确定，如表 2.13 所示。换气次数法通常不能提供空气渗透量的详细预测。

表 2.12　　按建筑气密性估算换气次数

建筑气密性	冬季换气次数/(次/h)
良好	0.2~0.6
中等	0.6~1.0
较差	1.0~1.2

表 2.13　　居住建筑的房间换气次数

房间气密性情况	一面有外窗或门	两面有外窗或门	三面有外窗或门	门厅
换气次数/(次/h)	0.25~0.67	0.5~1	1~1.5	2

2. 增压实验法

增压实验法包括对房间的稳态加压或减压，以及特定内外静压差条件下空气流量的测定。对于住宅、办公楼等普通建筑空间，可采用鼓风门(blower-door)等专用设备进行增压，为减小室内外温差和风速脉动的影响，一般房间测试压差可取 10~75Pa，根据式(2.5)计算空气渗透量。

英国 CIBSE[31]推荐采用式(2.13)计算空气渗透量[30-31, 59]：

$$Q_{inf} = \frac{Q_{50}}{20} \tag{2.13}$$

式中，Q_{inf} 为空气渗透量，m^3/s；Q_{50} 为压差为 50Pa 时测定的空气流量，m^3/s；20 为基于大量住宅建筑房间测试结果的经验系数[30-31]。

美国采暖、制冷与空调工程师学会(ASHRAE)推荐采用式(2.14)计算[61]：

$$Q_{inf} = \frac{L_N \times W_{sf} \times A_{floor}}{1.44} \tag{2.14}$$

式中，L_N 为无量纲标准化缝隙，由增压实验获得，详见文献[62]；W_{sf} 为气象修正因子，文献[61]给出了美国区域气象修正因子及气象数据；A_{floor} 为地面面积；1.44 为英制单位与标准单位换算系数。

《建筑整体气密性检测及性能评价标准》(T/CECS 704—2020)同样推荐了采用鼓风门测定建筑渗风量，并取 50Pa 增压和 50Pa 减压两种工况的空气渗透量平均值作为房间渗风量[62]。增压实验法仅限于对既有建筑渗透性的评估，系主要由压力及空气渗透量数据测试结果来确定建筑气密性。

3. 参数回归

参数回归是基于统计数据的曲线拟合方法，拟合已有的建筑渗风量、压差测试数据积累与测试建筑所在地区的气候数据得出经验方程。考虑的影响因素和参

数越细致，得到的计算关联式会越复杂。空气渗透量的一般计算式可表示为[59]

$$Q_{\text{inf}} = a' + b'\Delta T + c'u^2 \tag{2.15}$$

式中，ΔT 为室内外温差，℃；u 为室外风速，m/s；a'、b'、c'为回归系数[59]。

2.7.2 区域模型

现有计算通风量的区域模型选择取决于建筑类型和内部情况。常见的区域模型基本出发点是质量守恒原理，无论是相对简单的单区域模型，还是将建筑物分解为若干相互关联区的多区域模型等。区域模型可适用于不同开口类型的通风量计算，不过计算时应选取不同的系数。这类模型的发展始于 20 世纪 60 年代后期，在 70 年代和 80 年代得到了进一步发展[59, 63]。

1. 单区域模型

单区域模型将整个建筑内部作为一个封闭空间计算通风量。在单区域模型中，建筑空间内部压力、温度分布均匀，即只有一个压力节点，这个内部压力点与一个或多个不同的外部压力节点相连，如图 2.47 所示。英国建筑研究所(Building Research Establishment，BRE)模型、美国劳伦斯伯克利实验室(Lawrence Berkeley Laboratory，LBL)模型均属于单区域模型[30]。

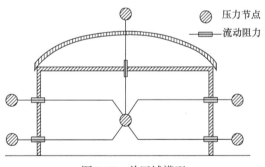

图 2.47　单区域模型

2. 多区域模型

多区域模型与单区域模型的区别在于考虑了房间的内部分区，通风量计算更加复杂。实际工程中主要关心建筑开口、缝隙等关键环节的压力和流量特性，以及二者如何受到风压、开口特征等因素的影响。因此，该模型将流动系统视为流体网络，把空气流动输配问题转化为求解流体网络节点压力和流量的问题，进而可将建筑通风系统类比于电路网络，并在这两种网络间建立模拟关系。引起气体流动的空气压差类比于电压差，建筑物区域中衡量流动强度的质量流量类比于电流，空气流经门、窗或者缝隙等各类开口流动阻力则类比于电阻[64]。

基于此，建立建筑通风流动网络分析法。建筑通风系统可视为一组网络，该网络由一些代表所计算区域和外部环境的节点组成。不同区域之间的相互影响由连接它们各自节点的气流路径表示。建筑空间由节点表示，开口由连接的气流路径表示，室外环境的影响由边界处的节点表示[30]。该网络中的流动遵循节点风量平衡、回路压力平衡原理[65-66]：

$$\sum_{j=1}^{n_{\text{node}}} a_{ij} M_j = q_i, \quad i = 1 \sim m_{\text{node}} \tag{2.16}$$

式中，a_{ij} 为分支风量的符号函数，$a_{ij} = \begin{cases} 1, & \text{分支 } j \text{ 在第 } i \text{ 个回路中且回路同向} \\ -1, & \text{分支 } j \text{ 在第 } i \text{ 个回路中且回路异向} \\ 0, & \text{分支 } j \text{ 不在第 } i \text{ 个回路中} \end{cases}$；

M_j 为分支 j 的质量流量，kg/s；q_i 为节点 i 的质量流量，kg/s，某个节点处流入和流出该网络的质量流量，流入节点为正，流出节点为负；m_{node} 为网络节点数；n_{node} 为网络分支数。

在通风网络的稳定流动过程中，流入或流出每个节点的各个分支的质量流量代数和为零。网络节点数为 m_{node} 时，共可列出 m_{node} 个节点流量平衡方程。只有 $(n_{\text{node}} - m_{\text{node}} - 1)$ 个回路是相互独立的，故可建立 $(n_{\text{node}} - m_{\text{node}} - 1)$ 个独立的回路压力平衡方程，所有独立回路的压力平衡方程用矩阵形式表示为[65-66]

$$\sum_{j=1}^{n_{\text{node}}} a_{ij} \times \left(\Delta \boldsymbol{P}_j - \boldsymbol{P}_{ij} \right) = 0 \tag{2.17}$$

式中，$\Delta \boldsymbol{P}_j$ 为分支 j 的流动阻力损失列向量，n_{node} 阶；$\boldsymbol{P}_{ij}$ 为分支 j 在第 i 个回路的通风动力列向量，n_{node} 阶。

空气流动系统中开口等构件的稳态流动阻力可根据通过该构件的压力降与流量之间的关系来确定，一般可表示为[65-66]

$$\Delta P_j = K_j M_j^n \tag{2.18}$$

式中，ΔP_j 为通过分支 j 的压力降；n 为流阻特性指数，圆管或矩形管路层流流动可取 $n = 1$，对于处于阻力平方区的管路几何参数沿管长均匀变化或突然变化的流体构件取 $n = 2$；K_j 为网络系统流动阻力特性常数，与流量无关，当 $n = 2$，K_j 也称阻抗。

基于上述多区域模型原理，本小节以 A 水电站坝体、通风廊道系统为例介绍多区域模型应用，如图 2.48 所示[65-66]。在计算时，将通风廊道中通风量不变的一段视为一个区域，对应网络图中一个分支；各区域交汇点称为节点，将分支与节点之间的连接关系用点和有向线段表示，并且把各个分支的长度、形状、断面大小、内表面粗糙度等因素用阻抗表示，形成通风网络节点图[65-66]，如图 2.49 所示。

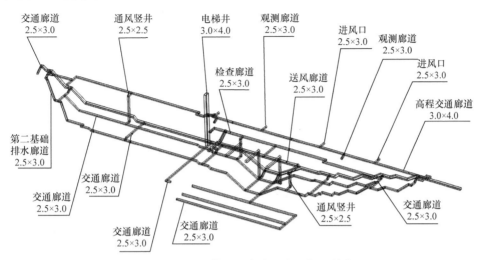

图 2.48　A 水电站坝体通风廊道系统示意图(单位：m)

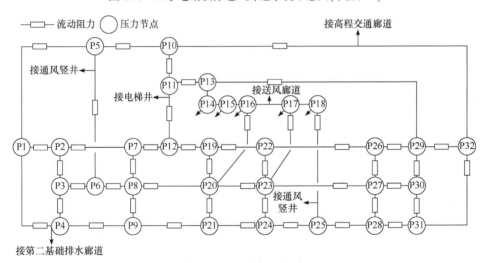

图 2.49　A 水电站通风网络节点图

　　地下洞室群中空气流动一般处于"阻力平方区"，且可视为稳态流动，故流动阻力特性常数计算式为[67-68]：

$$K_j = \left[\left(\lambda \cdot \frac{l}{d_e} + \sum \zeta \right) \times \frac{1}{2A^2 \rho} \right]_j \qquad (2.19)$$

式中，$\sum \zeta$ 为分支 j 的局部阻力系数之和；λ 为分支 j 沿程摩擦阻力系数；l 为分支 j 的长度，m；d_e 为分支 j 流通截面的当量直径，m；A 为分支 j 流通断面的面积，m²；ρ 为空气密度，kg/m³。

多区域模型中，分支之间的关系可以是串联、并联或串并联复合。其中，串联分支的总阻抗为[67-68]

$$K=\sum K_j \tag{2.20}$$

并联分支的总阻抗为

$$K=\left(\sum \frac{1}{\sqrt{K_j}}\right)^2 \tag{2.21}$$

通风路径中通风量不发生变化的一段对应通风网络图中的一个分支，依次对其进行相应的编号，并利用式(2.19)可得各分支质量流量的阻抗 K_j，进而列出通风流动网络方程组。方程组为非线性，需要借助数值计算方法得到满足精度要求的数值解。目前，通风流动网络方程组的求解方法有迭代法、拟牛顿法和直接代入法等。

本小节以回路风量法为例求解。根据节点风量平衡定律和网络矩阵之间的关系，当节点流量 $q = 0$ 时，可得[69]

$$\boldsymbol{M}=\boldsymbol{M}_{\mathrm{f}}\times \boldsymbol{C}_{\mathrm{f}} \tag{2.22}$$

式中，$\boldsymbol{M}$ 为分支风量列向量；$\boldsymbol{M}_{\mathrm{f}}$ 为回路风量行向量，由 $(n-m+1)$ 个余支的风量组成，$l=1\sim(n-m+1)$；$\boldsymbol{C}_{\mathrm{f}}$ 为通风网络的独立回路矩阵。

将所有的分支风量用回路风量代换，并代入独立回路压力平衡方程组，则整个通风网络的解算转化为求解 $(n-m+1)$ 个回路风量未知数的独立回路压力平衡方程组。这个具有二次方程的非线性代数方程组可采用迭代求解，即给出某组假定的回路风量，可采用牛顿法进行计算修正。

设有 L 个回路风量变量 $(L=n-m+1)$，L 个方程的非线性方程组的一般为[65-66]

$$\begin{cases} f_1\left(M_1,M_2,\cdots,M_L\right)=0 \\ f_2\left(M_1,M_2,\cdots,M_L\right)=0 \\ \qquad\cdots\cdots \\ f_L\left(M_1,M_2,\cdots,M_L\right)=0 \end{cases} \tag{2.23}$$

式中，$(M_1,M_2,\cdots,M_L)$ 为 L 个独立回路的回路风量，也是独立回路对应的余支风量。

对式(2.23)给出初始值 M_1^0、M_2^0、$\cdots$、M_L^0，假设 ΔM_1^0、ΔM_2^0、$\cdots$、ΔM_L^0 为回路风量修正值，使其满足：

$$
\begin{cases}
f_1\left(M_1^0+\Delta M_1^0, M_2^0+\Delta M_2^0, \cdots, M_L^0+\Delta M_L^0\right)=0 \\
f_2\left(M_1^0+\Delta M_1^0, M_2^0+\Delta M_2^0, \cdots, M_L^0+\Delta M_L^0\right)=0 \\
\quad\quad\cdots\cdots \\
f_L\left(M_1^0+\Delta M_1^0, M_2^0+\Delta M_2^0, \cdots, M_L^0+\Delta M_L^0\right)=0
\end{cases}
\tag{2.24}
$$

对式(2.24)中的 L 个方程的左边按泰勒级数展开，并舍去含 ΔM_1^0、ΔM_2^0、$\cdots$、ΔM_L^0 的二次和更高次项，得

$$
\begin{cases}
f_1\left(M_1^0, M_2^0, \cdots, M_L^0\right)+\dfrac{\partial f_1}{\partial M_1}\Delta M_1^0+\dfrac{\partial f_1}{\partial M_2}\Delta M_2^0+\cdots+\dfrac{\partial f_1}{\partial M_L}\Delta M_L^0=0 \\[2mm]
f_2\left(M_1^0, M_2^0, \cdots, M_L^0\right)+\dfrac{\partial f_1}{\partial M_1}\Delta M_1^0+\dfrac{\partial f_1}{\partial M_2}\Delta M_2^0+\cdots+\dfrac{\partial f_1}{\partial M_L}\Delta M_L^0=0 \\[2mm]
\quad\quad\cdots\cdots \\
f_L\left(M_1^0, M_2^0, \cdots, M_L^0\right)+\dfrac{\partial f_1}{\partial M_1}\Delta M_1^0+\dfrac{\partial f_1}{\partial M_2}\Delta M_2^0+\cdots+\dfrac{\partial f_1}{\partial M_L}\Delta M_L^0=0
\end{cases}
\tag{2.25}
$$

写成矩阵的形式，即[65-66]

$$
\begin{bmatrix}
\dfrac{\partial f_1}{\partial M_1}, \dfrac{\partial f_1}{\partial M_2}, \cdots, \dfrac{\partial f_1}{\partial M_L} \\[2mm]
\dfrac{\partial f_1}{\partial M_1}, \dfrac{\partial f_1}{\partial M_2}, \cdots, \dfrac{\partial f_1}{\partial M_L} \\[2mm]
\quad\cdots\cdots \\
\dfrac{\partial f_1}{\partial M_1}, \dfrac{\partial f_1}{\partial M_2}, \cdots, \dfrac{\partial f_1}{\partial M_L}
\end{bmatrix}
\begin{Bmatrix}
\Delta M_1^0 \\
\Delta M_2^0 \\
\vdots \\
\Delta M_L^0
\end{Bmatrix}
=
\begin{Bmatrix}
f_1\left(M_1^0, M_2^0, \cdots, M_L^0\right) \\
f_2\left(M_1^0, M_2^0, \cdots, M_L^0\right) \\
\vdots \\
f_L\left(M_1^0, M_2^0, \cdots, M_L^0\right)
\end{Bmatrix}
\tag{2.26}
$$

式中，等号左边系数矩阵的元素是 $f_1, f_2, \cdots, f_L$ 对于 $M_1, M_2, \cdots, M_L$ 的偏导数在 $M_1^0, M_2^0, \cdots, M_L^0$ 的值，为雅可比(Jacobi)矩阵。

式(2.26)为线性方程，求解可得到 M_1^0、M_2^0、$\cdots$、M_L^0，进而可得方程组近似解[65-66]：

$$
\begin{cases}
M_1^1=M_1^0+\Delta M_1^0 \\
M_2^1=M_2^0+\Delta M_2^0 \\
\quad\quad\cdots\cdots \\
M_L^1=M_L^0+\Delta M_L^0
\end{cases}
\tag{2.27}
$$

以此类推反复迭代，直到第 k 次迭代计算后满足式(2.28)为止：

$$\max\left\{\left|f_i\left(M_1^k,M_2^k,\cdots,M_L^k\right)\right|\right\}<\varepsilon \qquad (2.28)$$

式中，ε 为预先给定的足够小的正数，即计算的精度要求——环路闭合差的最大允许值，求得第 k 次迭代计算的风量修正值后，则可得该方程符合要求的数值解：

$$\begin{cases} M_1^{k+1}=M_1^k+\Delta M_1^k \\ M_2^{k+1}=M_2^k+\Delta M_2^k \\ \qquad\cdots\cdots \\ M_L^{k+1}=M_L^k+\Delta M_L^k \end{cases} \qquad (2.29)$$

根据分支风量与回路风量的关系式(2.22)，可求得所有分支风量 M。上述方程可用 Matlab 程序求解。

对于高层建筑，其冬季供暖的冷风渗透量计算也可采用多区域模型的理论方法，并同时考虑热压和风压的作用，可参考文献[70]～[73]。

在进行渗透风压差计算时，常会直接应用基于经验或实测的风压系数和热压系数。万建武等[74]分析了高层建筑渗透风计算中的风压系数和热压系数，发现渗透风孔口的质量流量 M 与孔口面积、风压、热压、风压系数及楼层高度有关。渗透风压差理论分析模型如图 2.50 所示。

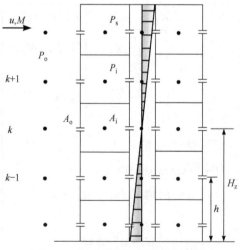

图 2.50　渗透风压差理论分析模型

假设楼板无渗透，则有

$$M=C_\text{o}A_\text{o}\sqrt{\dfrac{\Delta P_\text{f}+\Delta P_\text{r}}{1+\left(\dfrac{C_\text{o}A_\text{o}}{C_\text{i}A_\text{i}}\right)^2}} \qquad (2.30)$$

其中，M 为渗透风孔口的质量流量，kg/s；C_o 为室外开口流量系数；C_i 为室内开口流量系数；A 为孔口当量面积，m^2；ΔP_r 为热压，$\Delta P_r = P_o(k) - P_s(k) = (H_z - h)(\rho_o - \rho_s)g$；$\Delta P_f$ 为风压，$\Delta P_f = \dfrac{1}{2}C_p\rho_o u^2$，$C_p$ 为建筑物第 k 层外窗(墙)上的风压系数，u 为风速，m/s；H_z 为中和面高度，m；h 为计算楼层距地面高度，m；下标 o 为室外；i 为室内；s 为楼梯井。

根据实际建筑的情况，考虑楼板有微小渗透，走廊、门厅与楼梯井之间无内隔墙(门)，对三种典型风压、热压条件外墙渗透风压差进行分析。

1) 单独热压作用下渗透风压差修正

当 $\Delta P_f = 0$ 时，作用在外墙的渗透风压差为

$$\Delta P = C_e \Delta P_r \tag{2.31}$$

式中，ΔP 为作用于围护结构上的渗透风压差；C_e 为热压系数。考虑了实际建筑的情况，如楼板微小渗透等，通过理论分析及数值计算得出 $C_e = \dfrac{1}{1.038 + \dfrac{T_i}{T_o}\left(\dfrac{A_o}{A_i}\right)^2}$[74]。

热压系数 C_e 主要受 A_o / A_i 的影响。单层钢窗严密性程度为中等的条件下，实测办公楼型建筑的 C_e 为 0.41~0.60，相当于 A_o / A_i 为 1.1~0.75。具有大开口特征的门厅、楼梯井、走廊等处 C_e 与 A_o / A_i 无关，近似等于 1。

2) 单独风压作用下渗透风压差修正

当 $\Delta P_r = 0$ 时，渗透风压差为

$$\Delta P = C_y \Delta P_r \tag{2.32}$$

式中，C_y 为有效风压差修正系数。忽略 C_y 沿建筑物竖向变化，单独风压作用下的有效风压差修正系数可表示为 $C_y = \dfrac{1}{A + B\left(\dfrac{A_o}{A_i}\right)^2}$，$A$ 和 B 为常数。回归分析得出，对迎风面 A=1.271，B=1.278；对背风面 A=0.724，B=0.731。

3) 风压和热压综合作用下的有效风压差修正

实际建筑物渗透风压差往往是热压和风压综合作用的结果。计算综合渗透风压差时，习惯于采用两者叠加的方法。假定风压、热压综合作用时，热压系数仍然为单独作用下的取值条件，采用压差修正系数 C_{yz} 对综合渗透风压差进行修正，计算式为

$$\Delta P = C_{yz}\Delta P_f + C_e\Delta P_r \tag{2.33}$$

式中，C_{yz} 为压差修正系数，$C_{yz} = a\left(\dfrac{h}{H}\right)^{b}$，$h$ 为计算楼层距地面的高度，当 $h \leqslant$ 10m 时，取 $h = 10$m，H 为建筑物高度，m，a、b 为半经验值。表 2.14 为多层或高层建筑风压和热压综合作用下 C_{yz} 中 a、b 的取值。

表 2.14　多层或高层建筑风压和热压综合作用下 C_{yz} 中 a、b 的取值[74]

条件		a、b	风速/(m/s)							
			2		3		4		5	
			迎风面	背风面	迎风面	背风面	迎风面	背风面	迎风面	背风面
$\dfrac{A_o}{A_i}$	0.5	a	0.726	0.947	0.708	0.982	0.696	1.005	0.684	1.029
		b	0.098	−0.067	0.121	−0.082	0.137	−0.091	0.156	−0.109
	0.75	a	0.584	0.758	0.568	0.789	0557	0.809	0.548	0.827
		b	0.110	−0.049	0.136	−0.066	0.154	−0.076	0.170	−0.084
	1.0	a	0.456	0.597	0.442	0.623	0.434	0.638	0.428	0.649
		b	0.124	−0.035	0.153	−0.055	0.171	−0.064	0.183	−0.070
	1.25	a	0.354	0.471	0.346	0.486	0.339	0.500	0.334	0.506
		b	0.123	−0.014	0.160	−0.042	0.181	−0.053	0.188	−0.059
	1.5	a	0.274	0.382	0.273	0.385	0.267	0.396	0.264	0.399
		b	0.133	−0.002	0.168	−0.034	0.190	−0.047	0.195	−0.051
门厅		a	0.901	1.152	0.876	1.202	0.863	1.231	0.854	1.239
楼梯井		b	0.080	−0.077	0.108	−0.096	0.124	−0.106	0.136	−0.108

建筑内墙体间隔的阻力作用及在风压作用下建筑物内压力的变化，使外墙渗透风压差并不等于风压、热压的理论叠加值。C_y、C_e 实质上是实际建筑物的内间隔阻力及由风速引起的建筑内部压力变化对外墙渗透风压差影响的反映。

尽管通风网络模型可以类比电路网络简化计算，但分析过程中应注意计算条件。空气和电子两种介质之间存在显著差异，如电子流动是一种统计状态，而空气流动有层流和紊流两种流态，需要对实际问题辩证分析才能抓住主要矛盾[64]。

综上，单区域模型和多区域模型是对经验模型法的改进，实际计算中仍需要大量的建筑及空气流动细节信息，包括建筑开口流量系数、面积、缝隙压力系数、建筑高度、室内外温差、当地风速、遮挡条件、地表粗糙度等。这些数据需要进行测试获得，设计中使用的替代性数据并不一定准确反映当地条件、建筑特征等重要因素，因此设计计算的准确性和可靠性会有一定程度的降低。

2.8　室内空气流动非稳定性

正如本章开篇所述，自然界的风具有随机性、紊乱性和可变性，其风速可表示为时均风速和脉动风速的叠加。合适的脉动风速会使人感觉凉爽舒适，特别是在地下或封闭空间中，将有助于消除环境沉闷感[75-76]。2.1～2.7 节重点介绍了基于时均风速的通风量分析和计算方法。然而，实测和理论分析发现，当脉动风速较大时，风压驱动空气流动的脉动效应在通风流量计算时不应该被忽略[77-79]，这也使通风量计算变得更加复杂。本节将从通风量和气流脉动特性评价两个方面作简要阐述。

用来描述非稳定性脉动风速特征的概念主要有三个函数：湍流强度、相邻时刻风速相关性自协方差函数和功率谱函数，分别如式(2.34)～式(2.36)所示[79]。

湍流强度定义为脉动风速均方根与平均风速之比：

$$I = \frac{u_{\mathrm{r}}}{\overline{u}} \tag{2.34}$$

式中，I 为湍流强度；u_{r} 为脉动风速均方根，m/s；$\overline{u}$ 为平均风速，m/s。

假设 t 和 $t+\tau$ 相邻时刻的瞬时风速相关，其相关性由自协方差函数描述：

$$R_{\mathrm{u}}(\tau) = \overline{u(t)u(t+\tau)} = \lim_{T \to \infty} \frac{1}{T} \int_{-T/2}^{T/2} u(t)u(t+\tau)\mathrm{d}t \tag{2.35}$$

式中，$R_{\mathrm{u}}(\tau)$ 为自协方差函数；$u(t)$ 为 t 时刻脉动风速，m/s；$u(t+\tau)$ 为 $t+\tau$ 时刻脉动风速，m/s；T 为周期，s。

若在频域内描述风速相关性自协方差，其功率谱函数定义为

$$S_{\mathrm{u}}(\omega) = 4 \int_0^{\infty} R_{\mathrm{u}}(\tau)\cos(\omega\tau)\mathrm{d}\tau \tag{2.36}$$

式中，$S_{\mathrm{u}}(\omega)$ 为功率谱函数；ω 为角速度，rad/s。

2.8.1 非稳定性气流作用下的通风量

室内空气流动非稳定性具有多种预测方法，大致可分为频域方法和时域方法。频域方法优点是在已知频谱和外部压力相关性的情况下，可以快速、准确地获得解。然而，这些方法对流量方程进行了线性化假设，从而可以用这种方式使用频谱，平均流量和平均内压也可以从常规稳态解中获得。当脉动流速相对于平均流速较大时，这种假设可行性变差。关于频域方法的研究可参考文献[35]、[78]和[79]。

时域方法与频域方法的主要区别在于对流动方程和连续性方程(质量守恒)的假设。时域方法基于准稳态流，流速变化率不为零，但是该变量足够小，以使运动方程中的非稳态项可忽略不计，该过程可以被视为缓慢变化的稳态过程。室内空气流动是否可以被视为准稳态主要取决于边界条件变化的时间尺

度，即温度变化和自然风变化。建筑外部温度的变化相对缓慢，浮力驱动的室内空气流动可以视为准稳态流。非稳态自然通风流动模型的主要问题是风湍流的影响。与温度变化和时均风速相关的缓慢变化可以通过稳态流动模型来处理。风的不稳定性表现为建筑外表面压力(和速度场)的相对快速的波动，并且这些波动会导致通过建筑围护结构开口的流速和内部压力的波动，对室内空气流动产生较大影响。因此，非稳态流动需要考虑两个效应，即开口的不稳定行为和内部空气的可压缩性，具体内容可参考文献[28]、[80]和[81]。此外，还有将脉动效应作为压差与风压、热压叠加预测通风流量的半经验模型[36-37]和波类比模型[82-83]。

2.8.2　室内通风气流脉动特性

脉动风速使风压驱动进入室内风量预测变得相对复杂，然而如本书 1.6 节所述，合适的脉动风速对人体热舒适具有一定的积极作用[75, 84-85]。20 世纪 80 年代，人们发现自然界许多系统表现出自相似性，往往与脉动频率 f 有关，其特征是 $1/f$ 脉动，也被称为粉色或闪烁噪声(pink or flicker noise)[86]。$1/f$ 脉动噪声的对数功率谱密度($\lg[S(f)]$)与频率成反比($\lg[S(f)] \propto 1/f$)，可在白噪声($\lg[S(f)] \propto 1/f^0$，无时间相关性)和布朗运动($\lg[S(f)] \propto 1/f^2$，无增量相关性)之间变化。各种各样的自然现象，从宇宙学[87]、地震[88]、湍流[89]到人体心率间隔[90]等复杂系统大都呈现随时间 $1/f$ 的脉动。$1/f$ 脉动噪声的普遍性表明它是复杂动力学系统的普遍表现形式，该动力学系统具有非常相似的关键成分——可能是因为系统子单元之间的"相互作用部分"比观察到的子单元本身的详细特性更能控制观察到的协同行为[91]。从数学角度来看，这种普遍性可以归因于非常丰富的随机统计集合[92]。

自然界普遍存在的 $1/f$ 脉动也适用于自然风[93]。对于人体感觉来说，空气脉动频率之于皮肤，如声音频率之于耳朵一样，人们对一定范围的频率很敏感[94-95]。本小节以自然风与几种机械风扇的脉动风速特性对比为例(图 2.51)，采用双对数功率谱曲线负斜率 β (也称为功率谱指数) 等来评价风压驱动空气流动的脉动特性:

$$S(f) = \frac{2T}{N}\left|u(f)\right|^2 \tag{2.37}$$

式中，$S(f)$ 为功率谱密度；$u(f)$ 为风速样本的离散傅里叶变换；T 为取样周期；N 为采样点数目。对 $S(f)$、f 取对数，通过最小二乘法所拟合曲线斜率的负数可获得 β 值，即 $S(f) \propto f^{-\beta}$，见图 2.51 中的对数拟合线。

对自然风速的测试结果表明，β 为 1.493~1.656，测试结果接近于–5/3 幂律[96-97]；对几种常见的机械风扇测试表明，其 β 为 0.336~0.612，更接近无时间相关性白噪声。文献[98]和[99]建议取 $\beta = 1.1$ 为区别自然风与机械风的界限，

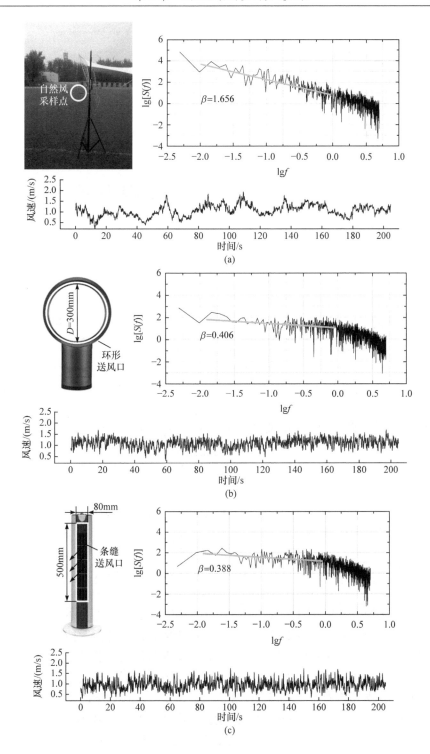

自然风
采样点

$\beta=1.656$

环形
送风口

$D=300\text{mm}$

$\beta=0.406$

80mm

500mm

条缝
送风口

$\beta=0.388$

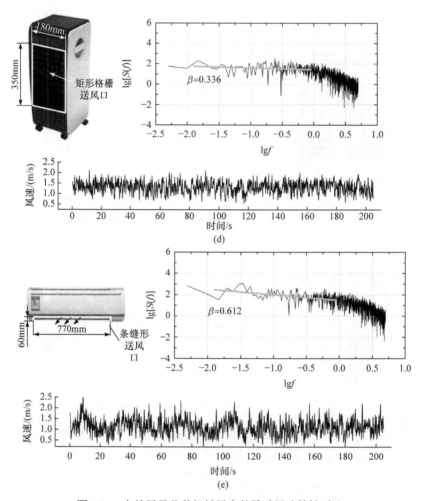

图 2.51　自然风及几种机械风扇的脉动风速特性对比

(a) 自然风的脉动风速特性；(b) 无叶风扇的脉动风速特性；(c) 塔形风扇的脉动风速特性；(d) 空调扇的脉动风速特性；(e) 壁挂空调的脉动风速特性

并得出以下判断依据：若 $\beta > 1.1$，则具有自然风特征；$\beta \leqslant 1.1$，则具有机械风特征。

此外，比较机械风与自然风气流的 β 值，随着离开风扇距离的增加，β 随平均风速的降低而增大。随着机械风扇的速度设置由高档位变为低档位，β 随平均风速的降低而增大。除平均空气速度外，几种摆动吹风的间歇性使气流 β 均大于 1.0，更接近于自然风(图 2.52)。这是因为摆动吹风情况下，送风小涡气流强度降低，风速仪检测到的大涡气流相应增加。通过傅里叶变换计算风速时间序列的功率谱密度函数，发现低频部分的涡旋能量分布增加，摆动吹风会使 β 更大。尽管如此，来自摆动吹风的气流与自然风气流并不完全相同，前者类似于一个准稳态周期信号。因此，在描述工作区(或控制区)气流运动时，应同时考虑平均风速和脉动风速。

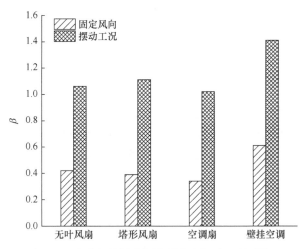

图 2.52　几种机械风扇固定风向和摆动工况下的 β

实测表明，人体对自然风的接受度高于对同等温度、湿度和平均风速水平下机械风的接受度，尤其是在偏热的环境中，自然风往往会给人们带来愉悦和较好的舒适感。自然风的风速是一种非周期性的相对低频脉动，与近似白噪声的高频机械风脉动风速有着较大的区别[100-101]。除了采用功率谱密度函数的方法界定自然风和机械风，人们还尝试了多种方法，使机械风从脉动特性上更接近自然风。如第 1 章所述，笔者与戴庆山教授等于 20 世纪 80 年代提出了一种周期性脉动通风气流组织方法，并研究了其考虑时均风速和湍流风速在内的射流特性[76, 102]；此外，可分别采用信号控制等方法改善机械送风脉动特性[103-105]。通过模拟自然通风气流紊动的物理结构及其变化规律，可以人工地产生符合人体生理健康的室内动态热环境，在某种程度上既节省了通风空调能耗，又改善了传统稳定通风空调送风方式导致人体温度调节功能衰退和抵抗力下降的问题，从而带来通风空调方式的革新[106]。

2.9　复杂建筑物/群的风压驱动自然通风模拟

从空气动力学角度，关于建筑室外风环境问题的研究可视为研究大气边界层内一端固定的有限长钝体扰流问题。此类问题的数值模拟研究一方面要模拟高雷诺数的大气边界层流动，另一方面要捕捉到钝体尖锐边缘气流碰撞、分离和涡脱落等空气动力学特性，目前仍面临着一些挑战。对于受室外风场影响的室内自然通风，室外风场特征尺度 10^3m、建筑物特征尺度 10^2m，室内特征尺度 10^0m，而对于狭小的通风口特征尺度甚至达 10^{-3}m。此外，计算过程中特征尺度的跨度也不容忽视。本节将针对建筑室外风环境和室内自然通风模拟的这些关键问题进行简要阐述，包括湍流模型的选择、入口边界条件的设置和建筑室外风场到室内自然通风的模拟策略。

2.9.1 湍流模型的选择

建筑物绕流和室内空气运动模拟常用的方法是大涡模拟(large eddy simulation，LES)方程和雷诺平均 N-S(Reynolds average Navier-Stockes，RANS)方程。图 2.53 概括了通过实验、RANS 方程和 LES 方程研究建筑物周围空气流动的信息。

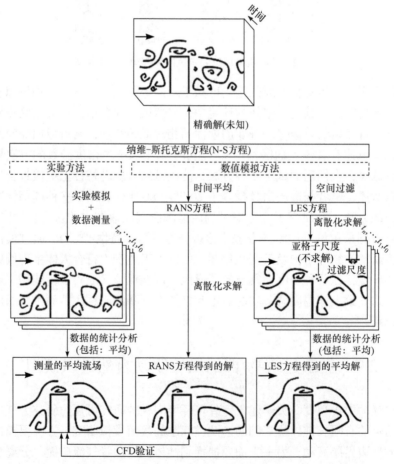

图 2.53　通过实验、RANS 方程和 LES 方程研究建筑物周围空气流动的信息[107]

RANS 方程将整个湍流脉动过程时均化，求解湍流的平均流动；LES 方程是将湍流过程分为大尺度脉动和小尺度脉动，将计算的重点放在大尺度脉动上，把小尺度脉动认为是湍流耗散进行模型化。一些研究比较了建筑外风场 RANS 方程和 LES 方程的数值模拟结果[107-109]，证明了 LES 方程的优势，LES 方程可以改善风速的预测内涵，特别是在尾流区；可以再现流动不稳定，如涡旋脱落，并可以提供阵风的信息。

然而，考虑计算成本和效益平衡的 RANS 方程仍然被广泛应用于工程实践中。对于工程问题 RANS 方程的应用具有历史较长、成本较低的优点。LES 和 RANS 方程模拟的结果对许多计算参数非常敏感，由于 RANS 方程的应用历史较长，目前存在一些基于 RANS 方程的 CFD 应用最佳实践指南。Franke 等[110]根据对一些参数化研究文献的详细回顾，汇编了一套关于在风工程中使用 CFD 的具体建议，作为欧洲科学技术合作计划 C14：风暴对城市生活和建筑环境的影响(COST Action C14: Impact of Wind and Storm on City Life and Built Environment)的一部分，这一贡献后来被纳入"城市环境中流体 CFD 模拟的最佳实践指南"[111]。日本建筑学会(Architectural Institute of Japan，AIJ)对 CFD 模拟结果和风洞测量进行了交叉比较，发布了"CFD 在建筑物周围行人风环境实际应用的 AIJ 指南"[112]和"建筑物风荷载数值预测的 AIJ 指南"[113]，可有效降低模拟计算的误差并评估误差和不确定性。

无论建筑室外还是室内通风数值模拟中，标准 k-ε 湍流模型均是最常用的方法。标准 k-ε 湍流模型湍流应力各向同性的假设，会导致立方体建筑迎风面上的滞止压力异常。针对此问题，欧洲 COST 和日本建筑学会建议采用非线性 k-ε 湍流模型、重整化 k-ε 湍流模型及可实现 k-ε 湍流模型等更先进的湍流模型和二阶矩湍流模型。

2.9.2　入口边界条件的设置

对于建筑室外环境的数值模拟，建筑表面风压等信息与湍流流场密切相关。需要考虑所选择的入口速度和湍流特性剖面、湍流模型、粗糙地面的处理等驱动风场条件的一致性。

Richards 等[114]针对 k-ε 湍流模型提出了一个水平均匀且充分发展的湍流垂直入口风的流入边界条件，如下所示：

$$u = \frac{u_*}{\kappa} \ln\left(\frac{z + z_0}{z_0}\right) \tag{2.38}$$

$$k = \frac{u_*^2}{\sqrt{C_\mu}} \tag{2.39}$$

$$\varepsilon = \frac{u_*^3}{\kappa(z + z_0)} \tag{2.40}$$

式中，u_* 为摩阻速度，m/s；κ 为大气湍流结构(von Kàrmàn 常数)，取 0.40；z 为距地面高度，m；z_0 为地面的空气动力学粗糙度，m；C_μ 为模型常数，取 0.09；k 为湍流能量；ε 为湍动能耗散率。

日本建筑学会推荐平坦地形上的垂直速度剖面 $u(z)$ 通常可用幂律表示为[112]

$$u(z) = u_s \left(\frac{z}{z_s}\right)^\alpha \tag{2.41}$$

式中，u_s 为参考高度 z_s 处速度；α 为地形类别决定的幂指数。湍流能量 $k(z)$ 的垂直分布可以通过风洞实验或对相应环境的观测得到，$\varepsilon(z)$ 可表示为

$$\varepsilon(z) = C_\mu^{1/2} k(z) \frac{u_s}{z_s} \alpha \left(\frac{z}{z_s}\right)^{\alpha-1} \tag{2.42}$$

式中，C_μ 取 0.09。

建筑风环境的数值模拟中无论是构造 RANS 方程还是 LES 方程的流入边界条件，常常基于有限的实测数据或典型风廓线特征来给定稳定的流入边界条件。建筑外风场存在空间和时间上复杂的变化。近年来，一种利用中尺度气象模式为 CFD 模型提供速度场、温度场等更多物理量的精确可变边界条件的数值模拟方法受到人们关注。笔者团队对此也开展了一些研究，建立了中尺度天气预报数值模式(the weather research and forecasting model，WRF)和 CFD 软件 Fluent 的耦合框架，对西安某地区的风场和污染场进行了数值模拟，其中变化气象条件通过耦合程序由 WRF 数据传递给 CFD 计算域(图 2.54(a))。图 2.54(b)显示了 CFD 计算域在 WRF 计算域的位置。CFD 计算域几何尺寸为长×宽×高 = 8km × 8km × 0.54km。耦合方法计算的风速、温度和 PM$_{2.5}$ 浓度与空间内 7 个气象观测站的观测值进行比较，均方根误差 RMSE 和 2 倍偏差比例 FAC2 均在可接受范围内，表现出耦合模拟计算对复杂变化风场模拟的强大能力。

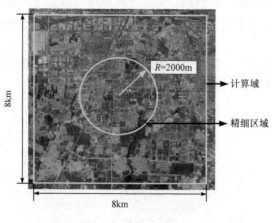

(a)

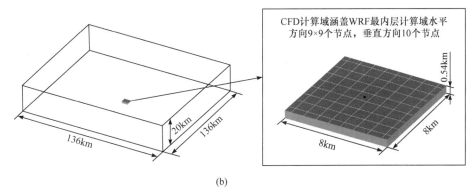

CFD计算域涵盖WRF最内层计算域水平
方向9×9个节点，垂直方向10个节点

0.54km

20km

136km

136km

8km

8km

(b)

图 2.54　中尺度计算域和微尺度计算域关系

(a) CFD 计算域；(b) CFD 计算域在 WRF 计算域的位置

2.9.3　建筑室外风场到室内自然通风模拟策略

耦合城市风场和室内通风是预测建筑自然通风较为准确的方法，但从室外环境到建筑通风开口，几何特征尺度差异较大，可达 10^5m。数值模拟中捕捉和传递各个尺度下的流动特征，可以采用建筑室外风场和室内风场的双向耦合模拟及单向耦合模拟。

双向耦合模拟中，室外和室内的空气流动在同一个计算域内同时建模，大多数用于相对简单的室外和室内环境以及相对较大的通风口条件。单向耦合模拟是对室外风场和室内风场进行两个独立的模拟。室外模拟中建筑通风口全部关闭，只关注建筑形态和结构等造成的扰流特征。从室外风场模拟中获得的内涵信息可用作室内风场模拟的边界条件。由于风场数据的传递是由室外单向传递给室内，同时由于模拟特征尺度的差异，从大尺度传递给小尺度可能会丢失一些信息。但是，这种单向耦合的方法减少了计算成本，且更适用于室内环境参数改变的敏感性分析。

以 A 国际机场气载致病微生物空气输运路径解析为例[115]，通过对机场内各典型区域进行环境参数现场实测，获得了气载致病微生物空气传播的边界条件与初始条件，开展了包含机场建筑内外环境(室外区域、机场航站楼等)的跨尺度自然通风数值模拟工作，涉及的计算区域和几何模型见图 2.55。考虑机场建筑内布局复杂性，采用单向耦合模拟策略，模拟了西南风向下室外风场，并对北风、西风、南风等较大风向频率的室外风场进行了模拟比较，见图 2.55(a)和(b)。基于虚拟界面方法，将外风场数据作为边界条件"传递"给室内数值模拟，对机场建筑主要通风口，包括门、窗户、天窗等，以及电梯井、各种空间物理隔断等进行详细建模，见图 2.55(c)。

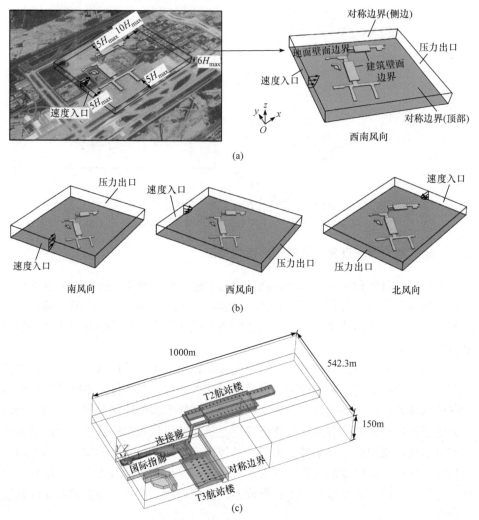

图 2.55　A 机场建筑室内、室外风场的计算区域和几何模型

(a) 西南风向下室外风场；(b) 南风、西风和北风风向下室外风场；(c) 机场建筑自然通风计算域

　　通过数值模拟明晰了 A 机场 T1、T2、T3 航站楼内气流流动路径，并结合模型实验、现场测试完成了机场气载致病微生物空气输运路径解析。图 2.56 和图 2.57 分别展示了不同风向对机场建筑室外和室内风场速度分布的影响[115]。通过对自然通风和机械通风共同作用下的详细建模数值模拟，给出了机场航站楼环境提升的具体技术方案，提出了大型机场建筑内的分区通风模式。通过科学设计通风流动边界条件，在目标控制区域营造正压或负压分区，实现通风气流有序引导流动。

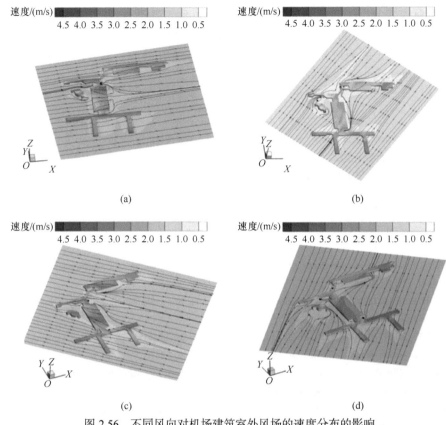

图 2.56　不同风向对机场建筑室外风场的速度分布的影响

(a) 西南风向；(b) 南风向；(c) 西风向；(d) 北风向

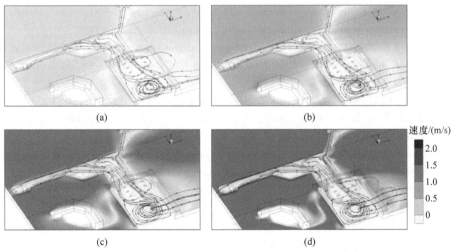

图 2.57　西南风向室外风场速度对航站楼室内风场速度分布的影响

(a) 室外速度 0.5m/s；(b) 室外速度 1.0m/s；(c) 室外速度 2.0m/s；(d) 室外速度 3.1m/s

　　本章主要分析了自然通风风压引起的通过建筑各类开口(门、窗、洞、缝隙等)进入室内所产生的空气流动。在实际工程实践中，风压驱动是自然通风的动力之一，更稳定的通风动力则为室内热源产生的热压效应。第 3 章将重点讨论热浮力驱动的室内空气流动问题。

参 考 文 献

[1] 西安冶金学院供热与通风教研组, 哈尔滨建筑工程学院供热与通风教研室. 采暖与通风 下册 通风工程[M]. 北京: 中国工业出版社, 1961.

[2] American Society of Heating, Refrigeration and Air-Conditioning Engineers(ASHRAE). ASHRAE Handbook: Fundamentals[R]. Atlanta: American Society of Heating, Refrigerating, and Air Conditioning Engineers, 2017.

[3] 马克西莫夫 Г A. 供暖与通风(下)通风工程[M]. 清华大学供暖通风教研组, 译. 北京: 高等教育出版社, 1957.

[4] British Standard Board. Code of practice for ventilation principles and designing for natural ventilation: BS 5925: 1991(2000)[S]. 2000.

[5] BALAZS K. A wind pressure database from hungary for ventilation and infiltration calculations[J]. Air Infiltration Review, 1989, 10(4): 1-4.

[6] MUEHLEISEN R T, PATRIZI S. A new parametric equation for the wind pressure coefficient for low-rise buildings[J]. Energy and Buildings, 2013, 57: 245-249.

[7] CÓSTOLA D, BLOCKEN B, HENSEN J L M. Overview of pressure coefficient data in building energy simulation and airflow network programs[J]. Building and Environment, 2009, 44: 2027-2036.

[8] BRE F, GIMENEZ J M, FACHINOTTI V D. Prediction of wind pressure coefficients on building surfaces using artificial neural networks[J]. Energy and Buildings, 2018, 158: 1429-1441.

[9] GUAN Y, LI A, ZHANG Y, et al. Experimental and numerical investigation on the distribution characteristics of wind pressure coefficient of airflow around enclosed and open-window buildings[J]. Building Simulation, 2016, 9: 551-568.

[10] 官燕玲. 建筑物自然通风特性研究[D]. 西安: 西安建筑科技大学, 2012.

[11] LIDDAMENT M W. Air infiltration calculation techniques—An application guide[R]. Belgium, Brussels: Air Infiltration and Ventilation Centre, International Network for Information on Ventilation, 1986.

[12] BAUMAN F S, ERNEST D R, ARENS E A. ASEAN natural ventilation study: Wind pressure distributions on long building rows in urban surroundings CEDR-03-88[R]. Berkeley, USA: Center for Environmental Design Research, University of California, 1988.

[13] HOLMES J D, PATON C, KERWIN R. Wind Loading of Structures[M]. Boca Raton: CRC Press, 2007.

[14] 巴图林 B B, 爱里帖尔门 B M. 工业厂房自然通风[M]. 甄秉训, 译. 北京: 冶金工业出版社, 1957.

[15] 巴图林 B B. 工业通风原理[M]. 刘永年, 译. 北京: 中国工业出版社, 1965.

[16] XING F, MOHOTTI D, CHAUHAN K. Experimental and numerical study on mean pressure distributions around an isolated gable roof building with and without openings[J]. Building and Environment, 2018, 132: 30-44.

[17] 梁传志, 冯国会, 徐硕, 等. 单体建筑高度对风压作用下自然通风的影响[J]. 沈阳建筑大学学报(自然科学版), 2007, 23(4): 625-630.

[18] 龚光彩, 李红祥. 风压作用下的自然通风阻力特性的探讨[J]. 湖南人学学报(自然科学版). 2004, 31(2): 84-88.

[19] KHANDURI A C, STATHOPOULOS T, BÉDARD C. Wind-induced interference effects on buildings—A review of the state-of-the-art[J]. Engineering Structures, 1998, 20(7): 617-630.

[20] BAILEY P A, KWOK K C S. Interference excitation of twin tall buildings[J]. Journal of Wind Engineering and

Industrial Aerodynamics, 1985, 21(3): 323-338.

[21] YU X, XIE Z, GU M. Interference effects between two tall buildings with different section sizes on wind-induced acceleration[J]. Journal of Wind Engineering and Industrial Aerodynamics, 2018, 182: 16-26.

[22] HUI Y, YOSHIDA A, TAMURA Y. Interference effects between two rectangular-section high-rise buildings on local peak pressure coefficients[J]. Journal of Fluids and Structures, 2013, 37: 120-133.

[23] CHEN B, CHENG H, KONG H, et al. Interference effects on wind loads of gable-roof buildings with different roof slopes[J]. Journal of Wind Engineering and Industrial Aerodynamics, 2019, 189: 198-217.

[24] CASE P C, ISYUMOV N. Wind loads on low buildings with 4∶12 gable roofs in open country and suburban exposures[J]. Journal of Wind Engineering and Industrial Aerodynamics, 1998, 77-78: 107118.

[25] OZMEN Y, BAYDAR E, VAN BEECK J P A J. Wind flow over the low-rise building models with gabled roofs having different pitch angles[J]. Building and Environment, 2016, 95: 63-74.

[26] 龙天渝, 蔡增基. 流体力学[M]. 3 版. 北京: 中国建筑工业出版社, 2019.

[27] 张鸿雁, 张志政, 王元, 等. 流体力学[M]. 2 版. 北京: 科学出版社, 2014.

[28] ETHERIDGE D. Natural Ventilation of Buildings: Theory, Measurement and Design[M]. New Jersey: Wiley, 2012.

[29] KATO S, KONO R, HASAMA T, et al. A wind tunnel experimental analysis of the ventilation characteristics of a room with single-sided opening in uniform flow[J]. International Journal of Ventilation, 2006, 5: 171-178.

[30] 奥比 H B. 建筑通风[M]. 李先庭, 赵斌, 邵晓亮, 等, 译. 北京: 机械工业出版社, 2011.

[31] The Chartered Institution of Building Services Engineers (CIBSE). CIBSE Guide Volume A[M]. London: Staples Printers St Albans Ltd., 2015.

[32] WARREN P. Ventilation through openings on one wall only[C]. Proceeding of International Centre for Heat and Mass Transfer Seminar "Energy Conservation in Heating, Cooling, and Ventilating Buildings", Washington D C, 1977: 1-25.

[33] BU Z, KATO S, TAKAHASHI T. Wind tunnel experiments on wind-induced natural ventilation rate in residential basements with areaway space[J]. Building and Environment, 2010, 45: 2263-2272.

[34] CHU C R, CHEN R, CHEN J. A laboratory experiment of shear-induced natural ventilation[J]. Energy and Buildings, 2011, 43: 2631-2637.

[35] WANG H, CHEN Q. A new empirical model for predicting single-sided, wind-driven natural ventilation in buildings[J]. Energy and Buildings, 2012, 54: 386-394.

[36] PHAFF H, DE GIDS W. Ventilation rates and energy consumption due to open windows:A brief overview of research in the Netherlands[J]. Air Infiltration Review, 1982, 4: 4-5.

[37] LARSEN T, HEISELBERG P. Single-sided natural ventilation driven by wind pressure and temperature difference[J]. Energy and Buildings, 2008, 40: 1031-1040.

[38] CHAND I, BHARGAVA P K, SHARMA V K, et al. Studies on the effect of mean wind speed profile on rate of air flow through cross-ventilated enclosures[J]. Architectural Science Review, 1992, 35(3): 83-88.

[39] HEISELBERG P, SVIDT K, NIELSEN P V. Characteristics of airflow from open windows[J]. Building and Environment, 2001, 36: 859-869.

[40] HEISELBERG P, SANDBERG M. Evaluation of discharge coefficients for window openings in wind driven natural ventilation[J]. International Journal of Ventilation, 2006, 5(1): 43-52.

[41] TRUE J, SANDBERG M, HEISELBERG P, et al. Wind driven cross-flow analysed as a catchment problem and as a pressure driven flow[J]. International Journal of Ventilation, 2003, 1(4): 89-101.

[42] JI L, TAN H, KATO S, et al. Wind tunnel investigation on influence of fluctuating wind direction on cross natural ventilation[J]. Building and Environment, 2011, 46: 2490-2499.

[43] CARRILHO DA GRAÇA G, DAISH N C, LINDEN P F. A two-zone model for natural cross-ventilation[J]. Building and Environment, 2015, 89: 72-85.

[44] 郭春信. 地下空间自然通风[M]. 北京: 中国建筑工业出版社, 1994.

[45] 郭春信. 风帽的合理设计可强化地下空间自然通风[J]. 地下空间, 1994, 14(1): 33-37.

[46] JEROME R, AHMAD P. Iran's ancient "wind catchers" beat the heat naturally[EB/OL]. [2023-07-21]. https://www.almonitor.com/originals/2023/07/irans-ancient-wind-catchers-beat-the-heat-naturally.

[47] AFSHIN M, SOHANKAR A, MANSHADI M D, et al. An experimental study on the evaluation of natural ventilation performance of a two-sided wind-catcher for various wind angles[J]. Renewable Energy, 2016, 85: 1068-1078.

[48] 马丽. 单侧型捕风器通风性能与结构优化[D]. 西安: 西安建筑科技大学, 2020.

[49] MONTAZERI H, AZIZIAN R. Experimental study on natural ventilation performance of one-sided wind catcher[J]. Building and Environment, 2008, 43: 2193-2202.

[50] ELMUALIM A A, AWBI H B. Wind tunnel and CFD investigation of the performance of "windcatcher" ventilation systems[J]. International Journal of Ventilation, 2002, 1(1): 53-64.

[51] 李丹. 风口、风帽强化自然通风效果的理论基础研究[D]. 西安: 西安建筑科技大学, 2004.

[52] HUGHES B R, ABDUL GHANI S A A. A numerical investigation into the effect of windvent louvre external angle on passive stack ventilation performance[J]. Building and Environment, 2010, 45: 1025-1036.

[53] 王天富, 孙祥泰. 矩形可调式多叶送风口空气阻力特性试验研究[J]. 陕西建筑, 1989, 2: 43-46.

[54] MONTAZERI H. Experimental and numerical study on natural ventilation performance of various multi-opening wind catchers[J]. Building and Environment, 2011, 46: 370-378.

[55] CALAUTIT J K, O'CONNOR D, HUGHES B R. Determining the optimum spacing and arrangement for commercial wind towers for ventilation performance[J]. Building and Environment, 2014, 82: 274-287.

[56] VARELA-BOYDO C A, MOYA S L. Inlet extensions for wind towers to improve natural ventilation in buildings[J]. Sustainable Cities and Society, 2020, 53: 101933.

[57] SHEIKHSHAHROKHDEHKORDI M, KHALESI J, GOUDARZI N. High-performance building: Sensitivity analysis for simulating different combinations of components of a two-sided windcatcher[J]. Journal of Building Engineering, 2020, 28: 101079.

[58] 梅森. 江南民居自然通风强化技术经验挖掘及 CFD 验证[D]. 西安: 西安建筑科技大学, 2013.

[59] YOUNES C, SHDID C A, BITSUAMLAK G. Air infiltration through building envelopes: A review[J]. Journal of Building Physics, 2011, 35(3): 267-302.

[60] 陆耀庆. 实用供热空调设计手册 上[M]. 2 版. 北京: 中国建筑工业出版社, 2008.

[61] American Society of Heating, Refrigeration and Air-Conditioning Engineers Standard. Ventilation and acceptable indoor air quality in residential buildings: ASHRAE Standard 62.2—2016[S]. Atlanta: American Society of Heating, Refrigeration and Air-Conditioning Engineers, Inc., 2016.

[62] 中国工程建设标准化协会标准. 建筑整体气密性检测及性能评价标准: T/CECS 704—2020[S]. 北京: 中国建筑工业出版社, 2020.

[63] JOKISALO J, KALAMEES T, KURNITSKI J, et al. A comparison of measured and simulated air pressure conditions of a detached house in a cold climate[J]. Journal of Building Physics, 2008, 32(1): 67-89.

[64] 罗志昌. 流体网络理论[M]. 北京: 机械工业出版社, 1988.

[65] 温建军. 坝体廊道换热效果研究及景洪水电站通风廊道网络节点法初探[D]. 西安: 西安建筑科技大学, 2006.

[66] 温建军. 坝体通风廊道换热性能的解析及模拟研究[M]. 长春: 吉林大学出版社, 2018.

[67] 周谟仁. 流体力学泵与风机[M]. 北京: 中国建筑工业出版社, 1985.

[68] 蔡增基, 龙天渝. 流体力学泵与风机[M]. 5 版. 北京: 中国建筑工业出版社, 2009.

[69] 龚光彩. 流体输配管网[M]. 3 版. 北京: 机械工业出版社, 2018.

[70] 符永正. 风对高层建筑采暖负荷影响的研究[D]. 西安: 西安冶金建筑学院, 1988.

[71] 符永正, 赵鸿佐. 高层建筑的一个渗风计算模型[J]. 西安建筑科技大学学报, 1989, 21(2): 13-21.

[72] 赵鸿佐, 符永正. 渗透计算安全度[J]. 暖通空调, 1992(1): 6-10.

[73] 赵鸿佐, 翟海林. 安全概率法确定我国渗透计算风速[J]. 暖通空调, 1994(1): 16-20.

[74] 万建武, 赵鸿佐. 高层建筑渗风计算中风压和热压系数的分析[J]. 通风除尘, 1987(3): 1-5.

[75] 住谷正夫, 安久正紘. 扇風機とマッサージ機における 1/f 揺らぎ制御の快適性評価[J]. 電子情報通信学会論文誌 D, 1990, J73-D2(3): 478-485.

[76] 李安桂. 脉动风口及其速度场规律的研究[D]. 西安: 西安冶金建筑学院, 1987.

[77] ETHERIDGE D W, ALEXANDER D K. The British gas multi-cell model for calculating ventilation[J]. ASHRAE Transaction, 1980, 86(2): 808-821.

[78] HAGHIGHAT F, RAO J, FAZIO P. The influence of turbulent wind on air change rates—A modelling approach[J]. Building and Environment, 1991, 26(2): 95-109.

[79] HAGHIGHAT F, BROHUS H, RAO J. Modelling air infiltration due to wind fluctuations—A review[J]. Building and Environment, 2000, 35: 377-385.

[80] ETHERIDGE D W. Unsteady flow effects due to fluctuating wind pressures in natural ventilation design—Mean flow rates[J]. Building and Environment, 2000, 35(2): 111-133.

[81] ETHERIDGE D W. Unsteady flow effects due to fluctuating wind pressures in natural ventilation design—Instantaneous flow rates[J]. Building and Environment, 2000, 35(4): 321-337.

[82] HOLMES J D. Mean and fluctuating internal pressures induced by wind[C]. Proceedings of the Fifth International Conference, Fort Collins, USA, 1980: 435-450.

[83] ZHAO B, ZENG J. A simple model to study the influence of fluctuating airflow on the effective air exchange rate when using natural ventilation[J]. Building Simulation, 2009, 2: 63-66.

[84] 夏一哉, 赵荣义, 牛建磊. 等温热环境中紊动气流对人体热感觉的影响[J]. 清华大学学报(自然科学版), 2000, 40(10): 27-33.

[85] ZHU Y, LUO M, OUYANG Q, et al. Dynamic characteristics and comfort assessment of airflows in indoor environments: A review[J]. Building and Environment, 2015, 91: 5-14.

[86] 武者利光. ゆらぎの世界－自然界の 1/f ゆらぎの不思議[M]. 東京都: 講談社, 1980.

[87] CHEN K, BAK P. Is the universe operating at a self-organized critical state? [J]. Physics Letters A, 1989, 140(6): 299-302.

[88] CARLSON J M, LANGER J S. Properties of earthquakes generated by fault dynamics[J]. Physical Review Letter, 1989, 62(22): 2632-2635.

[89] GOLLUB J P, BENSON S V. Many routes to turbulent convection[J]. Journal of Fluid Mechanics, 1980, 100: 449-470.

[90] KOBAYASHI M, MUSHA T. 1/f fluctuation of heartbeat period[J]. IEEE Transactions on Biomedical Engineering, 1982, 29: 456-457.

[91] STANLEY H. Power laws and universality[J]. Nature, 1995, 378: 554.

[92] WEST B J, SHLESINGER M F. On the ubiquity of 1/f noise[J]. International Journal of Modern Physics B, 1989, 3(6): 795-819.

[93] SHIMIZU M, HARA T. The fluctuating characteristics of natural wind[J]. Refrigeration, 1996, 71: 164-168.

[94] ARENS E, XU T, MIURA K, et al. A study of occupant cooling by personally controlled air movement[J]. Energy and Buildings, 1998, 27(1): 45-59.

[95] RING J W, DE DEAR R, MELIKOV A. Human thermal sensation: Frequency response to sinusoidal stimuli at the surface of the skin[J]. Energy and Buildings, 1993, 20: 159-165.

[96] ZHANG Y, LI A, GAO R, et al. Experimental study on fan-induced airflow evaluation by comparing the power spectrum, turbulence intensity and draught rate methods[J]. International Journal of Ventilation, 2013, 2(3): 257-270.

[97] HUNT J C R, PHILLIPS O M, WILLIAMS D. Turbulence and Stochastic Processes: Kolmogorov's Ideas 50 Years On[M]. Cambridge: Cambridge University Press, 1992.

[98] 朱颖秋. 自然风与机械风的紊动特性研究[D]. 北京: 清华大学, 2000.

[99] OUYANG Q, DAI W, LI H, et al. Study on dynamic characteristics of natural and mechanical wind in built environment using spectral analysis[J]. Building and Environment, 2006, 41(4): 418-426.

[100] 曹彬, 朱颖心, 侯雨晨, 等. 建筑环境人因工程学: 人体热舒适研究的展望[J]. 科学通报, 2022, 67(16): 1757-1770.

[101] 王亦然, 华金晶, 欧阳沁, 等. 不同湍流强度模拟自然风的人体热舒适研究[J]. 暖通空调, 2013, 43(4): 91-96.

[102] 李安桂. 波浪型送风系统: 200810017350.3[P]. 2008-07-23.

[103] HARA T, SHIMIZU M, IGUCHI K, et al. Chaotic fluctuation in natural wind and its application to thermal amenity[J]. Nonlinear Analysis-Theory Methods and Applications, 1997, 30: 2803-2813.

[104] HUA J, OUYANG Q, WANG Y, et al. A dynamic air supply device used to produce simulated natural wind in an indoor environment[J]. Building and Environment, 2012, 47: 349-356.

[105] 侯义存. 脉动风口周期性、波浪式气流组织及送风速度场分布模拟[D]. 西安: 西安建筑科技大学, 2016.

[106] 朱颖心, 欧阳沁, 戴威. 建筑环境气流紊动特性研究综述[J]. 清华大学学报: 自然科学版, 2004, 44(12): 1622-1625.

[107] BLOCKEN B. LES over RANS in building simulation for outdoor and indoor applications: A foregone conclusion?[J]. Building Simulation, 2018, 11: 821-870.

[108] TOMINAGA Y, MOCHIDA A, MURAKAMI S, et al. Comparison of various revised k-ε models and LES applied to flow around a high-rise building model with $1 : 1 : 2$ shape placed within the surface boundary layer[J]. Journal of Wind Engineering and Industrial Aerodynamics, 2008, 96: 389-411.

[109] ZHENG X, YANG J. CFD simulations of wind flow and pollutant dispersion in a street canyon with traffic flow: Comparison between RANS and LES[J]. Sustainable Cities and Society, 2021, 14: 103307.

[110] FRANKE J, HIRSCH C, JENSEN A G, et al. Recommendations on the use of CFD in wind engineering[C]//VAN BEECK J P A J. Proceedings of the International Conference on Urban Wind Engineering and Building Aerodynamics. COST Action C14, Impact of Wind and Storm on City Life Built Environment, Sint-Genesius-Rode, Belgium, 2004: 1-11.

[111] FRANKE J, HELLSTEN A, SCHLÜNZEN K H, et al. The COST 732 best practice guideline for CFD simulation of flows in the urban environment: A summary[J]. International Journal of Environment and Pollution, 2011, 44: 419-427.

[112] TOMINAGA Y, MOCHIDA A, YOSHIE R, et al. AIJ guidelines for practical applications of CFD to pedestrian wind environment around buildings[J]. Journal of Wind Engineering and Industrial Aerodynamics, 2008, 96: 1749-1761.

[113] TAMURA T, NOZAWA K, KONDO K. AIJ guide for numerical prediction of wind loads on buildings[J]. Journal of Wind Engineering and Industrial Aerodynamics, 2008, 96: 1974-1984.

[114] RICHARDS P J, HOXEY R P. Appropriate boundary conditions for computational wind engineering models using the k-ε turbulence model[J]. Journal of Wind Engineering and Industrial Aerodynamics, 1993, 46: 145-153.

[115] 李安桂, 崔海航, 陈力, 等. 机场建筑防疫通风[M]. 北京: 中国建筑工业出版社, 2023.

第3章 热浮力驱动的室内空气流动

3.1 概　　述

在各类建筑中，诸多电器、动力设备等会散发大量热量，空气被加热后向上运动，致使室外空气从房间下部孔洞进入室内，受热上升到顶棚(天花板)后，一部分由上部风口流至室外，一部分则沿侧墙向房间下部蔓延，形成热浮力(热压)驱动的自然通风模式，如图 3.1 所示。热羽流到达顶棚后折返的这部分气流又被周围环境空气卷吸进羽流内部，最终达到稳定分层，形成上热下冷的两个分区动态平衡状态，即空气运动热分层。

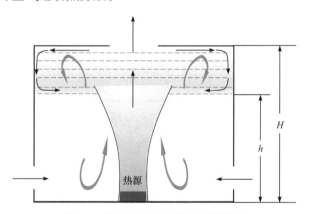

图 3.1　热浮力驱动的自然通风模式

相对于风压的大小和方向随时间变化，热压自然通风可以实现较为稳定的空气流动。为实现热压自然通风，进出风口位置一般在不同高程设置，当室外温度低于室内平均温度时，外部空气从下部孔洞流入，沿地面扩散，占据房间下部区域，而受热空气则从上部孔洞流出(热空气占据房间上部)。热空气层位于冷空气层之上，这一流动过程带走了多余的热量及气载污染物，实现了建筑物自然通风降温及排除有害物的目的。应该注意的是，在寒冷季节里，也可能存在受外区或外墙和窗户玻璃冷却的空气下降对流。

建筑热浮力驱动的室内空气运动与进出口位置及高差有关。在一些高层建筑内部贯穿多层的竖向空腔，如楼梯间、中庭、电梯井等，可形成有效热压自然通风(即"拔风"效应)，烟囱效应引起了室外空气的流入和排出。对于深埋地下的水电站、隧道、洞库等高大空间，夏天室内平均气温低于室外气温，室外空气可从电缆竖井、进风洞等高位洞口流入，由底部排至室外；冬季室内平均温度高于室外温度，室外空气则从室内空间底部进入，由顶部排至室外。只有通过科学设计，才能在不消耗风机能耗的情况下实现建筑的有组织自然通风。

热浮力驱动的自然通风原理如图 3.2 所示。在外围护结构的不同高度上设有窗孔 1 和窗孔 2，两者的高差为 Δh。假设窗孔外的静压力分别为 P_1、P_2，窗孔内的同高度静压力分别为 P_1'、P_2'，室内外的空气温度和密度分别为 t_n、ρ_n 和 t_w、ρ_w。对于 $t_n > t_w$，即 $\rho_n < \rho_w$，有

$$\Delta P_2 = \left(P_1' - P_1\right) + g\Delta h(\rho_w - \rho_n) = \Delta P_1 + g\Delta h(\rho_w - \rho_n) \tag{3.1}$$

式中，ΔP_1、ΔP_2 分别为窗孔 1 和窗孔 2 的内外压差，Pa；g 为重力加速度，m/s²。

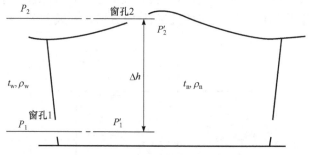

图 3.2　热浮力驱动的自然通风原理

室内外的温差及进出口高差决定了空气从房间的流入或者流出：

$$\Delta P_2 - \Delta P_1 = g\Delta h(\rho_w - \rho_n) \tag{3.2}$$

式中，$g\Delta h(\rho_w - \rho_n)$ 即为提供空气运动动力的热压。当室内存在热分层时，Δh 为进、排风窗孔高差与热分层高度的差值。实际上，即使只有一个窗孔，仍然会形成自然通风，这时窗孔的上部排风、下部进风，相当于上下两个窗孔紧密地连在一起。

热浮力驱动的室内空气流动除了受限于建筑进出口位置之外，受热源形式影响较大。例如，建筑空间中高温火灾引起的强热浮力烟羽流，卷吸周围空气形成了强浮升力主导的高温烟气运动，会危及人的生命安全，因此烟羽流的流动规律及通风设计方法也属于热浮力驱动的室内空气流动研究内容之一。

3.2　孤立点源热羽流

由于热源上部产生的加热气流在上升过程中与周围空气卷吸作用，其流型边

缘凹凸不平，常呈现羽毛状，故称为浮力羽流(buoyant plume)，也称热羽流(thermal plume)[1-2]。热羽流流动是垂直方向的浮力、侧面剪切力和迁移加速度相对应的惯性力共同作用的结果[3]。

对于自由热羽流的流动分析，多以经典的点源理论为基础，然后扩大至实际的面热源和体热源。对于点源热羽流，支配空气流动的主要参数是浮力通量 B_0，在自相似区可通过 $B_0 = 2\pi \int_0^\infty u g' r \mathrm{d}r$ 计算，其中 g' 为折算重力加速度，$g' = g\Delta\rho / \rho_0$，$r$ 为热羽流边界到热源竖直中心线的距离(热羽流扩散半径)。在密度 ρ_0 恒定的环境中，浮力通量 B_0 随高度升高保持不变(速度 u 会随之变小，羽流半径将增加)。B_0 较小时，热羽流的流态可以保持层流状态。但是，在上升一段距离后则难以保持稳定的层流状态。工程应用中，尤其是室内热对流和通风的设计中，所遇到的热羽流问题基本上属于紊流热羽流[3]。因此，紊流热羽流的流动规律将是本章论述的重点，这些内容也是热浮力驱动自然通风设计的科学理论依据。

与其他自由紊流流动类似，整个热羽流场分为两大区域，一个是羽流卷吸流动区，另一个是周围环境区，紊流热羽流的边界将自身与周围环境流体区分开来。卷吸过程发生在两个阶段：一是羽流边界附近较大尺度涡旋对环境流体的吞没，二是紊流热羽流核心区域较小尺度的掺混[3]。尽管热羽流瞬时物理量参数(速度、湍流强度、浮力和温度等)是波动的，但是时均物理量在截面具有高斯函数的分布特征。

经典点源理论的热羽流具有轴对称性质，如图 3.3 所示。采用积分求解法得到热羽流特性时，符合以下基本假定[4]。

(1) 卷吸假设：该假设是求解点源热羽流解析解最基本的假设，即羽流边界处卷吸周围流体的径向流入速度与羽流特征速度(通常是热羽流断面的轴线速度 u_m)之比为常数。该常数称为卷吸常数，用 α 来表示。

(2) 相似假设：热羽流各个水平断面的时均速度分布、温度分布均存在相似性，最常用且被广泛认可的是高斯分布。

(3) 密度假设：热羽流内部的局部密度变化和所选的参考密度相比较小。

根据质量、动量和能量守恒定律，结合上述假设，可以得到热羽流径向半厚度 R，羽流轴线速度 u_m 等参数表达式[4]：

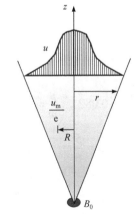

图 3.3　点源热羽流
u-竖直速度分量；r-径向坐标；B_0-浮力通量

$$R = \frac{6\alpha}{5} z \tag{3.3}$$

$$u_{\mathrm{m}} = \frac{5}{6\alpha}\left(\frac{9}{10}\alpha B_0\right)^{\frac{1}{3}} z^{-\frac{1}{3}} \tag{3.4}$$

式中，羽流任意高度 z 上的 R 为径向半厚度，为速度或浮力大小为 z 处轴线速度或浮力 1/e 处离轴线的距离。需要注意的是，R 并不是指羽流半径，但是和羽流半径存在相关函数关系。

赵鸿佐[5]利用积分法得到与式(3.4)幂次和形式相同的解析解。通过假设时均速度分布、温度分布为高斯分布，并引入速度扩散系数 m 和温度扩散系数 p，得到断面任意点速度 u、过余温度 $t - t_0$ 及流量 Q 等关系式为

$$u = u_{\mathrm{m}} \mathrm{e}^{-m\left(\frac{r}{z}\right)^2} \tag{3.5}$$

$$t - t_0 = \left(t_{\mathrm{m}} - t_0\right) \mathrm{e}^{-p\left(\frac{r}{z}\right)^2} \tag{3.6}$$

$$u_{\mathrm{m}} = \left[\frac{3}{2\pi}\left(\frac{m^2}{p} + m\right)\frac{B_0}{z}\right]^{\frac{1}{3}} \tag{3.7}$$

$$Q = \int_F u\mathrm{d}F = \left[3\pi^2\left(\frac{m+p}{2m^2 p}\right)B_0 z^5\right]^{\frac{1}{3}} \tag{3.8}$$

$$g' = g\frac{\Delta\rho}{\rho} = \left(\frac{2}{3\pi^2}\frac{m^2 p}{m+p}\right)^{\frac{1}{3}} B_0^{\frac{2}{3}} z^{-\frac{5}{3}} \tag{3.9}$$

表 3.1 给出了一些点源热羽流场的参数计算式，其结论并无本质差别，只是表达形式略有差异[4-7]。除 $m = \dfrac{1}{2c^2}$ 和 $p = \dfrac{\sigma}{2c^2}$ 之外，谢比列夫还给出了经验系数 $C = \sqrt{\dfrac{1}{2m}} = 0.082$，$\dfrac{p}{m} = 0.8$；Morton 等[4]则给出卷吸常数 α 和速度扩散系数 m 之间的关系式 $\alpha = \dfrac{5}{6}m^{-\frac{1}{2}}$，这表明基于卷吸常数假定得出的分析解，和引入速度扩散系数 m、温度扩散系数 p 得到的分析解是一致的。此外，本书作者综合分析现有相关研究，给出了点源热羽流场的参数统一关联式，与 Popiolek 等[6]基本一致，对于双系数关联式，建议 m、p 的取值分别为 76、71，而对于单系数关联式建议 $\alpha = 0.093$。

表 3.1　点源热羽流场的参数计算式(部分)

文献来源	羽流轴线及断面速度及分布	羽流轴线及断面温差
Popiolek 等[6]	$u_{\mathrm{m}} = 0.023\left(\dfrac{m^2}{p} + m\right)^{\frac{1}{3}} E_{\mathrm{c}}^{\frac{1}{3}} z^{-\frac{1}{3}}$ $u = 0.023\left(\dfrac{m^2}{p} + m\right)^{\frac{1}{3}} E_{\mathrm{c}}^{\frac{1}{3}} z^{-\frac{1}{3}} \mathrm{e}^{-m\left(\frac{r}{z}\right)^2}$	$\Delta t_{\mathrm{m}} = 0.011\left[\dfrac{p(m+p)^2}{m}\right]^{\frac{1}{3}} E_{\mathrm{c}}^{\frac{2}{3}} z^{-\frac{5}{3}}$ $\Delta t = 0.011\left[\dfrac{p(m+p)^2}{m}\right]^{\frac{1}{3}} E_{\mathrm{c}}^{\frac{2}{3}} z^{-\frac{5}{3}} \mathrm{e}^{-p\left(\frac{r}{z}\right)^2}$
谢比列夫[7]	$u_{\mathrm{m}} = \left[\dfrac{3}{2\pi}\dfrac{(1+\sigma)}{2\sigma c^2}\dfrac{g}{c_p \rho_\infty T_\infty}\right]^{\frac{1}{3}} E_{\mathrm{c}}^{\frac{1}{3}} z^{-\frac{1}{3}}$ $u = \left[\dfrac{3}{2\pi}\dfrac{(1+\sigma)}{2\sigma c^2}\dfrac{g}{c_p \rho_\infty T_\infty}\right]^{\frac{1}{3}} E_{\mathrm{c}}^{\frac{1}{3}} z^{-\frac{1}{3}} \mathrm{e}^{-\frac{1}{2c^2}\left(\frac{r}{z}\right)^2}$	$\Delta t_{\mathrm{m}} = \left[\dfrac{2}{3\pi^2}\dfrac{\sigma(1+\sigma)^2}{4c^4}\dfrac{T_\infty}{gc_p^2 \rho_\infty^2}\right]^{\frac{1}{3}} E_{\mathrm{c}}^{\frac{2}{3}} z^{-\frac{5}{3}}$ $\Delta t = \left[\dfrac{2}{3\pi^2}\dfrac{\sigma(1+\sigma)^2}{4c^4}\dfrac{T_\infty}{gc_p^2 \rho_\infty^2}\right]^{\frac{1}{3}} E_{\mathrm{c}}^{\frac{2}{3}} z^{-\frac{5}{3}} \mathrm{e}^{-\frac{\sigma}{2c^2}\left(\frac{r}{z}\right)^2}$
赵鸿佐[5]	$u_{\mathrm{m}} = \left[\dfrac{3}{2\pi}\left(\dfrac{m^2}{p} + m\right)\dfrac{g}{c_p \rho_\infty T_\infty}\right]^{\frac{1}{3}} E_{\mathrm{c}}^{\frac{1}{3}} z^{-\frac{1}{3}}$ $u = \left[\dfrac{3}{2\pi}\left(\dfrac{m^2}{p} + m\right)\dfrac{g}{c_p \rho_\infty T_\infty}\right]^{\frac{1}{3}} E_{\mathrm{c}}^{\frac{1}{3}} z^{-\frac{1}{3}} \mathrm{e}^{-m\left(\frac{r}{z}\right)^2}$	$\Delta t_{\mathrm{m}} = \left[\dfrac{2}{3\pi^2}\dfrac{p(m+p)^2}{m}\dfrac{T_\infty}{gc_p^2 \rho_\infty^2}\right]^{\frac{1}{3}} E_{\mathrm{c}}^{\frac{2}{3}} z^{-\frac{5}{3}}$ $\Delta t = \left[\dfrac{2}{3\pi^2}\dfrac{p(m+p)^2}{m}\dfrac{T_\infty}{gc_p^2 \rho_\infty^2}\right]^{\frac{1}{3}} E_{\mathrm{c}}^{\frac{2}{3}} z^{-\frac{5}{3}} \mathrm{e}^{-p\left(\frac{r}{z}\right)^2}$
Morton 等[4]	$u_{\mathrm{m}} = \dfrac{5}{6}\left(\dfrac{9}{10}\dfrac{1}{\alpha^2}\dfrac{g}{c_p \rho_\infty T_\infty}\right)^{\frac{1}{3}} E_{\mathrm{c}}^{\frac{1}{3}} z^{-\frac{1}{3}}$ $u = \dfrac{5}{6}\left(\dfrac{9}{10}\dfrac{1}{\alpha^2}\dfrac{g}{c_p \rho_\infty T_\infty}\right)^{\frac{1}{3}} E_{\mathrm{c}}^{\frac{1}{3}} z^{-\frac{1}{3}} \mathrm{e}^{-\left(\frac{5}{6\alpha}\right)^2\left(\frac{r}{z}\right)^2}$	$\Delta t_{\mathrm{m}} = \dfrac{5}{6}\left(\dfrac{10}{9}\dfrac{1}{\alpha^4}\dfrac{T_\infty}{gc_p^2 \rho_\infty^2}\right)^{\frac{1}{3}} E_{\mathrm{c}}^{\frac{2}{3}} z^{-\frac{5}{3}}$ $\Delta t = \dfrac{5}{6}\left(\dfrac{10}{9}\dfrac{1}{\alpha^4}\dfrac{T_\infty}{gc_p^2 \rho_\infty^2}\right)^{\frac{1}{3}} E_{\mathrm{c}}^{\frac{2}{3}} z^{-\frac{5}{3}} \mathrm{e}^{-\left(\frac{5}{6\alpha}\right)^2\left(\frac{r}{z}\right)^2}$
推荐关联式	双系数: $u_{\mathrm{m}} = 0.024\left(\dfrac{m^2}{p} + m\right)^{\frac{1}{3}} E_{\mathrm{c}}^{\frac{1}{3}} z^{-\frac{1}{3}}$ 单系数: $u_{\mathrm{m}} = 0.015\alpha^{-\frac{2}{3}} E_{\mathrm{c}}^{\frac{1}{3}} z^{-\frac{1}{3}}$	双系数: $\Delta t_{\mathrm{m}} = 0.013\left[\dfrac{p(m+p)^2}{m}\right]^{\frac{1}{3}} E_{\mathrm{c}}^{\frac{2}{3}} z^{-\frac{5}{3}}$ 单系数: $\Delta t_{\mathrm{m}} = 0.024\alpha^{-\frac{4}{3}} E_{\mathrm{c}}^{\frac{2}{3}} z^{-\frac{5}{3}}$

表 3.2 中的 C 为点源热羽流体积流量常数,即 $Q = C\left(B_0 z^5\right)^{\frac{1}{3}}$ [2,4,6-15]。图 3.4 为点源热羽流轴线速度分布,可以观察到点源形成的热羽流轴线速度随高度逐渐降低。图 3.5 和图 3.6 分别为采用不同理论模型、实验或者模拟等方法得到的点源热羽流轴线过余温度及流量随高度的变化。双系数模型是指采用 m、p 共同确定速度及温度分布,单系数模型是指采用 α 或 C 来确定速度及温度分布,其中的差异多源于实验中速度和温度的测量值不同[5]。

表 3.2　热羽流的速度扩散系数、温度扩散系数和卷吸系数

文献来源	速度扩散系数(m)	温度扩散系数(p)	卷吸系数(α)	C
Schmidt[11]	45	45	—	0.2445

续表

文献来源	速度扩散系数(m)	温度扩散系数(p)	卷吸系数(α)	C
Rouse 等[8]	96	71	—	0.1558
Morton 等[4]	80	—	0.093	—
谢比列夫[7]	75	60	—	0.1809
George 等[9]	55	65	—	0.189
Popiolek 等[6]	—	—	—	0.1647
Turner 等[2]	100	—	0.083	—
Kofoed 等[10]	110	115	—	0.1338
Cook 等[12]	—	—	0.14	0.1807
Abdalla 等[13]	—	—	0.14	0.1807
Ezzamel 等[14]	—	—	0.14	0.1807
Van Reeuwijk 等[15]	—	—	0.105	0.1237

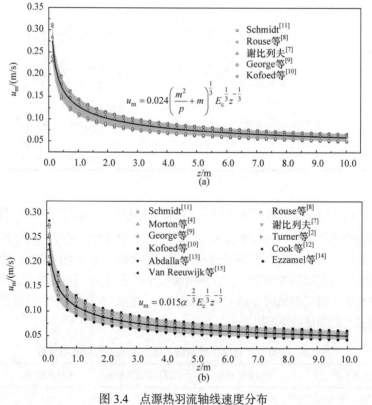

图 3.4　点源热羽流轴线速度分布

(a) 双系数模型点源热羽流轴线速度；(b) 单系数模型点源热羽流轴线速度

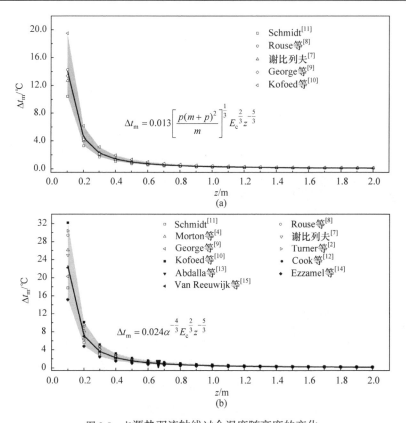

图 3.5　点源热羽流轴线过余温度随高度的变化

(a) 双系数模型点源热羽流轴线过余温度；(b) 单系数模型点源热羽流轴线过余温度

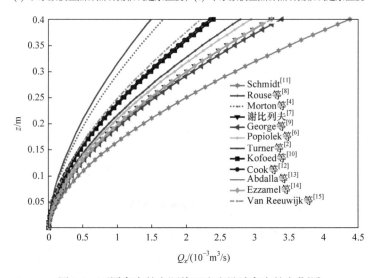

图 3.6　不同高度的点源热羽流流量随高度的变化[16]

3.3　线源热羽流及其叠加效应

在热能与动力工程、供热、通风空调工程中经常遇到线源和管排式装备热源，多根线源热羽流或管排羽流叠加流动换热机理较孤立、单一热源更为复杂。准确预测该类线源热羽流特性，对于合理设计换热装备参数、提高对流强度及节约材料具有工程意义。本节阐述马赫-曾德尔(Mach-Zehnder，M-Z)光干涉实验获得线热源——

图 3.7　多线源浮力羽流
$s/d = 8.3$；$d = 0.3\text{mm}$；$E = 9.95\text{W/m}$

镍铬丝排的热羽流流动特性，用 M-Z 光干涉法研究自然流动不干扰流场、无惯性滞后，且能直观显示场分布，为建立数学模型提供了依据。

图 3.7～图 3.11 展示出了线源热羽流流动。可以观察到，间距 s/d (线热源中心间距 s 与直径 d 之比)对线热源换热性能有强烈的影响。在间距较小时，各线热源被热边界层所重叠覆盖，近似处于同一等温区内(图 3.7)，线热源之间流体温度基本相同，较少发生换热，线热源之间形成了流动滞止区，在某种程度上相当于减少了有效换热面积。在该滞止区内流体温度因受双向加热而较高，流动强度则相对较弱——线热源换热恶化。这意味着 s/d 较小时，圆柱体放热是通过流动滞止区导热和其侧面上升羽流的对流冲刷作用来实现。

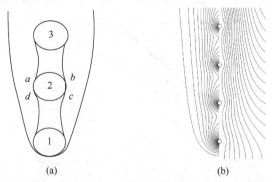

(a)　　　　　　　　　　　　(b)

图 3.8　多线热源换热分析
(a) 多线热源换热简图；(b) 多线热源温度场(左)及速度场(右)

以中间线热源 2 的换热为例，其受到滞止区及下部热羽流冲刷作用，如图 3.8 所示。随着 s/d 增大，上升羽流对上部线源的对流冲刷作用加强，对流换热区域 $\overset{\frown}{ad}$、$\overset{\frown}{bc}$ 增大，而滞止区 $\overset{\frown}{ab}$、$\overset{\frown}{cd}$ 逐渐缩小(图 3.7，图 3.9)。当 s/d 进一步

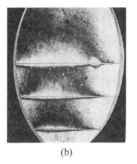

(a)　　　　　　　　　(b)

图 3.9　间距改变对线源浮力羽流的影响（$d = 0.6\text{mm}$, $E = 14.9\text{W/m}$）

(a)　$s/d = 16.7$；(b)　$s/d = 41.7$

(a)　　　　　　　　　(b)

图 3.10　热流密度改变对浮力羽流的影响（$d = 0.3\text{mm}$, $s/d = 66.7$）

(a)　$E = 4.42\text{W/m}$；(b)　$E = 10.26\text{W/m}$

(a)　　　　　　　　　(b)

图 3.11　线源羽流场比较（$s/d = 33.3$, $d = 0.3\text{mm}$, $E = 9.95\text{W/m}$）

(a) 线源 i_3 不加热；(b) 各线源均匀加热

增大，超过临界值后，上升羽流的发展和加速引起的冲刷作用，使上部线源犹如完全处于"强制来流"或"强迫对流"之中，只是这种"强制来流"是各线源热羽流的综合叠加作用而已。

图 3.10 显示，随着热流密度的增大，浮力羽流场得到了加强。此外，从下至上各线源羽流流动依次叠加，对第 i 根线热源而言，它受到其下部 $(i-1)$ 根线

源热羽流场的综合叠加影响。从图3.11观察到，在热流强度及s/d不变时，线源i_3本身羽流场的消失反而使其余线源(i_4)换热及流场略有增强。这一事实从另一角度证实了线源之间距离较小时，存在滞止区，对换热的抑制作用。对比图 3.7～图 3.11，多线源自然对流换热羽流场显著不同于单线源的流场。换言之，多线源热羽流场及换热计算方法不是单线源的简单叠加。

多线源自然对流换热的物理特征可区分为两段：

(1) 小间距滞止区。随间距增大，对流的作用越来越重要。

(2) 强化区。热量传递几乎完全以对流方式进行，可认为热羽流是一种边界层类型流动。

多线源热羽流场中，从换热抑制到换热强化的转折点划分(由 $Nu_i/Nu_0 \leqslant 1$ 转为 $Nu_i/Nu_0 > 1$，Nu_i 为第 i 根线热源处的努谢尔特数；Nu_0 为第一根线热源处的努谢尔特数)是从多线源(n 个线热源)的某一线源(第i个线热源)开始的，在第i个线热源以上的各线热源才得到了换热强化(图 3.12)。影响了第 i 个线源换热的直接原因在于其下方各线源在该处产生的累积浮力效果。因此，对于多线源，不宜用总高度作为特征尺度。鉴于此，采用反映累积浮力效果的格拉晓夫数作为多线源换热转折点判据：

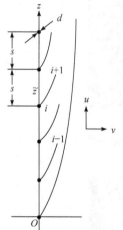

图 3.12　多线源热羽流场简图

$$\widetilde{Gr}_z = \frac{g\beta}{\gamma^2} \cdot \frac{E_c}{\rho c_p \gamma} s^3 \sum_{j=1}^{i} \left(\frac{z}{s} - j + 1 \right)^3 \tag{3.10}$$

式中，E_c 为线热源单位长度对流散热量；ρ、γ 及 c_p 均为物性参数；β 为流体膨胀系数；s 为线热源间距。式(3.10)定义了多线源热羽流场中任一点处累积浮力效果格拉晓夫数。

如果当前点 z 位于第 i 个线热源的位置，则 $z = (i-1)s$。对于任意位置，$(i-1)s \leqslant z \leqslant is$，多线源热羽流场中第$i$个线源位置累积浮力效果格拉晓夫数为

$$\widetilde{Gr}_z = \frac{g\beta}{\gamma^2} \cdot \frac{E_c}{\rho c_p \gamma} s^3 \cdot \left[\frac{i(i-1)}{2} \right]^2 \tag{3.11}$$

对于第 i 个线源而言，多线源累积浮力效果可以折算为一个位于该线源下方 $\tilde{z}$ 处的"虚拟线热源"，其浮力效果与其下方 $(i-1)$ 个线热源累积浮力效果相同：

$$\widetilde{Gr}_z = \frac{g\beta}{\gamma^2} \cdot \frac{E_c}{\rho c_p \gamma} \tilde{z}^3, \quad \frac{\tilde{z}}{d} = \frac{s}{d} \cdot \left[\frac{i(i-1)}{2} \right]^{2/3} \tag{3.12}$$

热能动力工程及供热、通风空调工程中常用的管排或网状元件可简化为多线

热源模型。通过明确换热抑制区与换热强化区的划分，可更深入地了解其热羽流流动强化换热机理[17-19]，通过对多线源热羽流的空气流动机理分析，为工程实践中管排或网状元件强化换热设计提供了理论依据。

3.4　面源热羽流

分析热羽流的形成过程时，面源可视为点源的积分集成形式。面热源处空气被加热向上浮升，同时水平方向的负压力梯度驱使周围空气流向羽流中心，使边界层厚度由外向内逐渐增大，由于浮力诱发的重力不稳定而在面热源中部发生边界层分离，形成边界呈羽毛状的向上紊动羽流[5]。面热源在其表面轴线上的气流初速度为 0，随着流程的增加，气流速度逐渐增大至最大值，然后再逐渐降低[5]。面热源产生的热羽流向上流程可分为三个阶段：第一阶段为层流边界层流动的近源区段；第二阶段为过渡段，流速及温度分布呈现高斯分布，但是速度扩散系数 m 和温度扩散系数 p 之比在过渡段是变化的，羽流的扩展是非线性的；第三阶段为充分发展段(主体段)或完全相似区，羽流的扩展变为线性，速度扩散系数 m 和温度扩散系数 p 之比为常数[5]。

点热源及线热源问题分析主要以完全相似及线性扩展为前提，因此只适于充分发展段，而近源区段的羽流运动规律则是不同的。下面主要分析以下三种面热源形式：矩形面热源、方形面热源和圆形面热源。三种面热源的羽流发展方式类似(图 3.13)，矩形面热源上部热羽流受其长边的影响较大，而方形面热源的各边对于热羽流的贡献相等。图 3.13 中的颈部是指热源表面以上 1~2 倍热源直径或

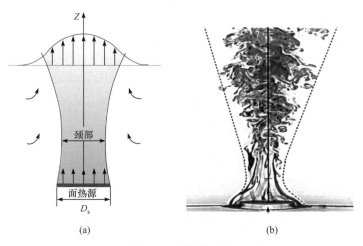

图 3.13　面源热羽流

(a) 热羽流轮廓示意；(b) 热羽流可视化[20]

长边尺寸区热射流发生收缩的位置。在此收缩断面上，气流速度最大，扩散直径最小。掌握收缩断面的流量特性，对通风除尘和污染物汇集等具有重要的工程意义。

对于圆形面热源，近源区段和主体段的羽流流量控制方程为[21]

近源区段
$$\left(\frac{z}{D_s}\right)^{2/3} \approx 5.5X \quad (0<X\leqslant 0.2) \tag{3.13}$$

主体段
$$\left(\frac{z-z_v}{D_s}\right)^{5/3} \approx 19.25X \quad (X\geqslant 1) \tag{3.14}$$

式(3.13)和式(3.14)已经得到了 Bouzinaoui 等[22]的验证。此外，Bouzinaoui 等还提出了位于近源区段和主体段中间的过渡段控制方程：

$$\left(\frac{z}{D_s}\right)^{4/3} \approx 6.8X \quad (0.2<X<1) \tag{3.15}$$

式中，z_v 为羽流的虚拟极点位置；D_s 为面热源直径；X 为特征变量，定义式为[21-22]

$$X=\frac{\rho Q}{D_s \mu}\left[\frac{Pr^2}{Ra^{4/3}}\right]^{1/3} \tag{3.16}$$

引入热源对流散热量 E_c，特征变量 X 可以写为[22]

$$X=0.5\left(\frac{\rho c_p}{g\beta}\right)^{1/3}\frac{Q}{D_s^{5/3}E_c^{1/3}} \tag{3.17}$$

式中，Q 为热羽流的体积流量；E_c 为面热源的对流散热量。

引入面热源浮力通量为 $B_0=\dfrac{E_c g}{c_p \rho T_0}$，可以分别得到三个区域的热羽流体积流量 Q：

近源区段
$$Q=0.364B_0^{1/3}z^{2/3}D_s \tag{3.18}$$

过渡段
$$Q=0.294B_0^{1/3}z^{4/3}D_s^{1/3} \tag{3.19}$$

主体段
$$Q=0.104B_0^{1/3}\left(z-z_v\right)^{5/3} \tag{3.20}$$

如前所述，C 为羽流的实验常数，可按式(3.21)计算[23]：

$$C=\left(\frac{9}{10}\right)^{1/3}\frac{6}{5}\pi^{2/3}\alpha^{4/3}=\frac{6}{5}\alpha\left(\frac{9}{10}\alpha\right)^{1/3}\pi^{2/3} \tag{3.21}$$

式中，α 为羽流卷吸常数。在 Morton 等[4]研究中取 $\alpha=0.093$，由此 $C=0.1046$。热羽流体积流量的统一表达式为

$$Q = (KC)B_0^{1/3}(z - z_v)^m D_s^{5/3-m} \tag{3.22}$$

式中，K 为由实验得到的系数[21-22]；m 为幂指数。在不同羽流段赋值如下：

(1) 近源区段（$0 < X \leqslant 0.2$），$K = 3.47$，$m = 2/3$，$z_v = 0$。

(2) 过渡段（$0.2 < X < 1$），$K = 2.82$，$m = 4/3$，$z_v = 0$。

(3) 主体段（$X \geqslant 1$），$K = 1$，$m = 5/3$。

基于面热源驱动浮力流动的理论分析[24]和实验研究[25-26]，可将各区段羽流流量公式统一为式(3.22)的形式，面热源的羽流体积流量可表示为基于面热源浮力通量和面热源直径 D_s 的函数。此外，主体段公式中 $z_v = 0$ 时，则化为与孤立点源相同的 $Q = CB_0^{1/3}z^{5/3}$，这与实际面热源直径远小于所在空间尺度、简化为点源的情况相符。

当主体段 $z \gg D_s$ 时，面源热羽流则相当于从一个虚拟极点出发的点源热羽流。基于热源表面温度[27]或者对流传热量[28]，可以得出面热源虚拟极点的位置，结果见表 3.3。表 3.3 显示在不同实验介质、不同面热源温度下，虚拟极点的位置在 $0.42D_s \sim 2.2D_s$ 的范围变化，与 Kosonen 等[27]的实验结论一致，即虚拟极点的位置强烈依赖于热源表面温度。

表 3.3　面热源虚拟极点

文献来源	年份	虚拟极点位置	流体介质
Mierzwinski 等[29]	1996	$z_v/D_s = -1.5$	空气
Auban 等[21]	2001	$z_v/D_s = -0.42$	水+乙二醇
Bouzinaoui 等[22]	2005	$z_v/D_s = -1.3$ $z_v/D_s = -1.5$ $z_v/D_s = -2.1$ $z_v/D_s = -2.2$	空气
Bouzinaoui 等[25]	2007	$z_v/D_s = -1.0$ $z_v/D_s = -1.25$	空气
Kaye 等[26]	2009	$z_v/D_s = -1.1$	盐水

式(3.19)和式(3.20)表明，过渡段和主体段的羽流体积流量衔接点会随着面热源直径及对流热量变化而发生变化。从图 3.14 可以看出，即使在虚拟极点的位置发生较小变化时(如 $z_v/D_s = -1.2$ 变到 $z_v/D_s = -1.5$)，羽流流量也会发生较大改变。羽流过渡段对于虚拟极点位置的变化较为敏感。

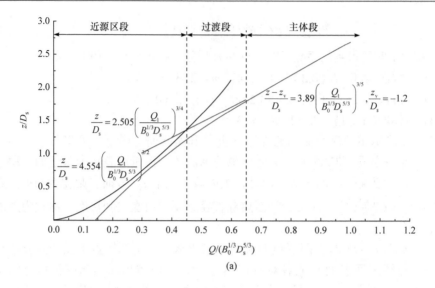

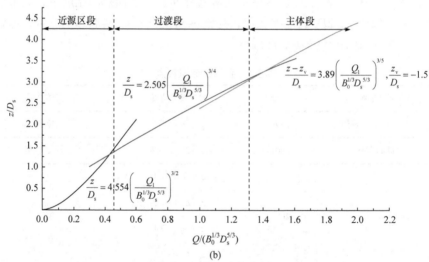

图 3.14　无量纲羽流体积流量

(a)　$z_v/D_s = -1.2$ ；　(b)　$z_v/D_s = -1.5$（区段划分见式(3.22)）

赵鸿佐[5]曾利用积分法给出了圆形面源热羽流体积流量计算公式：

$$Q = \left[\left(\frac{m+p}{2p} \right) \left(1 - \mathrm{e}^{-\frac{3mf}{\pi z^2}} \right) \right]^{1/3} \frac{\pi}{m} \left(\frac{B_0}{f} \right)^{1/3} z^{7/3} \tag{3.23}$$

类似于圆形面源热羽流，矩形面源热羽流体积流量可以由式(3.24)计算：

$$Q = f \left[\frac{1}{1024} \frac{m+p}{p} B_0 \sqrt{\frac{2m}{f}} \right]^{\frac{1}{3}} K_0 \tag{3.24}$$

其中，

$$K_0 = \left(\frac{z}{\sqrt{2ma}}\right)^{\frac{7}{6}} \int_{-\infty}^{\infty} \left[\text{erf}\left(\sqrt{\frac{3}{2}}\sqrt{2m}\frac{x+a}{z}\right) - \text{erf}\left(\sqrt{\frac{3}{2}}\sqrt{2m}\frac{x-a}{z}\right)\right]^{\frac{1}{3}} \text{d}\left(\sqrt{2m}\frac{x}{z}\right)$$

$$\cdot \left(\frac{z}{\sqrt{2mb}}\right)^{\frac{7}{6}} \int_{-\infty}^{\infty} \left[\text{erf}\left(\sqrt{\frac{3}{2}}\sqrt{2m}\frac{y+b}{z}\right) - \text{erf}\left(\sqrt{\frac{3}{2}}\sqrt{2m}\frac{y-b}{z}\right)\right]^{\frac{1}{3}} \text{d}\left(\sqrt{2m}\frac{y}{z}\right)$$

式中，f 为面热源表面积，m^2；a、b 为矩形面热源的边长，m；(x, y, z) 为笛卡儿坐标。

在 z/d 较小时(近源区)，圆形面热源的体积流量计算式可以近似表示为

$$Q = 0.82d^{\frac{2}{3}}\left(\frac{m+p}{p}B_0 d^2 z\right)^{\frac{1}{3}} \tag{3.25}$$

当 $\frac{z}{\sqrt{2mb}}$ 较小时，方形面热源或矩形面热源体积流量计算式均可简化为[5]

$$Q = 5z\left(\frac{m+p}{2mp}B_0 f\right)^{\frac{1}{3}} \tag{3.26}$$

同理，对于长条形的带状热源(长宽比 $a/b \leqslant 5$)，体积流量计算式则简化为

$$Q = 7z\left(\frac{m+p}{2mp}B_0 f\right)^{\frac{1}{3}} \tag{3.27}$$

若将方形面热源以等效圆形面热源表示，则式(3.26)可表示为

$$Q = 0.76z^{\frac{2}{3}}\left(\frac{m+p}{p}B_0 d^2 z\right)^{\frac{1}{3}} \tag{3.28}$$

即在 $z/d=1.1$ 时，两个当量直径相等的圆形面源与方形面源的热羽流体积流量相等。由式(3.25)和式(3.28)可知，事实上圆形面热源和方形面热源的体积流量计算结果相近而又不相同是合乎实际的。同理，带状面热源也可用等效圆形面热源表示，只不过带状面热源比矩形面热源要在更高的高度位置才能形成类似的热羽流流动。

3.5 体源热羽流

在一些工业车间或办公类建筑等工程实践中，大部分热源以体热源形式存在。本节主要介绍长方体、圆柱体热源的羽流计算方法。以块状体热源(顶面为

正方形或矩形)为例，体源热羽流的体积流量可以表达为位置高度 z 的函数：

$$z = F(Q, E_c, f, S, h_s, h_G) \tag{3.29}$$

式中，f 为体热源顶部表面积；h_s 为体热源高度；h_G 为热源的底部距地高度；S 为总散热面积；E_c 为散热量；z 为羽流体积流量为 Q 时的位置高度。

位于地板的面热源可视为体热源($h_s = 0$，$h_G = 0$)的特例，由方形面源热羽流体积流量可得到特解的高度 z_0 为[5]

$$z_0 = \frac{Q}{5\left(\dfrac{m+p}{2mp}B_0 f\right)^{\frac{1}{3}}} = \frac{31.8Q}{\left(E_c\sqrt{f S}\right)^{\frac{1}{3}}} = \frac{31.8Q}{\left(E_c f\right)^{\frac{1}{3}}} \tag{3.30}$$

一般情况下，对位于地面的体热源 $h_G = 0$，$h_s \neq 0$，$S \neq f$，作为抓主要矛盾的工程技术处理方法，可以表示为

$$z = F(Q, E_c, f, S, h_s) = G(z_0, h_s) = A z_0^n \tag{3.31}$$

可以采用前述面热源的解，使得体热源上的热羽流流动简化成为一个二元函数，其中系数 A 和 n 均为 h_s 的函数。可根据实验得到体源热羽流的体积流量，采用倒序分析法给出了块状体源热羽流的体积流量计算式[5]：

$$Q = \frac{h_s^{0.75}}{24}\left(E_c\sqrt{f S}\right)^{\frac{1}{3}} z^{1.25} \tag{3.32}$$

值得一提的是，式(3.32)是在 $h_s = 0.6\sim1.5\text{m}$ 的特定条件下取得的，因此应注意热源范围使用条件。实际工程应用中大多数工艺设备类热源的高度也恰好处于此范围，对于超出这一高度范围的热源，可采取虚拟极点修正模型进行计算。

虚拟极点修正模型是把一个实际面源(或者体源)热羽流当量成一个虚拟的纯点源热羽流，其虚拟极点位于实际热源下方 z_v 处，虚拟点源热羽流在虚拟极点处为零动量、零体积流量但拥有和实际热源相同的浮力通量，使得两者在实际流场的任一高程处均拥有相同的动量、体积流量和浮力通量。前面已述及，虚拟极点到实际热源的垂直距离 z_v 称为虚拟极点距，如图3.15所示。虚拟极点修正法的关键在于确定虚拟极点距 z_v 的值，z_v 一般为面热源直径的1~2倍(表3.3)，一般取 $z_v = 2D_s$。对于直径为 D_s 的圆形面源，其热羽流体积流量可表示为

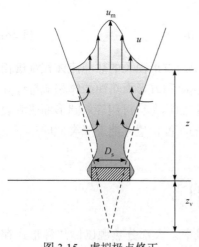

图 3.15　虚拟极点修正

$$Q = \int_F u\,\mathrm{d}F = \left[3\pi^2 \left(\frac{m+p}{2m^2 p} \right) B_0 \left(z + 2D_s \right)^5 \right]^{\frac{1}{3}} \quad (z \geqslant z_v) \tag{3.33}$$

$z_v = 2D_s$ 基本符合扩散角为 $15°\sim25°$，或者是相似断面的边缘及轴线速度之比 $\dfrac{u}{u_z} = 0.01\sim0.001$。此外，Morton 等[4]给出了 z_v 计算式为

$$z_v = \frac{5D_s}{12\alpha\sqrt{-\ln\dfrac{u}{u_z}}} \tag{3.34}$$

其中，$z_v = 1.6D_s\sim2.3D_s$。

圆柱体源热羽流的虚拟极点法和面源的在本质上相同，其虚拟极点位置的经验公式为

$$z_v = 2.1\left(D_s + 2\delta \right) \tag{3.35}$$

式中，δ 为体源侧壁自然对流边界层在柱顶高度处的厚度，对于层流区、紊流区分别为

$$\delta = 0.05\Delta t^{-0.25} h_s^{0.25} \quad (\text{层流区}) \tag{3.36}$$

$$\delta = 0.11\Delta t^{-0.1} h_s^{0.7} \quad (\text{紊流区}) \tag{3.37}$$

由此可得出圆柱体源热羽流体积流量的计算式[5]。图 3.16 为虚拟极点修正的体源热羽流体积流量计算结果与文献[16]数据对比，其准确度可满足通风工程设计要求。

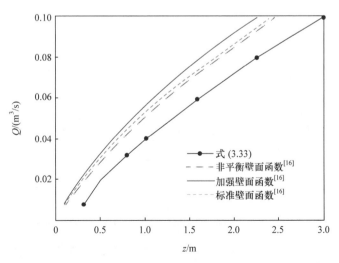

图 3.16　虚拟极点修正的体源热羽流体积流量计算结果与文献[16]数据对比

$$Q = CB_0^{\frac{1}{3}} \left(z + z_v \right)^{\frac{5}{3}} \tag{3.38}$$

$$C = 0.005 \bigg/ \left(\frac{g\beta}{c_p \rho_0} \right)^{\frac{1}{3}} \tag{3.39}$$

除上述体热源外，在房间内，人体散热形成的热羽流会对室内气流运动产生直接影响，人体散热也属于一种特殊类型的体热源。

人体维持生命需要产热，多余产生的热量须由身体消散，以保持恒定的温度。由于人体皮肤与室内空气存在温差，在人体周围形成自由对流边界层。Lewis 等[30]和 Homma 等[31]较早研究了人体自身的热羽流运动特性。热羽流起始于脚，沿着腿部上升，逐渐加速并在胸部水平变厚，流动变化为湍流。在 15℃的环境温度中，一位约 1.8m 高男性裸体站立者的自身热羽流大约在 1.0m 以下高度为层流，在 1.5m(胸部高度)后则变为完全湍流[30]。额头处的对流流动与头部两侧及后部上升的热空气汇合，在头部上方形成基本对称的多股叠加型热羽流(图 3.17)，站姿人体头部上方的速度场及温度场均可以高斯分布来表示。与站姿人体热羽流不同，坐姿的热羽流边界层从下腹部开始形成，并与脱离膝盖和大腿表面的热气流相汇合。因此，坐姿人体面部的气流对流流动与站姿[32]有所不同。大多数情况下，在体热源上方某一高度后热羽流变为对称，但 Zukowska 等[33]研究表明，由于从小腿和大腿上升的热流影响，坐姿人体上方 0.7m 处的热羽流仍然为非完全对称流动。人体对流换热表面积 $A = 0.0235 H^{0.4225} W^{0.5145}$，$H$、$W$分别为身高(cm)和体重(kg)[34]。

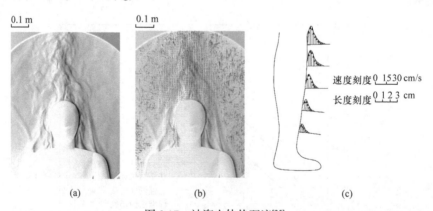

图 3.17　站姿人体热羽流[35]

(a) 顶部热羽流可视化；(b) 顶部热羽流速度场(0.1~0.5m/s)；(c) 腿部热羽流轮廓

对于坐姿人体上方热羽流，由于羽流轴线飘移，形成非对称热羽流，速度场及温度场的高斯分布假设不再成立。坐姿人体(或其他非对称羽流)上部羽流的速

度 $u_{z\alpha}$ 和过余温度 Δt_α 可用修正高斯方程来表示:

$$u_{z\alpha} = u_{\mathrm{m}} \cdot \exp\left[-\left(\frac{r}{R_{v\alpha}}\right)^n\right] \tag{3.40}$$

$$\Delta t_\alpha = \Delta t_{\mathrm{m}} \cdot \exp\left[-\left(\frac{r}{R_{t\alpha}}\right)^n\right] \tag{3.41}$$

在描述非对称热羽流时,需表征空气速度剖面宽度(扩散角) $R_{v\alpha}$ 及过余温度剖面宽度(扩散角) $R_{t\alpha}$ 局部变化(图 3.18)。对于对称热羽流 $n=2$,非对称热羽流 n 由实验确定。Zukowska 等[36]分析了坐姿人体热羽流测量结果,发现热羽流空气速度和空气过余温度的修正高斯分布方程 n 取值应为 $1.5\sim2$。考虑到实验用速度传感器的精度,当羽流测量速度大于 0.05m/s 时,方计入羽流横断面面积之内。空气速度小于 0.05m/s 的区域则视为静止环境,位于羽流边界之外。运用修正高斯分布的近似分布

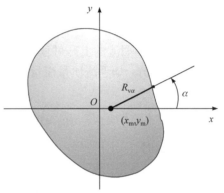

图 3.18　人体上部区域局部空气速度

$R_{v\alpha}$-宽度;α-角度;$(x_{\mathrm{m}}, y_{\mathrm{m}})$-最大空气速度位置[36]

积分(ADI)方法[36],可以获得坐姿人体等不规则体热源上部热羽流的速度分布(图 3.19)。坐姿者人体上方热羽流速度可达 0.25m/s,而站姿者可达 0.5m/s,它们会对室内气流运动特别是置换通风、附壁(贴附)通风等气流组织效果产生直接影响。

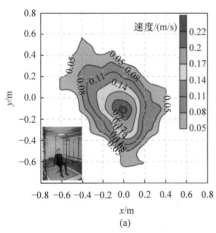

(a)

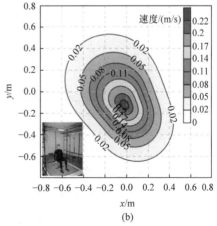

(b)

图 3.19　坐姿人体上部热羽流平均速度等值线(坐标原点位于人体头部中间)[36]

(a) 直接测量值;(b) ADI 方法近似值

3.6　轴对称型烟羽流与溢出型烟羽流

现实中还存在一种热羽流形式，是由高温火灾引起的强浮升力烟羽流。火灾发生时，高温烟气卷吸周围空气所形成的混合烟气因其温度较高(烟气温度高达数百摄氏度)，形成了强浮升力主导型烟羽流。烟羽流按火焰及烟气的流动情形，可分为轴对称型烟羽流、阳台溢出型烟羽流及窗口溢出型烟羽流等。

3.6.1　轴对称型

轴对称型烟羽流的上升过程与四周墙壁或障碍物不发生接触，且不受环境气流干扰(图 3.20)。烟羽流质量流量 m_p 及火焰极限高度 z_c 计算式如下所示[37]。

当 $z > z_c$ 时，

$$m_p = 0.071E_c^{1/3}z^{5/3} + 0.0018E_c \tag{3.42}$$

当 $z \leqslant z_c$ 时，

$$m_p = 0.032E_c^{3/5}z, \quad z_c = 0.166E_c^{2/5} \tag{3.43}$$

式中，m_p 为烟羽流质量流量，kg/s；E_c 为火源对流散热量，kW，一般 $E_c=0.7E$；z_c 为火焰极限高度，m；z 为热源面到烟层下边缘高度($z>$最小清晰高度 H_q 与热源面高度之差)，m。

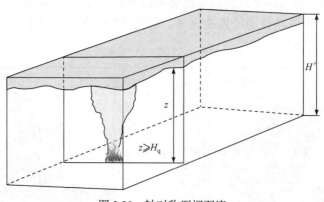

图 3.20　轴对称型烟羽流

走道、室内空间净高不大于 3m 的区域，其 H_q 不宜小于其净高的 1/2，其他区域可按 $H_q =1.6+0.1H'$ 计算。其中，对于单层空间，H' 取为排烟空间的建筑净高度；对于多层空间，H' 取最高疏散楼层的层高[37]。应该注意到，对于高温烟羽流运动的认识仍在不断发展中。

3.6.2　阳台溢出型

建筑室内发生火灾时，烟气还会从火灾房间的门(窗)梁处溢出，并沿其所在房间的外阳台或水平突出物等过渡空间，至阳台或水平突出物边缘向上溢至相邻高大空间，这种烟羽流一般称为阳台溢出型烟羽流(图 3.21)[38]。阳台溢出型烟羽流的流动多接近于二维线型烟流，目前设计计算多是基于 Emmons 的线型羽流理论[39]。下面简要介绍应用较为广泛的烟羽流质量流量计算模型。

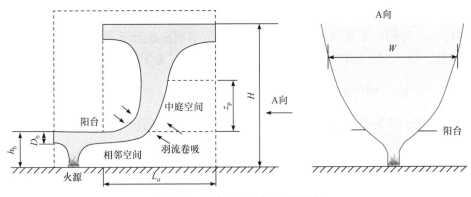

图 3.21　阳台溢出型烟羽流[38-39]

1. BRE 模型

BRE 模型是在 Hansell 等[40]研究的基础上，经过多次修正发展而来，其基础主要是 Emmons 的线型羽流理论，在前面章节已作介绍。

2. NFPA(Law)模型

NFPA 92B[41]中有关阳台溢出型烟羽流质量流量的计算式来自 Law[42]的研究。烟羽流质量流量的计算关系式为

$$m_p = 0.36(EW^2)^{1/3}(z_p + 0.25h_b) \tag{3.44}$$

式中，z_p 为烟气高于阳台的高度，m；h_b 为阳台高度，m；E 为火灾热释放率，kW；W 为溢出型烟羽流宽度，m。

3. Thomas-1987 模型

Thomas[43]的研究是 Law[42]研究工作的延续，将溢出型烟羽流看作是线型烟羽流和轴对称烟羽流的结合，产生质量流量的计算式为

$$m_p = 0.58\rho_g \left(\frac{gE_cW^2}{\rho_g c_p T_a} \right)^{1/3} (z_p + z_v) \left[1 + \frac{0.22(z_p + 2z_v)}{W} \right]^{2/3} \tag{3.45}$$

式中，ρ_g 为热烟气密度，kg/m^3；c_p 为烟气定压比热容，$kJ/(kg \cdot K)$；T_a 为周围环境温度，K；g 为重力加速度，m/s^2；z_v 为虚拟热源距阳台的高度，m。

4. Poreh 模型

Poreh 等[44]假定溢出型烟羽流产生于阳台下部某个虚拟的线源，在二维线型烟羽流理论的基础上，其溢出型烟羽流总质量流量 m_p 的计算式为

$$m_p = m_b + CE_c^{1/3}(z_p + D_b) \tag{3.46}$$

式中，m_b 为阳台下部从相邻起火房间流出的烟羽流质量流量(计算方法参见文献[44])，kg/s；D_b 为阳台下热烟气层的厚度，m；C 为无量纲常数。

5. Thomas-1998 模型

与 Hansell 等[40]和 Poreh 等[44]基于线型烟羽流理论的研究不同，Thomas 等[45]通过量纲分析方法得出产生烟羽流质量流量的计算式为

$$m_p = 1.2M_b + 0.61z_p(E_cW^2)^{1/3} + 0.0027E_c + 0.09z_p(E_c/W)^{1/3} \tag{3.47}$$

研究表明，尽管以上模型均经过相同的模型实验结果验证，但在羽流卷吸量的计算值上彼此之间仍存在差异，仍有必要对阳台溢出型烟羽流的流动规律进行更全面深入的研究。

3.6.3　窗口溢出型

通过受限的火灾房间的门、窗等大开口处溢至相邻高大空间的烟羽流统称为窗口溢出型烟羽流(图 3.22)。窗口溢出型烟羽流质量流量及其修正系数计算式为[37]

$$m_p = 0.68\left(A_wH_w^{1/2}\right)^{1/3}\left(z_w + \alpha_w\right)^{5/3} + 1.59A_wH_w^{1/2} \tag{3.48}$$

$$\alpha_w = 2.4A_w^{2/5}H_w^{1/5} - 2.1H_w \tag{3.49}$$

式中，A_w 为窗口面积，m^2；H_w 为窗口高度，m；z_w 为窗口顶部到烟层底部的高度，m；α_w 为窗口溢出型烟羽流的修正系数，m。

此外，烟层平均温度与环境温度差在防火排烟设计中也受到关注，其计算式为[37]

$$\Delta T = KE_c / (m_pc_p) \tag{3.50}$$

式中，ΔT 为烟层平均温度与环境温度之差，K；K 为烟气中对流散热因子。采用机械排烟时，$K = 1.0$；采用自然排烟时，$K = 0.5$。

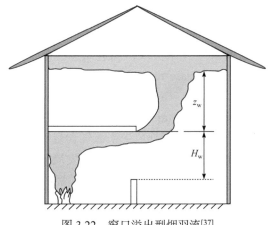

图 3.22　窗口溢出型烟羽流[37]

3.7　正浮力与中性浮力环境中的烟羽流

室内"热致/浓度致"流动变化产生了运动惯性力及阻力作用间的相互关系，形成了区别于一般空气的浮力流动(或称异重流)流动。可用折算重力加速度 g' 来表示[46]：

$$g' = \frac{\rho_a - \rho}{\rho_a} g \tag{3.51}$$

式中，ρ 为冷/热空气或异质气体的密度，kg/m^3；ρ_a 为周围环境空气的密度，kg/m^3；g 为重力加速度，m/s^2。

烟羽流折算重力加速度 g' 的变化可分为以下三种流态。

(1) 正浮力流动：当 $g' > 0$ 时，流动空气或异质气体密度低于周围环境空气密度，受浮力方向向上，为正浮力作用流动，均匀空气环境中的烟羽流、热羽流等即为此类流动。

(2) 中性浮力流动：当 $g' = 0$ 时，射流空气或异质气体密度与周围环境空气密度相等，产生中性浮力点(区)；典型的中性浮力点(区)出现在分层环境中的浮力射流过程中。

(3) 负浮力流动：当 $g' < 0$ 时，局部空气或异质气体密度高于周围环境空气密度，受到负浮力，合力作用力方向向下，如重气、冷空气等流动属于负浮力流动。

本节重点介绍建筑火灾的正浮力流动(3.7.1～3.7.3 小节)与中性浮力流动(3.7.4 小节)。

3.7.1　不同通风排烟条件下火灾热释放率

在地下或封闭空间中，作为通风形式之一的补风是建筑火灾烟气控制系统的重要组成部分，通过营造迅速排除烟气的气流组织，可实现建筑物内烟气的有效控制。一些工程实践表明，补风量至少达到排烟量的 50%才能实现有效排烟[37]。补风一般通过室外引进新鲜空气来实现，当进风速度改变或补风口距火源较近时，将对火灾热释放率(heat release rate，HRR)产生重要影响。影响 HRR 的主要因素有火灾燃烧速率、火源尺寸、气流速度和换气次数等。

　　当通风量增大时，以换气次数(air change rate，ACH)从 0 增加到 6.5 次/h，补风速度从 0 增加到 5m/s 为例，由于补风带来氧气含量增加，与补风速度为 0 的工况相比，随着补风速度增加到 5m/s，火灾稳定发展阶段热释放率增加了约 1倍，导致在燃烧的稳定发展阶段 HRR 更高，而在燃烧的衰减阶段，HRR 下降更快，如图 3.23 所示[47]。

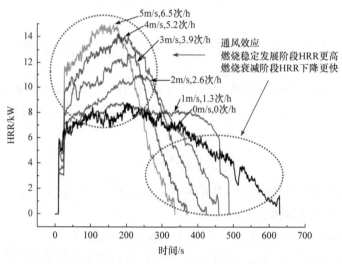

图 3.23　通风效应对 HRR 的影响
图中不同条件为补风速度和 ACH

　　通风效应对 HRR 的影响可用火灾热释放增加率 E^+ 表示：

$$E^+ = \frac{E - E_0}{E_0} \tag{3.52}$$

式中，E 为通风条件下的火灾热释放率，kW；E_0 为自然燃烧时火灾热释放率，kW。

　　对于建筑防排烟设计常用补风气流速度 1~3m/s，热释放率呈近似线性的快速增长，图 3.24 给出了火灾热释放增加率和补风速度之间的关系[47-50]。

　　值得注意的是，计算燃烧热释放率多采用油池质量损失法，即在燃烧过程中随着燃料燃烧，其质量逐渐减小(单位面积质量燃烧率 $\dot{m}''$)，而单位质量有机物完全燃烧所释放的热量为一定值，从而得到热释放率[51-52]。相关研究中也采用 $\dot{m}''$ 表征通风气流对热释放率的影响。Blinov 等[53]给出 0.3~1.3m 的油池火燃烧

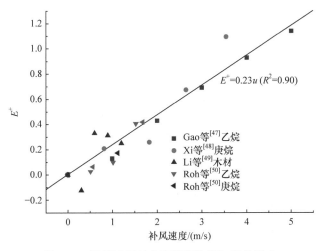

图 3.24　补风速度对火灾热释放增加率的影响

实验结果为

$$\dot{m}'' = \dot{m}''_{c\infty} + \left(\dot{m}''_{w\infty} - \dot{m}''_{c\infty}\right)\left(1 - e^{-\alpha u}\right) \tag{3.53}$$

式中，$\dot{m}''_{c\infty}$ 为油池火在无风条件下的单位面积质量燃烧率，$kg/(m^2 \cdot s)$；$\dot{m}''_{w\infty}$ 为油池火在通风条件下的单位面积质量燃烧率，$kg/(m^2 \cdot s)$；α 为经验常数，取决于燃料类型和油池尺寸；u 为风速。

以柴油油池为例，若考虑油池火面积的影响，通风条件下的最大单位面积质量燃烧率是无风条件下的 1.42 倍。$\dot{m}''$ 与风速的关系如图 3.25[54] 所示。

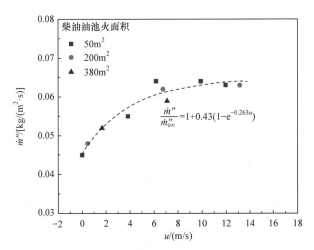

图 3.25　$\dot{m}''$ 与风速的关系(燃料为 0 号柴油)

对于建筑室内防排烟设计常用补风速度范围，E^+ 还与火源至补风口距离 x

有关，由式(3.54)计算通风条件下火灾热释放率：

$$E_{\mathrm{d}}^{+} = \frac{E(x) - E_0}{E_0} = \frac{0.69}{1 + \left(\dfrac{x}{1.22}\right)^{10.29}} \tag{3.54}$$

式(3.54)采用了两个假设：当 x 足够小时，假定火源位于补风气流的初始段，其核心区的气流速度是恒定的。随着 x 的减小，E^{+} 接近常数，如图 3.26 所示。当 x 足够大时，补风气流对 HRR 的影响会逐渐减小，直至降低至 0。

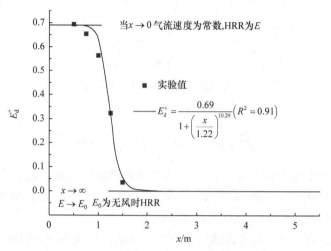

图 3.26　补风口距离 x 对火灾热释放速率的影响

当补风口到火源的距离不同且风速改变时，HRR 变化较为复杂，根据现有实验数据有

$$E_{\mathrm{d}}^{+}(u,x) = \frac{E(u,x) - E_0}{E_0} = \frac{0.23u}{1 + \left(\dfrac{x}{1.22}\right)^{10.29}}, \quad 0.5\mathrm{m} < x, \quad 0 < u < 3\mathrm{m/s} \tag{3.55}$$

对于不同火灾条件的燃烧速率，在燃烧的各个阶段中，通风效应作用下，导致燃烧初期快速增长，燃烧稳定阶段，热释放率高于无风条件；在燃烧衰减阶段，通风效应使火灾衰减时间减少，其衰减速率更快，如图 3.27 所示。

在地下洞室空间火灾中，补风对火灾强度(通常以热释放率衡量)造成影响，地下空间排烟动态过程火灾热释放率计算式可表示为

$$E = \left(1 + \frac{0.23u}{1 + \left(\dfrac{x}{1.22}\right)^{10.29}}\right) E_0 \tag{3.56}$$

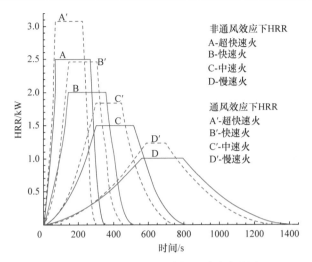

图 3.27　通风效应对火灾热释放率的影响

对于地下空间火灾，火焰高度计算式为

$$z_1 = 0.166E^{2/5} \tag{3.57}$$

式中，z_1 为火焰高度，m。当 $z \leqslant z_1$ 时，受通风效应影响，高度 z 处烟气质量流量为

$$m_p = 0.032E^{0.6}z = 0.032z\left\{\left[1+\frac{0.23u}{1+\left(\dfrac{x}{1.22}\right)^{10.29}}\right]E_0\right\}^{0.6} \tag{3.58}$$

式中，m_p 为地下洞室中烟气质量流量，kg/s；z 为火源底部上方至烟气层界面的距离，m。

值得注意的是，通风气流对不同可燃物，如油池火尺寸、燃料类型等的影响程度差异较大，主要取决于传导或对流热反馈的主导机制，因此相较静止空气环境中热释放速率规律更为复杂。

3.7.2　储烟效应

高大空间储烟效应体现在储烟仓的作用上。储烟仓是指利用上部空间聚集并排出烟气的空间区域。火灾发生时，随着时间推移，火灾释放的烟气和热量逐渐转移到上部空间，并下沉至工作区内，会对逃生的人员造成高温和呼吸伤害，如图 3.28 所示。

流动特性上，地下空间有害污染物可采用异重流分层分区引排的方法，通风效应影响火源特性，进而对烟羽流质量流量产生影响[55]。烟气层的温度计算式为

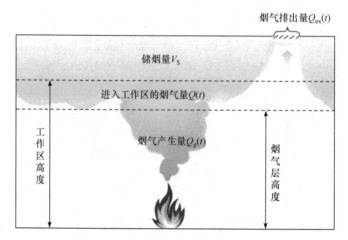

图 3.28 火灾烟气及热量释放示意图

$$T = T_0 + \frac{K_S E}{m c_p} \tag{3.59}$$

式中，T 为烟气层的温度，℃；T_0 为环境温度，℃；K_S 为烟气层对流热释放的分数，取 1.0；c_p 为羽流气体定压比热容，可取 1.0kJ/(kg·℃)。

自然排烟烟羽流是利用火灾热烟气自身的浮力作为排烟动力，即排烟口的烟气动压 ΔP 由热浮力提供：

$$\Delta P = \zeta \frac{\rho_0 u^2}{2} = (\rho_0 - \rho) g h \tag{3.60}$$

式中，h 为火源表面至天花板高度，m；ζ 为排烟口阻力系数；u 为自然排烟速度，m/s。

地下或封闭空间排烟稀释的全面通风量：

$$Q_L = \frac{C_x}{C_{yn} - C_{y0}} - \frac{V_f}{\tau} \frac{C_{yn} - C_{yi}}{C_{yn} - C_{y0}} \tag{3.61}$$

式中，Q_L 为全面通风量，kW；C_x 为烟气散发量，g/s；C_{yn} 为全面通风后室内烟气浓度，g/m³；C_{yi} 为室内烟气初始浓度，g/m³；C_{y0} 为进风中烟气浓度，g/m³，可取为 0；V_f 为房间体积，m³；τ 为通风时间，s。

地下空间上部储存烟气量计算式为

$$V_S = \int_0^\tau \left[Q_g(t) - Q_{ex}(t) \right] \mathrm{d}t = \int_0^\tau \left\{ 0.032z \left[\frac{E_0}{\rho(t)} \right]^{0.6} \left[1 + \frac{0.23u}{1 + \left(\frac{x}{1.22} \right)^{10.29}} \right]^{0.6} - \sqrt{\frac{P_f + [\rho(t) - \rho_0] g h}{F}} \right\} \mathrm{d}t \tag{3.62}$$

式中，V_S 为空间储烟量，m^3；$Q_g(t)$ 为 t 时刻，工作区的烟气产生量，m^3/s；$Q_{ex}(t)$ 为 t 时刻工作区烟气排出量，m^3/s；$\rho(t)$ 为 t 时刻，工作区烟流密度，

$$\rho(t) = \dfrac{P_{atm}}{R_g\left(T_0 + 31.25\dfrac{zE^{0.4}}{c_0}\right)}，\quad P_{atm}$$ 为标准大气压，Pa，R_g 为气体常数，可取

287J/(kg·K)；P_f 为风机的风压，Pa。

地下高大空间火灾排烟过程中利用了烟气热分层原理及烟气等污染物迁移驱动力原理，如图 3.29 所示。

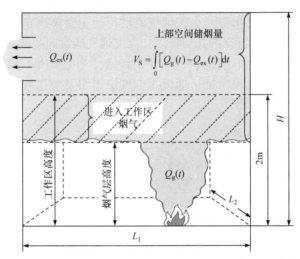

图 3.29　地下高大空间火灾排烟过程的烟气热分层原理及烟气等污染物迁移驱动力

地下空间排烟过程污染物稀释方程如下：

$$Q_L\left(C_{yn} - C_{y0}\right) + \frac{V_f}{\tau}\cdot\left(C_{yn} - C_{yi}\right) + V_A \int_0^\tau \left\{ 0.032z\left[\frac{E_0}{\rho(t)}\right]^{0.6}\left[1 + \frac{0.23u}{1+\left(\dfrac{x}{1.22}\right)^{10.29}}\right]^{0.6} - \sqrt{\frac{P_f + [\rho(t) - \rho_0]gh}{F}} \right\}dt$$

$$(3.63)$$

该方程的适用条件为

$$\begin{cases} \displaystyle\int_0^\tau \left[Q_g(t) - Q_{ex}(t)\right]dt - V_A > 0 \\[3mm] Q_{max} \leqslant 4.16\gamma d^{5/2}\left[\dfrac{\rho_0 - \rho(t)}{\rho_0}\right] \end{cases}$$

$$(3.64)$$

式中，V_A 为工作区或控制区容积，m^3，可按 $V_A = (H-2)LW$ 计算，L、W 分别为空间地面的长和宽，m，H 为工作区高度，m；Q_{max} 为 t 时刻无堵塞的最大体

积流量，m^3/s；d 为排气口最低点以下的烟层厚度，m；γ 为容纳度，满足

$$\gamma = \frac{V_s}{V_f - V_A} \leqslant 1 \text{。}$$

3.7.3　狭长空间烟气流动与输运

狭长空间是指纵向尺度远大于横向及高度尺度的建筑空间，与外界连通口较少，且开口多位于两端。典型的狭长空间包括大型交通枢纽通道、地下电站廊道、交通隧道、地下管廊、民用建筑连廊等，多为人员通行和交通运输的主要通道。特别是当建筑发生火灾、事故时，这些隧道、连廊往往是人员逃生的必经路径。在这些地下狭长空间中，火灾烟气流动特征主要体现在以下两方面：一方面，由于大长径比空间特殊的几何特征，火灾烟气通常向两端蔓延积累并迅速下降；另一方面，逃生人群密度较大且向两端疏散，往往与烟气蔓延路径一致，极易造成人员伤亡[56]。火源特征、通风排烟气流组织及隧道坡度等因素都可影响狭长空间火灾烟气的运动[57]。

1. 顶棚烟流温度分布

顶棚烟流温度分布是表征烟气热传递边界效应的重要特征参数。火灾烟气在沿狭长空间纵向蔓延过程中，烟气层与狭长空间周围壁面不断发生热交换，造成温度逐渐衰减。图 3.30 给出了某地下水电站主变室顶棚烟流及主变廊道溢出烟羽流温度分布[58]。火灾热释放率越大，烟气温度越高，导致更多的烟气溢出主变室流入主变廊道，如图 3.30(a)所示。溢出主变室的烟气与主变廊道内较低温度的壁面及空气换热，温度迅速降低，成为"冷烟"流，如图 3.30(b)所示。

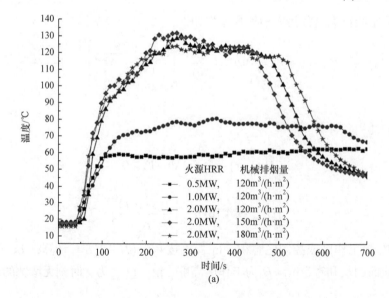

(a)

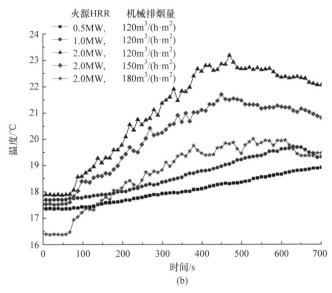

图 3.30 某地下水电站主变室顶棚烟流及主变廊道溢出烟羽流温度分布[58]

(a) 主变室顶棚烟流温度；(b) 主变廊道溢出烟羽流温度

2. 烟气纵向蔓延温度分布

当空间纵向尺度远大于横向及高度尺度时，烟气纵向蔓延温度分布主导烟流延展运动。自然通风条件下，火灾烟气温度沿纵向呈指数衰减。Evers 等[59]给出关于小室火灾烟气溢流至相邻走廊的温度分布：

$$\frac{\Delta T_x}{\Delta T_f} = K_1 e^{-K_2 x} \tag{3.65}$$

式中，ΔT_x 为走廊纵向沿程 x 处烟气相对于环境的温升；ΔT_f 为火源正上方顶棚附近的烟气相对于环境的温升；K_1 为经验参数，可反映流入走廊烟气与空气混合的程度，当燃烧小室门关闭时，取 $K_1 = 0.05$，当门打开时，取 $K_1 = 0.5$；K_2 为表征烟气向走廊墙壁和天花板传热量的特征参数，$K_2 = \dfrac{h_c W K_1}{m_0 c_p}$，$h_c$ 为烟气对流换热系数，可取 $20 \mathrm{W/(m^2 \cdot ℃)}$，$W$ 为走廊宽度，m_0 为进入走廊的烟气质量流率，c_p 为烟气定压比热容。

Bailey 等[60]研究指出，烟气层温升：

$$\frac{\Delta T_x}{\Delta T_{\text{in}}} = \left(\frac{1}{2}\right)^{x/16.7} \tag{3.66}$$

式中，ΔT_{in} 为烟气进入通道时烟气相对于环境的温升。

根据地下水电站主变室火灾特性及烟气在主变廊道(长×宽×高为20m×6m×12m)内的溢流实验结果,获得0.5~1.5MW火源强度条件下,烟气温度沿程变化的方程:

$$\begin{cases} \dfrac{\Delta T_x}{\Delta T_0}=1.48\times\left(\dfrac{1}{2}\right)^{\left(\frac{x-x_0}{L}\right)\big/8.6}, & \dfrac{x-x_0}{L}\leqslant 0.05 \\[3mm] \dfrac{\Delta T_x}{\Delta T_0}=0.74\times\left(\dfrac{1}{2}\right)^{\left(\frac{x-x_0}{L}\right)\big/44.27}, & 0.05<\dfrac{x-x_0}{L}<0.25 \\[3mm] \dfrac{\Delta T_x}{\Delta T_0}=0.44\times\left(\dfrac{1}{2}\right)^{\left(\frac{x-x_0}{L}\right)\big/130.88}, & \dfrac{x-x_0}{L}\geqslant 0.25 \end{cases} \quad (3.67)$$

式中,ΔT_0为参考点x_0处烟气相对于环境的温升;x_0为参考点距火源的距离,L为狭长空间长度。

3. 坡度对狭长空间热压的影响

实际工程中,隧道等狭长空间往往存在坡度,特别当隧道较长时,隧道坡度造成的高度差可形成较大的热压驱动力。Hu 等[61]的研究表明,随着坡度的增大,顶棚射流温度沿隧道衰减加快,给出了考虑坡度因子的温度衰减修正模型,在式(3.65)K_2中考虑隧道坡度β。

考虑温度下降以及隧道壁表面粗糙度、风速、地下隧道尺寸、空气与隧道壁温差等因素,坡度对隧道热压的沿程影响见图 3.31。当隧道长度超过极限长度$L_{\max}$时,隧道壁面粗糙度、风速和隧道尺寸对热压的影响较小。在隧道长度和风

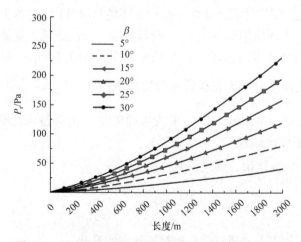

图 3.31　坡度对隧道热压的沿程影响(风速 $u=0.29$ m/s)

速相同的条件下，热压随隧道坡度的增大而升高。热压与坡度间的关系非线性，如图 3.31 所示[62]。

4. 边部抑烟风带生命通道

狭长空间内发生火灾后，为抵御烟气入侵、降低逃生通道内 CO 浓度对保证应急疏散逃生时的生命安全至关重要[63-64]。对于长大通道，以巨大通风量来稀释整个空间中火灾烟气浓度至安全水平将是十分困难的。针对长大隧道火灾逃生，提出了火灾时系列生命通道通风保障技术，其中"边部抑烟风带生命通道"如图 3.32(b)所示。

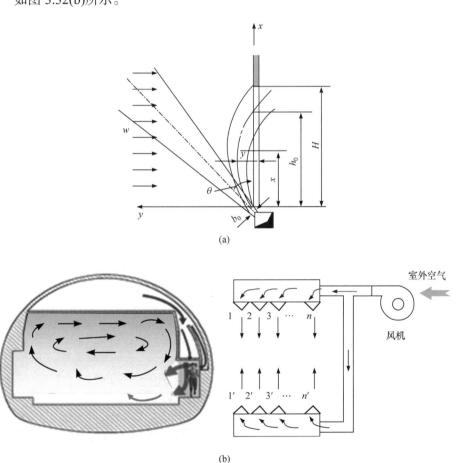

图 3.32 空气幕气流运动

(a) 单层空气幕；(b) 边部抑烟风带生命通道装置(多层空气幕)

空气幕气流运动是由两股平面射流合成，应考虑来流非均匀系数，单位宽度气流运动流函数 ψ_1 可用式(3.68)表示：

$$\psi_1 = k_v \int_0^x u_w \mathrm{d}x \tag{3.68}$$

式中，u_w 为空气幕停止工作时，开口处侵入的空气流速，m/s；k_v 为来流非均匀系数。

倾斜吹出的平面均匀射流，其主体段的流函数 ψ_2 为[65]

$$\psi_2 = \frac{\sqrt{3}}{2} u_0 \sqrt{\frac{ab_0 x}{\cos\theta}} \tanh\frac{\cos^2\theta}{ax}(y - x\tan\theta) \tag{3.69}$$

式中，u_0 为射流的出口流速，m/s；b_0 为吹风口宽度，m；a 为吹风口的紊流系数；θ 为射流出口轴线与 x 轴的夹角。

巴图林[65]给出两股气流叠加后的流函数为

$$\psi = \psi_1 + \psi_2 = k_v \int_0^x u_w \mathrm{d}x + \frac{\sqrt{3}}{2} u_0 \sqrt{\frac{ab_0 x}{\cos\theta}} \tanh\frac{\cos^2\theta}{ax}(y - x\tan\theta) \tag{3.70}$$

将 $x = H/2$、$y = 0$ 代入式(3.70)，获得 n 层对吹式空气幕流函数：

$$\psi_H = k_v \int_0^{\frac{H}{2}} u_w \mathrm{d}x - \frac{\sqrt{6n}}{4} u_0 \sqrt{\frac{ab_0 H}{\cos\theta}} \tanh\frac{\sin 2\theta}{2a} \tag{3.71}$$

两条流线的流函数之差即为这两条流线之间的流量。对于图 3.32 所示的对吹式 n 层空气幕，流入空气量 Q_L 为

$$Q_L = B(\psi_H - \psi_0) = Bk_v \int_0^{\frac{H}{2}} u_w \mathrm{d}x - \frac{\sqrt{6n}}{4} Bu_0 \sqrt{\frac{ab_0 H}{\cos\theta}} \tanh\frac{\sin 2\theta}{2a} \tag{3.72}$$

式中，B 为大门宽度，m；H 为大门高度，m。

令 $\varphi_2 = \frac{\sqrt{6n}}{4} \sqrt{\frac{a}{\cos\theta}} \tanh\frac{\sin 2\theta}{2a}$，则

$$Q_L = \frac{1}{2} Bk_v Hu_w - B\varphi_2 u_0 \sqrt{b_0 H} \tag{3.73}$$

定义空气幕效率 $\eta = \dfrac{Q_w - Q_L}{Q_w}$，表示空气幕能阻挡的室外空气量的能力。$\eta = 100\%$ 时，$Q_L = 0$，则 n 层对吹式空气幕效率可表示为

$$\eta_\Sigma = \frac{nb_0 u_0 + \dfrac{\sqrt{6n}}{2} u_0 \sqrt{\dfrac{Hb_0 a}{\cos\theta}} \tanh\dfrac{\sin 2\theta}{2a}}{Hu_w} \tag{3.74}$$

n 层对吹式空气幕效率 η_Σ 与单层下送式空气幕效率 η_0 之比为

$$\frac{\eta_\Sigma}{\eta_0} = \frac{nb_0 + \dfrac{\sqrt{6n}}{2}\sqrt{\dfrac{Hb_0 a}{\cos\theta}}\tanh\dfrac{\sin 2\theta}{2a}}{b_0 + \dfrac{\sqrt{3}}{2}\sqrt{\dfrac{Hb_0 a}{\cos\theta}}\tanh\dfrac{\sin 2\theta}{2a}} \tag{3.75}$$

以普通通道口(高度为 2m)为例，$u_0 = 5\text{m/s}$，$\theta = 60°$，$b_0 = 0.3\text{m}$，$k_v = 1.2$，$u_w = 3\text{m/s}$ 时，单层($n = 1$)对吹式空气幕效率为 72.3%，双层($n = 2$)对吹式空气幕效率为 94.7%。因此，空气幕的设计不仅可通过增加出风速度来抵御最不利侵入风速条件或交通工具进出造成的附加空气运动影响，还可以通过设置多层空气幕达到抵御烟气入侵、降低逃生通道内 CO 浓度的效果。

狭长空间火灾烟气流动与输运问题中，还涉及临界风速[66-67]、回流长度[68-69]等参数，此处不再赘述。

3.7.4 中性浮力下火灾烟气迁移运动

如前所述，中性浮力点或区往往发生在稳定的密度分层环境中。分层环境指环境流体密度沿竖直方向存在梯度分布，对于上热下冷室内空间环境，受到热源及顶棚壁面的辐射换热影响，沿高度方向 z 的密度梯度可表示为 $\dfrac{\mathrm{d}\rho}{\mathrm{d}z} = -\rho(z)$。

当高温烟羽流向上流动进入密度分层环境时，卷吸温度较低(密度较大)的环境空气，导致烟羽流与环境空气的密度差逐渐减小，即浮力逐渐减小。到达高度 h_n 处，烟羽流轴线上的流体密度 ρ_s 与同高度处的环境空气密度 ρ_n 相等，即 $\Delta\rho = \rho_s - \rho_n = 0$。此时，烟羽流热浮力为 0，$h_n$ 即为中性浮力高度。烟羽流在惯性作用下持续向上减速运动，当 $u_z = 0$ 时，烟羽流达到最高高度 $h_{\max}$。高大空间室内高度大于这一最高高度时($H > h_{\max}$)，出现烟羽流的"层化"现象，如图 3.33(a)所示。该现象与均匀环境中烟羽流的流场显著不同，如图 3.33(b)所示。

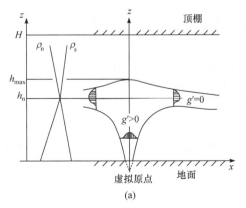

(a)

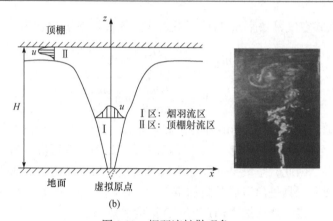

图 3.33　烟羽流扩散现象

(a) 分层环境中烟羽流的"层化"现象；(b) 均匀环境中烟羽流的流场

考虑分层环境悬浮烟羽流的运动特征时，可将室内环境空气参数作为已知量，忽略其组分影响，描述分层环境烟羽流运动特征的方程见式(3.76)。考察分层烟羽流整体烟气团的运动特征，可通过必要的简化和假设，抓住主要问题，简化次要因素，建立描述分层环境烟羽流问题的数学模型。

$$
\begin{cases}
\dfrac{\mathrm{d}\rho}{\mathrm{d}t} + \rho\nabla\cdot\vec{V} = 0 \\[2mm]
\dfrac{\mathrm{d}\vec{V}}{\mathrm{d}t} = -\dfrac{1}{\rho}\nabla p - g\vec{k} + D_{\vec{V}} \\[2mm]
p = \rho R T \\[2mm]
\dfrac{\mathrm{d}T}{\mathrm{d}t} = \dfrac{1}{\rho c_p}\dfrac{\mathrm{d}p}{\mathrm{d}t} + D_{\mathrm{T}}
\end{cases} \tag{3.76}
$$

式中，ρ 为烟羽流密度，kg/m^3；t 为时间，s；$\vec{V}$ 为速度，m/s；$\vec{k}$ 为垂直方向上的单位矢量；$D_{\vec{V}}$ 为湍流黏性力的合并形式；p 为气压，Pa；R 为气体常数，$8.314J/(mol\cdot K)$；T 为热力学温度，K；c_p 为定压比热容，$J/(kg\cdot K)$；D_{T} 为湍流交换项。

由于微分方程解的复杂性，进一步限定方程组，考虑上升烟气团与环境空气进行热量和动量湍流交换可做以下假设：

(1) 烟气团的运动满足准静力平衡条件；烟气团内各处的垂直速度相同。

(2) 环境空气静止。

(3) 烟气团较小(微元体)[3]，湍流交换不影响环境空气的物理属性。

(4) 热量和动量的湍流交换系数不依赖于对流速度。

其边界条件如下：

$$x = y = z = 0; \quad u_x\big|_{t=0} = u_y\big|_{t=0} = 0, \quad u_z\big|_{t=0} = u_0 \tag{3.77}$$

通过对连续方程、运动方程、热力学方程的简化，并对其参数、扰动压力等特征量分析，得 z 方向上的烟气团振荡速度 u_z 为

$$u_z = A e^{-\frac{k_1 + k_2}{2} t} \sin(Nt + \varepsilon) \tag{3.78}$$

式中，N 为浮力频率，$N = \sqrt{\dfrac{g}{T_0} \dfrac{\mathrm{d}T}{\mathrm{d}z}}$，表征环境流体的垂向温度梯度(密度梯度)特性；$k_1$、$k_2$ 分别为动量方程与能量方程湍流项简化而得的参数，其值随时间、空间变化[3, 70]；ε 为初相位。u_z 最大速度幅值为 $A e^{-\frac{k_1 + k_2}{2} t}$，其振荡频率受环境空气垂向温度梯度影响，温度梯度越大，振荡频率越高。

温度较高的烟云团速度为阻尼函数，运动路径呈现阻尼振动形式。当上升烟羽流气团受到环境气体热交换影响时，其热浮力逐渐减小，直至高度 h_n 处温度与环境空气温度相等，浮力趋于 0，此时烟云团因惯性作用继续上升，浮力作用向下，烟云团继续做向上减速运动，当 $u_z = 0$ 时，烟云团达到最高点，由于仍受到向下的"浮力"作用，烟云团开始下降，如此上下往复振荡，烟云团将围绕平衡位置发生垂直的阻尼振动，其频率为 N。

3.8　重气泄漏扩散迁移运动及引排通风

重气是指在环境温度下气体密度超过空气密度的气体。重气在地下水电站、核电站等工业厂房中普遍存在。六氟化硫(SF_6)、十氟戊烷(HFC-4310)等重气被广泛应用于气体绝缘变电站(GIS)、气体绝缘输电线(GIL)等工业领域。组分密度差异是导致气体产生自然对流的主要原因之一，重气浮力运动往往伴随着动量、热量和质量交换，其在受限空间中扩散特征存在特殊性[71]。重气密度因大于空气密度更易在地下空间人员作业区域积聚，危及人的生命安全。本节分析重气泄漏扩散特性、重气污染物引排通风，提出了受组分密度差影响的重气负浮力射流上升高度、密度梯度等计算准则式，提出了"重气池"概念及重气污染物通风引排方法，为地下及封闭空间环境安全保障提供理论及技术支撑。

3.8.1　重气泄漏扩散特性

在地下及封闭空间灾变环境中，重气泄漏喷射达到最大高度 Z_m，然后扩散形成厚重云层，并沉积于空间下部。下面分析重气泄漏扩散过程及最大上升高度、速度、密度和体积通量等特征参数变化。

1. 重气泄漏最大上升高度

以 CO_2 泄漏实验为例，运用纹影可视化技术分析重气泄漏扩散运动特性，见图 3.34 和图 3.35[72]。重气泄漏释放后达到最大上升高度 Z_m 时动量通量为 0，此后气体开始下降并落至地面，在地面上横向扩散。对于充分发展的重气浮力射流，

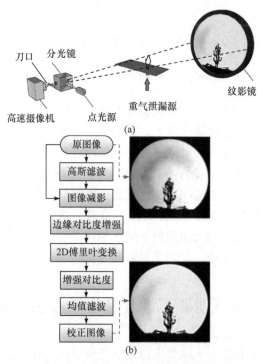

图 3.34　重气泄漏扩散运动纹影可视化实验
(a) 纹影可视化实验原理；(b) 纹影可视化图像处理方法

图 3.35　重气泄漏扩散运动

Z_m 及径向扩散速度等多作为重气流动的代表性参数。最大上升高度一般包括射流上升期的瞬时最大上升高度,以及稳定后的平均最大上升高度。

重气浮力射流运动的 Z_m 等参数可用密度弗劳德数 Fr 进行表征[73-74], $Fr = \dfrac{u_0}{\sqrt{g_0' L}}$。由纹影可视化实验获得平均最大高度 Z_m 值,见图 3.36,其无量纲准则式为

$$\frac{Z_m}{D} = 2.66 Fr , \quad Fr = 6.45 \sim 25.79 \tag{3.79}$$

式中,D 为重气泄漏孔口直径。

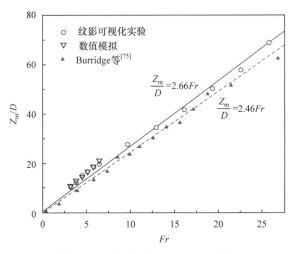

图 3.36 重气泄漏 Z_m/D 与 Fr 关系

所得到的表达式 $\dfrac{Z_m}{D} = 2.66 Fr$ 与 Burridge 等[75]以盐水实验为例提出的 $\dfrac{Z_m}{D} = 2.46 Fr$ 趋势一致,其偏差系主要由重气初始密度 ρ_0 与环境流体密度 ρ_a 比值决定。由此提出考虑 ρ_0 / ρ_a 的非波希尼斯克-弗劳德(non-Boussinesq-Froude)数[76-77],可表示为

$$Fr_{NBd} = f\left(\frac{\rho_0}{\rho_a}\right) Fr \tag{3.80}$$

Mehaddi 等[76]认为 $\dfrac{Z_m}{FrD} \propto (\rho_0 / \rho_a)^{\frac{3}{4}}$,则重气泄漏最大上升高度准则式可表示为

$$\frac{Z_m}{FrD} = 2\left(\frac{\rho_0}{\rho_a}\right)^{\frac{3}{4}} \tag{3.81}$$

2. 重气扩散径向速度和密度分布

为预测重气泄漏扩散影响范围，需确定扩散速度和密度分布特性，以圆柱坐标表示：

$$\begin{cases} x = r\cos\varphi \\ y = r\sin\varphi \\ z = z \end{cases} \tag{3.82}$$

式中，r 为扩散点到 z 轴的距离；φ 为扩散点与 r 轴夹角。

在重气的泄漏扩散阶段，以径向(即扩散方向)速度 $u_c(r)$ 和密度 $\rho_c(r)$ 来确定重气扩散速度和体积流量的变化，如图 3.37 所示。类似地，以 CO_2 泄漏过程为例，$u_c(r)$ 和 $\rho_c(r)$ 随 r/D 的变化见图 3.38，可分别表示为

$$\frac{u_c(r)}{u_0} = \frac{0.28}{0.0075\left(\dfrac{r}{D}\right)^{1.5} + 1} Fr^{-\frac{1}{2}} \tag{3.83}$$

$$\frac{\rho_c(r) - \rho_a}{\rho_0 - \rho_a} = 0.38\left(\frac{r}{D}\right)^{-0.62} Fr^{-\frac{1}{8}} \tag{3.84}$$

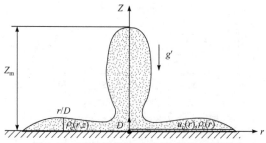

图 3.37　重气扩散流动分析(圆柱坐标系)

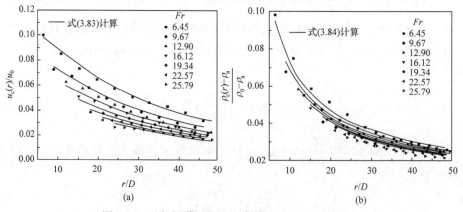

图 3.38　重气扩散过程径向参数($Fr = 6.45 \sim 25.79$)

(a) 径向速度；(b) 径向密度

重气在扩散过程中卷吸环境气体，导致 $u_c(r)$ 及 $\rho_c(r)$ 均随 r/D 增大而降低，且在泄漏源附近衰减速率更快。重气浮力射流 Fr 越大，其扩散径向距离越长，且相同径向距离处密度越高。此外，重气浮力气流对环境空气的卷吸量低于正浮力或中性浮力气流，导致重气扩散速度更快、扩散范围更广。

3. 重气扩散断面轴线密度

重气扩散断面轴线密度随 z/D 的变化如图 3.39 所示，可表示为

$$\frac{\rho_c(r,z)-\rho_a}{\rho_c(r)-\rho_a} = \frac{1.27}{0.07\left(\dfrac{z}{D}\right)^{2.47}+1}Fr^{-\frac{1}{8}} \qquad (3.85)$$

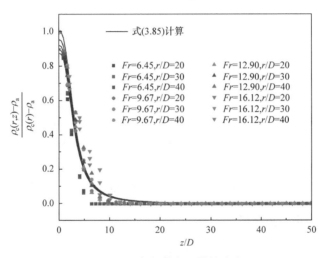

图 3.39　重气扩散断面轴线密度

4. 重气扩散断面体积通量

重气扩散断面体积通量 Q 可表示为 $Q=\dfrac{B}{g'}$[78]，由于重气扩散过程中浮力通量守恒，扩散断面 r/D 处体积通量 Q_c 为

$$Q_c = \frac{B_0}{g'(r,z)} \qquad (3.86)$$

式中，B_0 为初始浮力通量；$g'(r,z)$ 为折算重力加速度，$g'(r,z)=g\dfrac{\rho_c(r,z)-\rho_a}{\rho_a}$。

重气扩散断面 r/D 处体积通量 Q_c 可表示为

$$Q_{c} = Q_{0}Fr^{\frac{1}{4}} \int_{0}^{2\pi} d\varphi \int_{0}^{z_{m}} \frac{0.07\left(\dfrac{z}{D}\right)^{2.47} + 1}{0.48\left(\dfrac{r}{D}\right)^{-0.62}} dz = \frac{2\pi Q_{0}Fr^{\frac{1}{4}}}{0.48\left(\dfrac{r}{D}\right)^{-0.62}} \left(0.02\frac{Z_{m}^{3.47}}{D^{2.47}} + Z_{m}\right) \quad (3.87)$$

相同扩散断面处，重气体积通量随 Fr 增大而升高，这意味着为降低作业人员安全风险所需排除重气的通风量更大，如图 3.40 所示[72]。此外，随着 Fr 在 6.45～19.34 变化，相同扩散断面处重气 Q_{c} 的增加百分比减小，如在 r/D=50 时分别为 65.98%、43.29%、32.16% 及 25.59%。

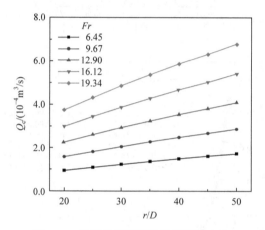

图 3.40　重气扩散断面的体积通量变化

3.8.2　重气污染物引排通风

以工业生产中常见的 SF_6 重气泄漏事故为例，因重气匍匐运动于下部工作区，常用的上部排风方式难以高效排除。关于 SF_6 等重气泄漏事故工况通风的规范中基本规定较为粗泛，如下所示。

(1) GB 50053—2013《20kV 及以下变电所设计规范》[79]：配电间装有 SF_6 气体绝缘装置时，应在房间内易聚集 SF_6 的区域装设相应的排风装置。

(2) GB 50059—2011《35kV～110kV 变电站设计规范》[80]：SF_6 开关室内应采用机械通风，设备室正常通风换气次数应大于 2 次/h，事故通风应大于 4 次/h。

(3) DL/T 5035—2016《发电厂供暖通风与空气调节设计规范》[81]：SF_6 设备室应设机械通风，吸风口应设置在房间的下部，换气次数应大于 4 次/h。

这些设计规范虽然明确了事故排风需设置排风机，对发生重气类事故泄漏的通风气流组织，仍缺乏明晰的设计计算方法。重气灾变环境通风应考虑重气本身的物理特性，进行重气引排气流组织科学设计。

1. 补风及排风口

对于重气污染物泄漏，应同时设置机械排风口与补风口，补风口可设置在其侧上部，排风口的一些布置方式见图 3.41。

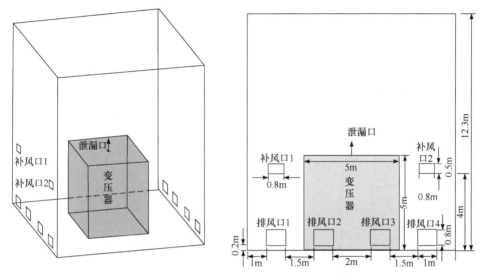

图 3.41　机械排风口及补风口的布置方式

对比两种补风口及排风口布置方式，补风口与排风口同侧时，15min 内将重气浓度降低至 $2×10^{-4}$(其初始浓度的 10%以下)，其重气排除速率明显高于异侧布置，如图 3.42 所示。此外，同等排风面积及排风量下，若以多个排风口分散设置于墙壁两侧时，有助于增大排除重气作用半径及改善排除效果。因此，对于地下空间重气泄漏事故排风，补风口与排风口同侧布置时，其引排效果优于异侧布置，排风口宜分散布置。

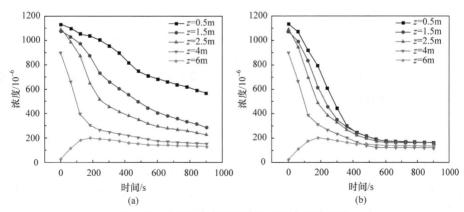

图 3.42　补风口与排风口布置对重气浓度影响

(a) 补风口与排风口异侧布置；(b) 补风口与排风口同侧布置

2. 排风量(换气次数)

相关规范规定的事故排风最低 ACH 对全面稀释通风换气、降低污染物浓度是有指征意义的[80]，但用于评价有效排除大密度重气匍匐于地面的分层流动有失偏颇。在上述排风口与补风口位置确定的情况下，随着排风量(补风量)增加，重气在空间浓度逐渐趋于稳定，底层(低于 2.5m)重气浓度受影响较大，见图 3.43[82]。ACH 从 4 次/h 到 10 次/h 后，进一步增加换气次数并未显著提升重气排除效率。在 z=6m 高度处，随着排风量增加，发生了浓度不降反升现象，这是因为大风量增加重气扰动，使部分重气随气流发生纵向迁移。

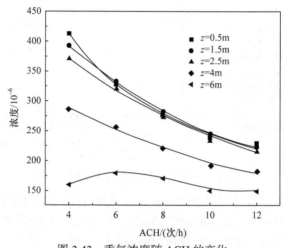

图 3.43　重气浓度随 ACH 的变化

3. 重气池

根据地下空间泄漏释放的大密度重气会聚集于低凹区的特点，造成此区氧气含量下降，导致作业人员产生窒息风险。因此，本小节提出重气池的概念及通风引排技术原理，利用重气易向下部区域沉降积聚的特性，在地下空间中建立"重气池"(图 3.44)。通过科学设计"重气池"的容积、水力坡度及引排路径，将重气引流汇聚到低凹区域，实现"源头汇聚、速效排污"，为地下空间大密度重气引排和安全通风提供了一条新途径。

应急事故重气池的设计有效容积为

$$V = k(Q_G T_G) + V_G \tag{3.88}$$

式中，V 为重气池有效容积，m^3；k 为修正系数，$k<1$；Q_G 为气体泄漏速率，与所在的密闭压力容器的工作压力有关，kg/s；T_G 为气体泄漏时间，s；V_G 为重气池管道设备等占用体积，m^3。

值得注意的是，应科学设计重气池容积及重气重力引排运动路径，降低重气

(a)

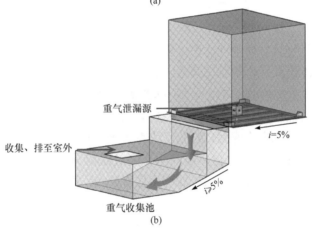

(b)

图 3.44　重气池实验室模型(a)及引排通风技术原理(b)
i 表示倾斜坡度

在路途"滞留"和外溢至其他区域的风险。

3.9　热分层流动

　　热羽流在建筑空间受限条件下流型的发展变化，因建筑物的体型、通风方式及热源强度不同而改变。对于含有热源的下进上排通风房间，若上升至排风口高度的羽流体积流量比通风换气量大，则部分热气流将从顶部折返向下回流运动。此时，任意水平面向上、向下流量之差即为房间排风量。例如，点源热羽流内部较轻的热空气升到顶部并向侧墙扩散，到达侧墙之后沿侧墙下降并向下流动[23]，在热羽流体积流量与通风量相等的高度处达到平衡，形成稳定上热下冷两个分区，此时两个分区的交界面即为热分层面(热分界面)。

在实际工程中，具有热源的无开口房间热分层发展的最终状态是全室完全被加热而热分层降至最低，即 $h=0$；热压自然通风房间的热分层典型状态则是 $0 \leqslant h \leqslant H$；但在自然通风房间不出现热分层的状况也是常有的，如在热源强度较小或房间通风口面积较大时，热羽流体积流量小于通风换气量，室内未形成热分层。此外，存在高温热射流(如金属冶炼厂房)或房间通风口面积较小时，热羽流将从顶部折返向下回流运动充满整个空间，热分层高度也会降至 0，即室内不存在热分层。

讨论上、下部设有通风口的房间点源热羽流的热压驱动自然通风及分层流动，如图 3.1 所示。热分层以上的羽流外部，气流运动的面平均速度呈现垂直向下流动，且至分界面处逐渐降低为 0。在热分层面($z = h$)以下的羽流外部面平均速度呈现垂直向上流动，同样至分界面处降低为 0，此处交界面达到空气交换动态平衡状态。

为抓住流动本质问题，热压自然通风房间内空气可简化为不可压缩流体，且房间任一高度处竖直方向空气体积流量保持不变。特别地，热分层界面高度处羽流内部断面的体积流量 Q_i 等于房间通风换气量 Q_p。考虑到热分层界面以上区域的紊流掺混作用，上部热羽流可视为等温纯动量射流，区域内折算加速度相同[23]。

对于热压自然通风、置换通风或贴附通风，假定下部进风气流不与室内空气混合，而形成一个以平均速度 $\bar{u}$ 向上运动的高度为 h 的空气垫层，置换上部空间流体排至室外，见图 3.45。通风房间水平横截面积 $\bar{A}$ 远大于上、下通风口的面积，进、排风气流不会对羽流的扩展产生显著影响，即 $\bar{u} \ll u_{in}$，$\bar{u} \ll u_{out}$。这体现了室内通风流动的特征：对于上送下回或下送上回甚至侧送风的高大建筑空间，其房间水平截面上流动的速度很小，为 0.1~0.5m/s。

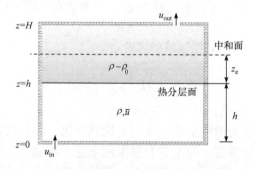

图 3.45　置换式热浮力驱动分层流动

在热分层界面和天花板之间某一高度的界面处，通风房间内外静压相等，此界面与热分层界面不同，称为中和面。中和面距离热分层面的高度记为 z_e，根

据伯努利方程可得[23]

$$u_{\text{out}}^2 = 2c_{\text{out}}g'(H - h - z_{\text{e}}) \tag{3.89}$$

$$u_{\text{in}}^2 = 2g'(z_{\text{e}} + h) \tag{3.90}$$

式中，u_{in}、u_{out} 分别为空气通过房间进、出风口的速度；c_{out} 为出口流量系数；H 为房间上、下通风口的高度差；h 为热分层高度；g' 为室内空气运动受到热浮力影响的折算加速度，详见 3.7.1 小节。

考虑流体通过孔口后的收缩效应，进风口处流体压强会有所降低，可用式(3.91)表示[23]：

$$u_{\text{in}}^2 = 2c_{\text{in}}g'(z_{\text{e}} + h) \tag{3.91}$$

式中，c_{in} 为进口流量系数，取值介于 0.5～1，对理想情况下的光滑扩张进、出口，可取 1。假定空气为不可压缩流体，进入房间的空气体积流量等于排出的空气体积流量：

$$Q_{\text{p}} = \rho u_{\text{in}} a_{\text{in}} = \rho u_{\text{out}} a_{\text{out}} = \rho \overline{u} \overline{A} \tag{3.92}$$

式中，a_{in}、a_{out} 及 $\overline{A}$ 分别为进、出风口面积及房间水平横截面的面积。

因此，

$$Q_{\text{p}} = A\sqrt{g'(H - h)} \tag{3.93}$$

式中，A 为房间通风孔口有效面积。一些文献如[5]、[23]、[83]在推导过程中对孔口速度采取了不同的计算式，导致进出口阻力系数计算式略有不同，但其物理意义和计算结果一致。房间通风口有效面积表示为

$$A = \frac{a_{\text{in}}a_{\text{out}}}{\sqrt{\dfrac{1}{2}\left(\dfrac{a_{\text{in}}^2}{c_{\text{in}}^2} + \dfrac{a_{\text{out}}^2}{c_{\text{out}}^2}\right)}} \tag{3.94}$$

由式(3.94)可知，$A \leqslant \sqrt{c_{\text{in}}c_{\text{out}}a_{\text{in}}a_{\text{out}}} \leqslant \dfrac{c_{\text{in}}a_{\text{in}} + c_{\text{out}}a_{\text{out}}}{2}$，对于既定的风口形状，当进、出风面积均相等且风口串联时，可以得到最大串联效益比，此时风口有效面积即为 $c_{\text{in}}a_{\text{in}}$ 或 $c_{\text{out}}a_{\text{out}}$ [5]。

3.9.1　点源热分层

对于室内均匀自由环境点源热羽流，其流动特性在 3.2.1 小节中已介绍。其中，热羽流主体段任一浮力通量 B、截面流量 Q、折算加速度 g' 分别为[23]

$$B = g'Q \tag{3.95}$$

$$Q(z,B) = C\left(Bz^5\right)^{\frac{1}{3}} \tag{3.96}$$

$$g'(z,B) = \left(B^2 z^{-5}\right)^{\frac{1}{3}} \Big/ C \tag{3.97}$$

式中，C 为点源热羽流体积流量常数，取值见表 3.2。联立式(3.93)～式(3.97)，得到热分层高度计算式为[23]

$$\frac{A}{H^2} = C^{\frac{3}{2}} \left(\frac{\xi^5}{1-\xi}\right)^{\frac{1}{2}} \tag{3.98}$$

$$g'|_{h<z<H} = \left(B^2 h^{-5}\right)^{\frac{1}{3}} \Big/ C \tag{3.99}$$

式中，ξ 为无量纲热分层高度，$\xi = h/H$。点源热压驱动自然通风量，也即从上风口排出的空气体积流量为

$$Q_p = C B^{\frac{1}{3}} h^{\frac{5}{3}} \tag{3.100}$$

从式(3.98)看出，点热源的室内热分层高度仅是房间上、下通风口高度差和有效通风面积的函数。当通风房间内具有 n 个同等强度的点热源，且每个点热源相距较远彼此互不影响时，可视为每个点热源上部羽流占用 A/n 的通风面积。房间内含有 n 个同等强度点热源时，热分层高度可由式(3.101)计算[23]：

$$\frac{A}{nH^2} = C^{\frac{3}{2}} \left(\frac{\xi^5}{1-\xi}\right)^{\frac{1}{2}} \tag{3.101}$$

面热源及体热源可采用类似的分析方法，计算含有 n 个离散面热源、体热源通风房间的热分层高度。在室内非受限的均匀自由环境中，羽流主体段浮力通量等于热源处的初始浮力通量($B=B_0$)。

3.9.2 面源热分层

圆形面热源上部热羽流在热分层高度 $z = h$ 处的体积流量为

$$Q = (KC) B_0^{1/3} \left(h - z_v\right)^m D_s^{5/3-m} \tag{3.102}$$

由通风量与热羽流在热分层高度 $z = h$ 处的体积流量相等，可得

$$\frac{A}{H^2} = (KC)^{3/2} \frac{(\xi - \xi_v)^{3m/2} \xi_s^{5/2-3m/2}}{(1-\xi)^{1/2}} \tag{3.103}$$

式中，ξ、ξ_v、ξ_s 均为无量纲量，$\xi = \dfrac{h}{H}$、$\xi_v = \dfrac{z_v}{H}$ 及 $\xi_s = \dfrac{D_s}{H}$；K 是由实验得到的系数(取值参见 3.4 节)。对于只存在单一面源的房间，其热分层流动仅与热源直径和有效开口面积 A/H^2 有关，影响热分层高度的无量纲几何参数在近源区段为 $A\big/\left(H^2 \xi_s^{3/2}\right) = A\big/\left(H^{1/2} D_s^{3/2}\right)$，而在过渡段则为 $A\big/\left(H^2 \xi_s^{1/2}\right) = A\big/\left(H^{3/2} D_s^{1/2}\right)$。

此外，对于 n 个距离较远互不影响的圆形面热源，其热分层高度可以由式(3.104)计算：

$$\frac{1}{n}\frac{A}{H^2}=\left(KC\right)^{3/2}\frac{\left(\xi-\xi_{\mathrm{v}}\right)^{3m/2}\xi_{\mathrm{s}}^{5/2-3m/2}}{\left(1-\xi\right)^{1/2}} \tag{3.104}$$

由式(3.104)可知，对于多个圆形面源房间内，热分层高度受到热源直径、热源数量和有效开口面积 A/H^2 影响。

图 3.46 显示 ξ 随 A/H^2 的增大而升高[84]。当 A/H^2 较小时(如 $0\sim0.1$)，ξ 迅

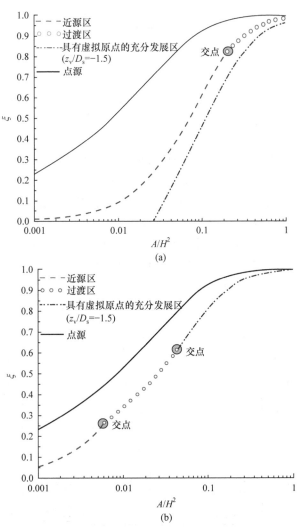

图 3.46   不同热源直径下 ξ 随 A/H^2 的变化

(a) $\xi_{\mathrm{s}}=0.6$ ；(b) $\xi_{\mathrm{s}}=0.2$

速升高；当 $A/H^2 > 1.0$ 时，ξ 增加趋于稳定。随着 ξ_s 减小，其热分层高度计算结果与点热源计算结果趋于一致。当 ξ_s 逐渐减小到 0 时，它的热羽流物理特性逐渐趋近于点热源。

对于方形面热源，其房间热分层高度与 A/H^2 的函数关系为

$$\frac{A}{H^2} = C^{\frac{3}{2}} D_s \left(\frac{\xi^3}{1-\xi} \right)^{\frac{1}{2}} \tag{3.105}$$

式中，$C = 0.76 \left(\dfrac{m+p}{p} \right)^{\frac{1}{3}}$；$D_s$ 为方形面热源当量直径。当矩形面热源两边长 $a/b \leqslant$ 5 时，也可以近似应用。

热压自然通风的驱动力除了与室内温度分布相关，也与房间和方式和房间内阻力分布等有关。下面讨论房间开口形式对热压自然通风的影响。

1. 双侧开口流场的分布及影响因素

双侧对称开口(如门、窗等)是工业车间、民用建筑等通风工程实践中经常遇到的情况，室内热源上方形成热羽流，空气由两侧口流进，受到热羽流卷吸向上流动，一部分由天窗排走，其余部分则成为回流，在开口高度以上形成两个对称的环流。双侧下部开口房间 2D-PIV 实测的速度矢量和速度流线如图 3.47 所示。通风房间内空气温度明显分成上热下冷两个区，室内整个空间由下到上压力逐渐升高，零压面即为中和面，见图 3.48。中和面的高度与开口位置、开口面积和室内外空气的密度差有关。热羽流的形成段位于紧靠热源的上表面中心处，其静压较低，随着高度的增加，静压随之升高，在天窗两侧静压差达到最大。随着双侧开

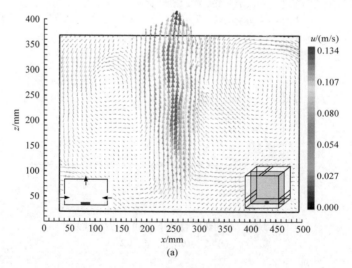

(a)

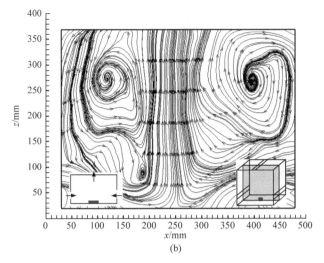

图 3.47 双侧下部开口房间 2D-PIV 实测的速度矢量(a)和速度流线(b)

口高度升高，整体的流型变化不大，但涡流区域增大，存在明显的热分层，且中和面位置(零压面)随之显著升高，见图 3.49 及图 3.50[85]。值得注意的是，由于普通民用建筑室内热源温度一般不超过 100℃，空气静压变化较难测出。

2. 单侧开口流场的分布及影响因素

单侧开口通风则对应于工程实践中在车间或房间的单侧开启窗户(或门洞)的情况。对于地面均匀散热情况，热压驱动室外空气由开口下部流入，室内空气由开口上部流出时，室内形成一个较大环流，见图 3.51。温度云图显示，建筑内温度未呈现出显著分区特性，下部区域(开口上檐以下)温度随着距开口水平距离的

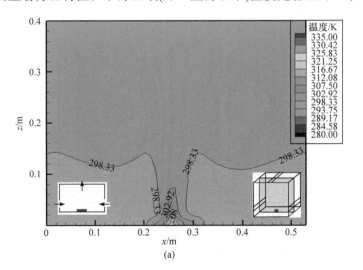

(a)

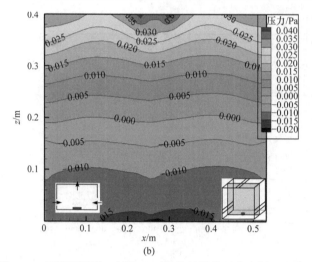

(b)

图 3.48　双侧下部开口房间 CFD 数值计算的温度云图(a)和静压云图(b)

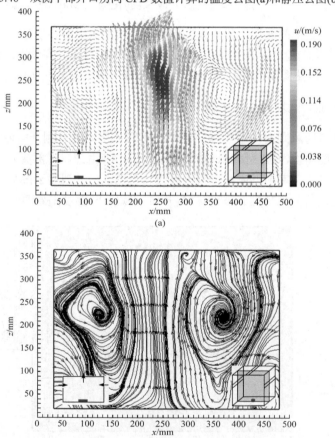

(a)

(b)

图 3.49　双侧上部开口房间 2D-PIV 实测的速度矢量(a)和速度流线(b)

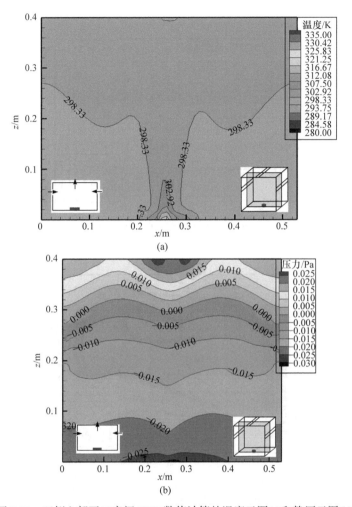

图 3.50　双侧上部开口房间 CFD 数值计算的温度云图(a)和静压云图(b)

增加逐渐升高；上部区域(开口上椽以上)是分布较均匀的高温区见图 3.52(a)。室内由下到上压力逐渐升高，等压线近似水平线，见图 3.52(b)。随着热源面积减小，流场涡流中心下移，而中和面位置变化不大，见图 3.53 及图 3.54[85]。

3.9.3　体源热分层

在体源热羽流完全相似区，羽流的扩展变为线性，其体积流量 Q 为

$$Q = CB_0^{\frac{1}{3}}\left(z + z_v\right)^{\frac{2}{3}} \tag{3.106}$$

其热分层高度为

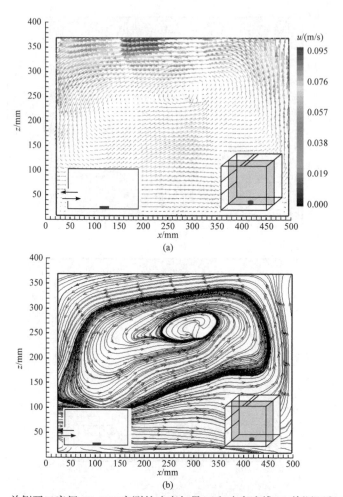

(a)

(b)

图 3.51　单侧开口房间 2D-PIV 实测的速度矢量(a)和速度流线(b)(热源面积 0.21m²)

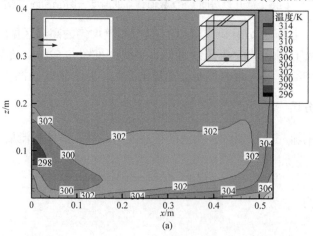

(a)

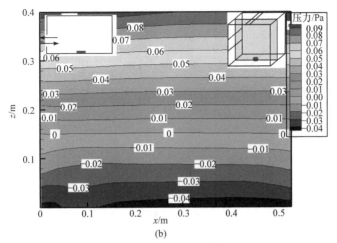

图 3.52　单侧开口房间 CFD 数值计算的温度云图(a)和静压云图(b)(热源面积 0.21m²)

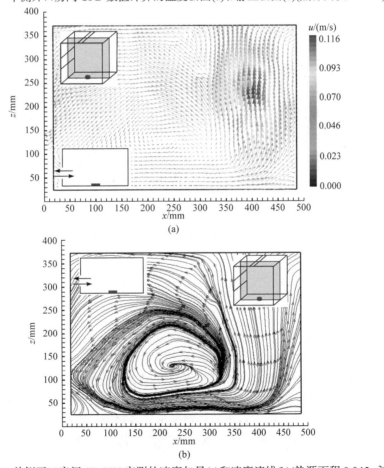

图 3.53　单侧开口房间 2D-PIV 实测的速度矢量(a)和速度流线(b)(热源面积 0.045m²)

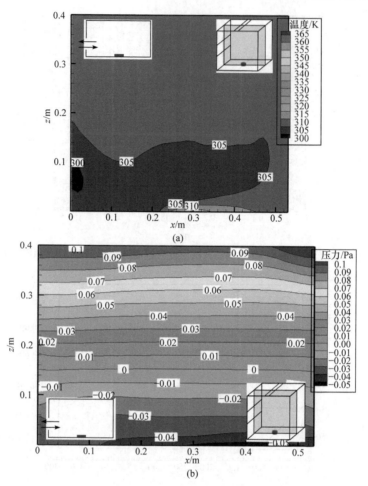

图 3.54　单侧开口房间 CFD 数值计算的温度云图(a)和静压云图(b)(热源面积 0.045m²)

$$\frac{A}{H^2} = C^{\frac{3}{2}} \left[\frac{\left(\xi + z_{\mathrm{v}} / H \right)^5}{1 - \xi} \right]^{\frac{1}{2}} \tag{3.107}$$

各种热源不同 h_{s}、d 下 ξ 随 A / H^2 的变化趋势见图 3.55[16]。当体热源表面 d 不变、h_{s} 逐渐减小为 0 时，则体热源逐渐退化为面热源，此时体热源 ξ 求解曲线与面热源重合。当面热源 d 继续减小直至 0 时，面热源则退化为点热源。d 和 h_{s} 为 0 的体热源房间热分层高度求解曲线与 Linden 等[23]给出的点热源房间热分层曲线完全吻合。至此，以上各小节分别给出了点热源、面热源、体热源的热分层高度计算式。图 3.55 反映了点热源、面热源、体热源的热分层高度变化规律及其统一性。

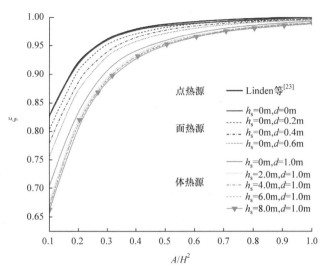

图 3.55　各种热源不同 h_s、d 下 ξ 随 A/H^2 的变化趋势

3.10　中　和　面

如前所述，热压驱动空气流动理论模型分析中，由于热源的存在，室内温度高于室外，即室内空气密度小于室外空气密度，且室内的密度梯度也不同于室外。在室内某一高度界面处，室内静压等于室外静压，该界面称为中和面(与热分层界面不同，后者是指热羽流体积流量与通风量相等的平面)，见图 3.45。热压驱动自然通风房间的中和面准确计算具有特别重要的工程技术意义：只有在中和面以上开设排风口，污染空气或热空气才能由室内流至室外；当进风口设计在中和面以下时，室外新鲜空气方能流至室内，有效实现自然通风换气。

由式(3.89)～式(3.93)可得中和面高度为

$$z_e = \frac{A^2 (H-h)}{2ca_{in}^2} = (H-h)\frac{2a_{out}^2 - A^2}{2a_{out}^2} \tag{3.108}$$

沿高度方向上自然通风房间内的静压计算可按不同温度分布模型计算。

(1) 温度均匀分布：如排灌箱(emptying filling box)模型上下两个分区可分别视为均匀温度分布[23]，类似情况如地板辐射供暖系统室温分布[86]。

温度均匀分布空间可保持 $t = t_n$ 不变。空气视为理想气体时，$P = \rho RT$，于是有 $P/R = \rho_0 T_0 = \rho T = \mathrm{const}$，此时 $\mathrm{d}P_T = \oint\limits_l \rho \cdot \vec{g} \cdot \mathrm{d}\vec{l} = -\rho(z)g \cdot \mathrm{d}z$，则静压为

$$P_T = \int\limits_l \rho(z)g \cdot \mathrm{d}z = \rho_0 T_0 g \int\limits_0^z \frac{1}{T(z)}\mathrm{d}z = \frac{\rho_0 T_0 g}{t_n + 273.15}z \tag{3.109}$$

式中，下角标 0 代表标准状况；$\rho_0 = 1.29\text{kg} / \text{m}^3$；$T_0 = 273.15\text{K}$。

(2) 温度线性分布：对于沿高度方向均匀布设散热设备的房间[5]。

温度线性分布可表示为 $t = t_0 + \kappa z$。静压为

$$P_{\text{T}} = \int_l \rho(z) g \cdot \text{d}z = \rho_0 T_0 g \int_0^z \frac{1}{T(z)} \text{d}z = \rho_0 T_0 g \int_0^z \frac{1}{t_0 + \kappa z + 273.15} \text{d}z = \frac{\rho_0 T_0 g}{\kappa} \ln\left(\frac{T_0 + \kappa z}{T_0}\right)$$

(3.110)

式中，κ 为温度变化率，对通风空调房间可视为常数。

(3) 温度指数分布：对车流量大的地下交通洞[87]、太阳能烟囱[88]、双层通风玻璃幕墙[89]等温度分布，房间竖向静压可由式(3.111)计算。

在温度指数分布模型中，温度指数分布可表达为 $t = t_0 + \Gamma_1 \text{e}^{-\Gamma_2 z}$。静压可表示为

$$P_{\text{T}} = \int_l \rho(z) g \cdot \text{d}z = \rho_0 T_0 g \int_0^z \frac{1}{T(z)} \text{d}z = \frac{\rho_0 T_0 g}{\Gamma_1 \Gamma_2} \ln\left(\frac{T_0 + \Gamma_1 \text{e}^{\Gamma_2 z}}{T_0 + \Gamma_1}\right)$$

(3.111)

式中，Γ_1、Γ_2 为常数，反映了温度指数分布性质。

3.11　多热源热羽流

工业生产车间或一些民用建筑中热源分布情况比较复杂，热源上部羽流之间往往存在交汇和受限流动。下面阐述多热源热羽流交汇特性及其热分层流动。

3.11.1　交汇热羽流

首先分析自由环境流体中点源之间的互相影响及热羽流流动规律。当自由环境中的两个点源间距较小时，两股热羽流相互吸引和交汇，使得各自的流动轴心线发生偏转，如图 3.56 所示[90]。

Cenedese 等[91]研究了两个同等强度湍流热羽流交汇过程羽流体积流量和卷吸系数的变化。等强度湍流热羽流之间的交汇可以划分为三个阶段[91]：

(1) 阶段 I，近热源区两股羽流在交汇之前各自独立发展，此时两股羽流的体积流量不受彼此影响，称为独立发展区。

(2) 阶段 II，离热源一定高度之后，两股羽流产生交汇，破坏了自相似流动断面，但是速度截面的分布曲线仍各自存在峰值，称为过渡区。

(3) 阶段 III，随着羽流距热源高度进一步增加，两股羽流交汇融合成一股羽流，此时速度截面和温度截面分布曲线的各自峰值消失，变为同一峰值曲线，近似符合高斯分布，融合后的羽流再次拥有自相似流动断面，称为完全融合区。

具有高斯分布的双点源热羽流交汇过程如图 3.57 所示。

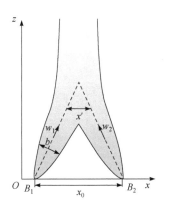
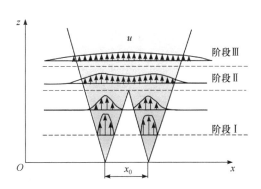

图 3.56 两个点源热羽流交汇
B_1、B_2 为浮力通量

图 3.57 双点源热羽流交汇过程

以有效卷吸系数 α_{eff} 表示双点源热羽流体积流量 Q_z[91]:

$$Q_z = 2\left(\frac{9}{10}\right)^{\frac{1}{3}} \frac{6}{5} \pi^{\frac{2}{3}} \alpha_{\text{eff}}^{\frac{4}{3}} B_0^{\frac{1}{3}} z^{\frac{5}{3}} = 2C_{\text{eff}} B_0^{\frac{1}{3}} z^{\frac{5}{3}} \tag{3.112}$$

$\alpha_{\text{eff}} / \alpha$ 可表示为[91]

$$\frac{\alpha_{\text{eff}}}{\alpha} = \begin{cases} 1, & z^* \leqslant 0.35 & (\text{阶段 I}) \\ z^{*-\frac{5}{4}}\left(0.73z^* - 0.082\right)^{\frac{3}{4}}, & 0.35 < z^* \leqslant 0.44 & (\text{阶段 II}) \\ \dfrac{1}{\sqrt{2}}\left(1 + \dfrac{0.12}{z^*}\right)^{\frac{5}{4}}, & z^* > 0.44 & (\text{阶段 III}) \end{cases} \tag{3.113}$$

式中，z^* 为无量纲高度，$z^* = \dfrac{\alpha h}{x_0}$，$x_0$ 为两热源间距。热分层高度也可表示为

$\xi = \dfrac{x_0}{\alpha H} z^*$。双点源热羽流交汇的 $\alpha_{\text{eff}}/\alpha$ 随 z^* 的变化可分为三个阶段，见图 3.58。

利用镜像原理分析得到的双点源交汇热羽流体积流量(简称"羽流量")计算公式为[5]

$$Q_z = \left[\frac{3\pi^2}{m^2}\left(\frac{m}{p} + 1\right)B_0 z^5\right]^{1/3} \mathrm{e}^{-m\left(\frac{x_0}{2z}\right)^2} \tag{3.114}$$

式(3.114)并未能表征相近热源的分区特性，但是当 $\dfrac{x_0}{2z}$ 较小时，羽流量与实际情况基本符合。

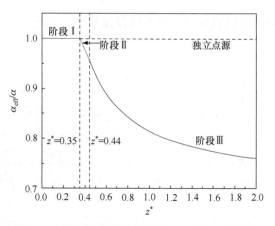

图 3.58　双点源热羽流交汇的 $\alpha_{\text{eff}}/\alpha$ 随 z^* 的变化

3.11.2　双点源、面源及体源热分层

由前面章节关于热压驱动自然通风的分析结论可知，热分层高度是房间上、下通风口的高度差和风口有效面积的函数。当房间通风口高度差和风口面积一定时，热分层高度随 A/H^2 的增大而升高。考察两个等强度点热源从完全融合(可视为 2 倍热强度的单一点热源，见图 3.59)，到逐渐分离为两个完全不相干孤立点热源的过程，发现其热分层高度会随着热源间距离 x_0 的增大而逐渐变小，其上

边界和下边界分别对应 $\dfrac{A}{H^2} = C^{\frac{3}{2}}\left(\dfrac{\xi^5}{1-\xi}\right)^{\frac{1}{2}}$ 和 $\dfrac{A}{2H^2} = C^{\frac{3}{2}}\left(\dfrac{\xi^5}{1-\xi}\right)^{\frac{1}{2}}$ 热分层高度的解。

当 x_0 大于某一阈值时，两个点热源变为了完全不相干的孤立点热源，此后随点热源间距进一步增加热分层高度将保持不变，下面对此进行讨论。

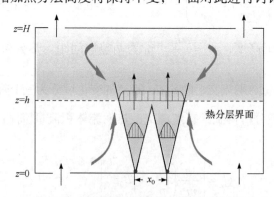

图 3.59　双点源交汇热羽流的热分层界面

根据前述分析，通风量与羽流在热分层界面高度 $z = h$ 处的体积流量相等，双点源交汇热羽流房间的热分层高度表达式为

$$\frac{A}{H^2} = 2C_{\text{eff}}^{\frac{3}{2}}\left(\frac{\xi^5}{1-\xi}\right)^{\frac{1}{2}} \tag{3.115}$$

式中，$\xi = \dfrac{h}{H}$；$C_{\text{eff}} = \dfrac{6}{5}\alpha_{\text{eff}}\left(\dfrac{9}{10}\alpha_{\text{eff}}\right)^{\frac{1}{3}}\pi^{\frac{2}{3}} = C\left(\dfrac{\alpha_{\text{eff}}}{\alpha}\right)^{\frac{4}{3}}$，$\alpha_{\text{eff}}/\alpha$ 可通过式(3.113)计算。

当 x_0 趋近于 0 时，可视为两点热源重合，热源强度加倍。按照单点热源房间热分层高度计算式，热分层高度不随热源强度增大而变化，由式(3.98)进行计算。当两点热源重合时 $\dfrac{\alpha_{\text{eff}}}{\alpha} = \dfrac{1}{\sqrt{2}}$，热分层高度表达式为

$$\frac{A}{H^2} = 2C_{\text{eff}}^{\frac{3}{2}}\left(\frac{\xi^5}{1-\xi}\right)^{\frac{1}{2}} = 2\left[C\left(\frac{\alpha_{\text{eff}}}{\alpha}\right)^{\frac{4}{3}}\right]^{\frac{3}{2}}\left(\frac{\xi^5}{1-\xi}\right)^{\frac{1}{2}} = C^{\frac{3}{2}}\left(\frac{\xi^5}{1-\xi}\right)^{\frac{1}{2}} \tag{3.116}$$

此时与单点热源的热分层高度计算结果相同。

当 x_0 较大时，两点热源无相互作用，可按照两个孤立点热源的热分层高度计算式，每个点源均占有 $A/2$ 的通风孔口面积，即按 $\dfrac{A}{2H^2} = C^{\frac{3}{2}}\left(\dfrac{\xi^5}{1-\xi}\right)^{\frac{1}{2}}$ 进行计算。

此时 $\alpha_{\text{eff}}/\alpha = 1$，代入式(3.115)，可得

$$\frac{A}{H^2} = 2C_{\text{eff}}^{\frac{3}{2}}\left(\frac{\xi^5}{1-\xi}\right)^{\frac{1}{2}} = 2\left[C\left(\frac{\alpha_{\text{eff}}}{\alpha}\right)^{\frac{4}{3}}\right]^{\frac{3}{2}}\left(\frac{\xi^5}{1-\xi}\right)^{\frac{1}{2}} = 2C^{\frac{3}{2}}\left(\frac{\xi^5}{1-\xi}\right)^{\frac{1}{2}} \tag{3.117}$$

同样，与两个孤立点热源的热分层高度计算结果一致。

随着两点热源间距 x_0 变化，上部热羽流的有效卷吸系数随之改变，如图 3.58 所示。当 $z^* \leqslant 0.35$ 时(阶段Ⅰ)，两股热羽流相互独立，其有效卷吸系数 $\alpha_{\text{eff}} = \alpha$。在两股羽流上升到交互作用阶段($0.35 < z^* \leqslant 0.44$，阶段Ⅱ)，两股交汇热羽流彼此的"遮挡"效应，其对周围空气的卷吸量小于两股独立羽流卷吸量，因此 α_{eff} 在阶段Ⅱ中单调递减。同样，当 $z^* > 0.44$ 时(阶段Ⅲ)，相互融合后的热羽流 α_{eff} 随着 z^* 的增加而迅速降低。两股热羽流距离越近，其卷吸的周围空气量越小。

图 3.60 为通风口面积改变时热分层高度 ξ 随热源间距 x_0/H 的变化[16]。直线 $\xi = 0.35x_0/(\alpha H)$ 和 $\xi = 0.44x_0/(\alpha H)$ 将热分层发展过程划为三个阶段。阶段Ⅰ对应 $\xi < 0.35x_0/(\alpha H)$，阶段Ⅲ对应 $\xi > 0.44x_0/(\alpha H)$，而两者之间则体现了热分层位于两股热羽流从开始交汇到完全融合的情况。当房间通风口面积不变时，

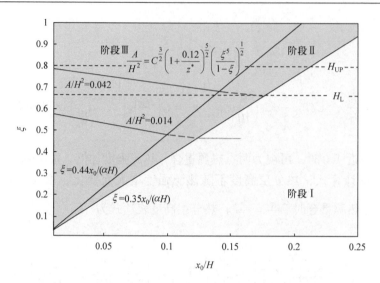

图 3.60　通风口面积改变时热分层高度随热源间距的变化

两股热羽流形成的 ξ 的变化随热源间距增加，分别落于阶段Ⅰ、阶段Ⅱ、阶段Ⅲ三个区域。两点热源之间存在一个极限距离 x_T，若 $x_0 > x_T$，则 x_0 对热分层高度不再产生影响。

　　当确定了热分层高度之后，房间的排风温度和热压驱动排风量随之可以计算。排风温度与进风温度差 Δt 的计算式为

$$\Delta t = t_e - t_0 = B_0^{\frac{2}{3}} / (g\beta C_{\text{eff}} z^{\frac{5}{3}}) \tag{3.118}$$

式中，t_e 为排风温度，t_0 为进风温度。

　　通风量(排风量)计算式为

$$Q_p = 2A\sqrt{g'(H-h)} \tag{3.119}$$

　　对于双热源，当 x_0 超过极限距离 x_T 时，房间内热分层高度、排风温度和热压驱动排风量保持不变。如果房间上、下通风口高度差 H 和通风口面积 A 已知，极限距离 x_T 的计算式为

$$\frac{A}{H^2} = 2C_{\text{eff}}^{\frac{3}{2}}\left(\frac{H_L^5}{1-H_L}\right)^{\frac{1}{2}} \tag{3.120}$$

$$\frac{\alpha_{\text{eff}}}{\alpha} = \left(\frac{H_L H\alpha}{x_T}\right)^{-\frac{5}{4}}\left(0.73\frac{H_L H\alpha}{x_T} - 0.082\right)^{\frac{3}{4}} \tag{3.121}$$

式中，H_L 为热分层高度下限值。可首先通过式(3.120)来计算 H_L，进而得到 x_T。图 3.61 给出了 H 和 A 与 x_T 的关系[16]。以通风口面积在 0.5～5.0m² 为例，x_T 与 H

之间呈幂次律关系，随着 x_T 增大，H 增大的趋势变缓。再次证明了通风口面积达到一定限值后，若继续增大风口面积并不能有效提升通风效果。

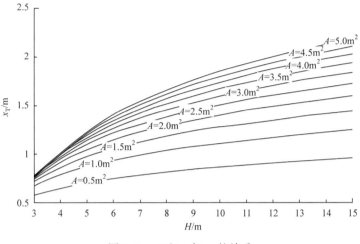

图 3.61　H 和 A 与 x_T 的关系

下面讨论两相邻面源及体源热分层流动。如前所述，基于虚拟极点修正法，可将相邻面热源、体热源房间的热分层流动规律研究归化为相邻点热源的热分层流动规律。实际面热源和体热源可虚拟为点源热羽流，其虚拟原点则位于实际面源下方 z_v 处，虚拟点源的热羽流在虚拟极点处零动量、零体积流量但拥有和实际热源相同的浮力通量，两者在实际流场的任一高程处均拥有相同的动量、体积流量和浮力通量。两相邻面热源或体热源的羽流体积流量可表示为

$$Q = 2C_{\text{eff}} B_0^{\frac{1}{3}} (z + z_v)^{\frac{5}{3}} \tag{3.122}$$

其中，面热源 $z_v = 1.6d \sim 2.3d$，体热源 $z_v = 2.1(d + 2\delta)$。面热源、体热源的热分层高度为

$$\frac{A}{H^2} = 2C_{\text{eff}}^{\frac{3}{2}} \left[\frac{(\xi + z_v / H)^5}{1 - \xi} \right]^{\frac{1}{2}} \tag{3.123}$$

由式(3.123)可以看出，对于两相邻面热源或体热源，热分层高度不仅与房间上、下通风口高度差，通风口有效面积和热源间距这三个因素有关，而且与虚拟极点距 z_v 有关。此外，面热源的当量直径也会影响到房间的热分层高度，而体热源还应考虑其侧壁影响，其当量直径、热源高度、热源壁面与周围空气的温差也会影响体热源房间的热分层高度。

热羽流折算重力加速度、进风温度与排风温度差分别为

$$g' = \frac{2B_0}{2C_{\mathrm{eff}}B_0^{\frac{1}{3}}(h+z_{\mathrm{v}})^{\frac{5}{3}}} = \frac{B_0^{\frac{2}{3}}}{C_{\mathrm{eff}}(h+z_{\mathrm{v}})^{\frac{5}{3}}} \tag{3.124}$$

$$\Delta t = t_{\mathrm{e}} - t_0 = \frac{B_0^{\frac{2}{3}}}{g\beta C_{\mathrm{eff}}(h+z_{\mathrm{v}})^{\frac{5}{3}}} \tag{3.125}$$

如前所述，热压驱动通风量为

$$Q_{\mathrm{p}} = 2A\sqrt{g'(H-h)} \tag{3.126}$$

可以看出，面热源当量直径会影响房间的排风温度和热压驱动通风量。体热源的当量直径、热源高度及热源壁与周围空气的温差也会影响排风温度和热压驱动通风量。

3.11.3　多热源交汇热羽流及热分层

本小节分析房间高度范围($z \leqslant H$)内受到多热源羽流($x_0 \leqslant x_{\mathrm{T}}$)交汇影响的热分层流动特性，其相交域如图 3.62 所示。类似于 Linden 等[23]将单一点热源热分层模型推广到多个孤立点热源热分层模型，可假设各热源强度、间距相等(或不等)，进而给出多热源羽流热分层流动解析解。

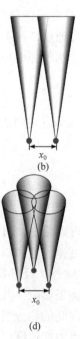

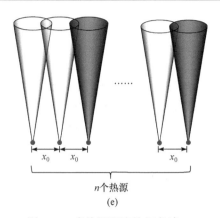

n 个热源

(e)

图 3.62　多热源羽流的相交域

(a) 2 个热源，无相交域($x_0 > x_T$)；(b) 2 个热源，1 个相交域；(c) 3 个热源，2 个相交域；(d) 3 个热源，3 个相交域；(e) n 个热源，n_1 个相交域($n_1 \leqslant n$)。除(a)外，(b)~(e)热源间距 $x_0 \leqslant x_T$

如果建筑室内含有 n 个热源，其中有 n_1 个相交域，n 和 n_1 均为整数，且 $n > 2$、$n_1 \leqslant n$，可以得出由 n 个热源的羽流有效卷吸系数 C_{eff} 给出的总羽流量为

$$Q_T = nCB_0^{\frac{1}{3}}z^{\frac{5}{3}} - n_1\left(2CB_0^{\frac{1}{3}}z^{\frac{5}{3}} - 2C_{\text{eff}}B_0^{\frac{1}{3}}z^{\frac{5}{3}}\right) = \left[2n_1C_{\text{eff}} - (2n_1 - n)C\right]B_0^{\frac{1}{3}}z^{\frac{5}{3}} \quad (3.127)$$

$$n^{\frac{1}{2}}\frac{A}{H^2} = \left[2n_1C_{\text{eff}} - (2n_1 - n)C\right]^{\frac{3}{2}}\left(\frac{\xi^5}{1-\xi}\right)^{\frac{1}{2}} \quad (3.128)$$

当点热源强度相等，各热源间距不等时，设 n_1 个相交域的每个相交域所对应相邻热源之间的距离为 $x_i(i=1,2,3,\cdots,n_1)$，其对应的卷吸系数分别为 $C_{\text{eff}-i}(i=1,2,3,\cdots,n_1)$，$n$ 个热源的总羽流体积流量为

$$Q_T = nCB_0^{\frac{1}{3}}z^{\frac{5}{3}} - \left(2n_1CB_0^{\frac{1}{3}}z^{\frac{5}{3}} - \sum_{i=1}^{n_1}2C_{\text{eff}-i}B_0^{\frac{1}{3}}z^{\frac{5}{3}}\right) = \left[\sum_{i=1}^{n_1}2C_{\text{eff}-i} - (2n_1 - n)C\right]B_0^{\frac{1}{3}}z^{\frac{5}{3}} \quad (3.129)$$

$$n^{\frac{1}{2}}\frac{A}{H^2} = \left[\sum_{i=1}^{n_1}2C_{\text{eff}-i} - (2n_1 - n)C\right]^{\frac{3}{2}}\left(\frac{\xi^5}{1-\xi}\right)^{\frac{1}{2}} \quad (3.130)$$

其中，热源 n 和相交域 n_1 均为正整数，且 $n > 2$、$n_1 \leqslant n$。若当 $n=2$，$n_1=1$ 时，式(3.130)可化为 $\dfrac{A}{H^2} = 2C_{\text{eff}}^{\frac{3}{2}}\left(\dfrac{\xi^5}{1-\xi}\right)^{\frac{1}{2}}$，即为双点热源房间热分层高度的计算式。

基于虚拟极点修正法，面热源(或体热源)房间的热分层高度 ξ 计算式为

$$n^{\frac{1}{2}}\frac{A}{H^2}=\left[\sum_{i=1}^{n_1}2C_{\text{eff}-i}-(2n_1-n)C\right]^{\frac{3}{2}}\left[\frac{(\xi+z_{\text{v}}/H)^5}{1-\xi}\right]^{\frac{1}{2}} \tag{3.131}$$

应该注意到，工业厂房中，往往同时存在着热强度较大的主热源和若干热强度相对较小的次热源。主热源、次热源对室内热对流的影响不同，工业厂房热压驱动自然通风分析可按不同的组合热源问题分别处理，按辐射热与对流热之比、次热源散热与总散热量之比，此类问题归纳为如下四类组合热源问题[5]：

$$\text{第一类组合热源}\quad \frac{E_{\text{r}}}{E_{\text{c}}}<0.5,\quad \frac{E_{\text{L}}}{E}\leqslant 0.5 \tag{3.132}$$

$$\text{第二类组合热源}\quad \frac{E_{\text{r}}}{E_{\text{c}}}\geqslant 0.5,\quad \frac{E_{\text{L}}}{E}>0.5 \tag{3.133}$$

$$\text{第三类组合热源}\quad \frac{E_{\text{r}}}{E_{\text{c}}}<0.5,\quad \frac{E_{\text{L}}}{E}\geqslant 0.5 \tag{3.134}$$

$$\text{第四类组合热源}\quad \frac{E_{\text{r}}}{E_{\text{c}}}\geqslant 0.5,\quad \frac{E_{\text{L}}}{E}<0.5 \tag{3.135}$$

式中，E_{r} 为热源辐射散热量；E_{c} 为热源对流散热量；E_{L} 为次热源散热量；E 为总散热量。下面主要对于厂房热车间自然通风工程所涉及第一类组合热源、第二类组合热源问题进行分析。

1) 第一类组合热源

如果主热源辐射率及次热源功率较小，可采用完全对流换热、补偿辐射及次热源效应，按第一类组合热源问题处理。以热分层高度 h 及虚拟替代热源面积 f_{Ei}，可得到不等强度热源条件下，实现全室通风量为 Q_{p} 时所需的有效风口面积 A 为[5]

$$A=0.75h^{\frac{3}{2}}\left(\sum\sqrt{f_{\text{Ei}}}(H-h)\right)^{-\frac{1}{2}} \tag{3.136}$$

式(3.136)适用于实体热源，此式是以几何因素表示的组合热源通风特性方程式，如果建筑、通风、热源的几何尺寸固定，则热分层高度 h 也不变。

2) 第二类组合热源

当主热源辐射率及次热源功率较大时，忽略它们将导致计算误差增大，分析计算中需同时兼顾主热源与次热源的存在，并具体区分对流与辐射换热的特点。

当室内同时存在多种不同功率及散热比的热源时，其综合作用可以用主热源对流散热产生的作用为基数，乘以组合热源系数 C_{E} 而得到。建筑自然通风特性方程式(3.136)可改写为[5]

$$Q_{\text{p}}=A^{\frac{2}{3}}[2B_0 C_{\text{E}}(H-h)]^{\frac{1}{3}} \tag{3.137}$$

$$A = 0.75h^{\frac{3}{2}}\left(\sum\sqrt{f_{Ei}}\right)[C_E(H-h)]^{-\frac{1}{2}} \tag{3.138}$$

式中，C_E 为组合热源系数($C_E>1$)。C_E 随主热源的辐射散热比及次热源的总功率增加而增大，随建筑热损失的增加而减小。比较式(3.136)～式(3.138)可知，第一类组合热源及第二类组合热源计算模式的区别仅在于前者对流换热 $C_E=1$，而后者则 $C_E>1$。

按以上两种模式分类计算，所得到实体热源的热分层高度自然通风特性式(3.136)及式(3.138)，以 $\dfrac{A}{H^2}$ 表示：

$$\frac{A}{H^2} = 0.75\left(\frac{h}{H}\right)^{\frac{3}{2}}\sum\left(\frac{f_{Ei}}{H^2}\right)^{\frac{1}{2}}\left(1-\frac{h}{H}\right)^{-\frac{1}{2}} \tag{3.139}$$

$$\frac{A}{H^2} = 0.75\left(\frac{h}{H}\right)^{\frac{3}{2}}\sum\left(\frac{f_{Ei}}{H^2}\right)^{\frac{1}{2}}\left[C_E\left(1-\frac{h}{H}\right)\right]^{-\frac{1}{2}} \tag{3.140}$$

以上分析表明，在建筑自然通风排热中，当量有效风口面积只是无量纲热分层高度及热源几何尺度的函数。

3.12　受限热羽流

工业建筑及民用建筑内，存在着大量受室内壁面限制的热源羽流流动，即受限热羽流问题(图 3.63)，如民用建筑室内靠墙设置的散热器、工业厂房沿侧墙布

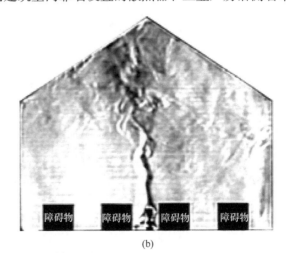

(a)　　　　　　　　　　　　　　　(b)

图 3.63　受限热羽流

(a) 靠墙设置散热器形成的受限热羽流；(b) 日光温室加热器形成的受限热羽流[92]

置的各类生产设备等发热单元。此类热源的上升热羽流受相邻壁面限制，在达到房间上部后可形成沿顶部水平扩展运动，一部分由上部风口排出，另一部分则沿相邻侧壁向下蔓延运动，最终形成了房间的热分层流动现象(当然，也可以不发生热分层流动，关于前提条件在前述章节中讨论过)。实际工业建筑或民用建筑中，如果热源体积与所在空间体积相比是小量，则可视为点热源处理。

1. 单侧受限点源热羽流

在排灌箱模型中，若室内点热源距离侧壁面较近，其羽流沿空间高度的扩展势必会受到侧壁的限制，单侧受限点热源通风房间示意如图 3.64(a)所示。根据镜像原理，可将侧面受限热羽流等价为如图 3.64(b)的镜像形式而不影响原型热羽流的流动本质[3, 6]，其中点热源与其镜像虚拟热源的距离为 x_0。此时，羽流最终会形成上热下冷的分层流动状态，根据双点源交汇热羽流房间热分层高度计算式，得出孤立点源热羽流单侧受限的热分层高度计算关联式：

$$Q = 2C_{\text{eff}}B_0^{\frac{1}{3}}z^{\frac{5}{3}} \tag{3.141}$$

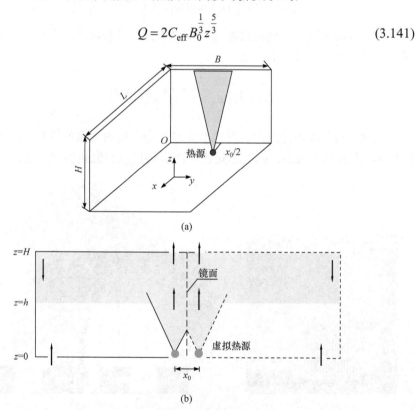

图 3.64　单侧受限羽流流动

(a) 单侧受限点热源通风房间示意图；(b) 基于镜像的两个同强度点源热羽流叠加

$$g' = 2B_0 \bigg/ \left(2C_{\text{eff}} B_0^{\frac{1}{3}} z^{\frac{5}{3}} \right) \tag{3.142}$$

式中，g' 为折算重力加速度。

$$2A \left[\frac{2B_0}{2C_{\text{eff}} B_0^{\frac{1}{3}} h^{\frac{5}{3}}} (H-h) \right]^{\frac{1}{2}} = 2C_{\text{eff}} B_0^{\frac{1}{3}} h^{\frac{5}{3}} \tag{3.143}$$

单侧受限点热源房间的热分层高度表示为

$$\frac{A}{H^2} = C_{\text{eff}}^{\frac{3}{2}} \left(\frac{\xi^5}{1-\xi} \right)^{\frac{1}{2}} \tag{3.144}$$

$\alpha_{\text{eff}} / \alpha$ 可通过式(3.145)计算[91]：

$$\frac{\alpha_{\text{eff}}}{\alpha} = \begin{cases} 1, & x_0 \geqslant \dfrac{\alpha h}{0.35} \\[2mm] \left(\dfrac{\alpha h}{x_0} \right)^{-\frac{5}{4}} \left(0.73 \dfrac{\alpha h}{x_0} - 0.082 \right)^{\frac{3}{4}}, & \dfrac{\alpha h}{0.44} \leqslant x_0 < \dfrac{\alpha h}{0.35} \\[2mm] \dfrac{1}{\sqrt{2}} \left(1 + \dfrac{0.12 x_0}{\alpha h} \right)^{\frac{5}{4}}, & x_0 < \dfrac{\alpha h}{0.44} \end{cases} \tag{3.145}$$

当 $x_0 = 0$ 时，两点源重合，可视为孤立点热源强度加倍的羽流。孤立点热源的热分层高度可按 $\dfrac{2A}{H^2} = C^{\frac{3}{2}} \left(\dfrac{\xi^5}{1-\xi} \right)^{\frac{1}{2}}$ 计算。

如前所述，将 $\dfrac{\alpha_{\text{eff}}}{\alpha} = \dfrac{1}{\sqrt{2}}$、$\dfrac{C_{\text{eff}}}{C} = \left(\dfrac{\alpha_{\text{eff}}}{\alpha} \right)^{\frac{4}{3}}$ 代入式(3.144)：

$$\frac{A}{H^2} = C_{\text{eff}}^{\frac{3}{2}} \left(\frac{\xi^5}{1-\xi} \right)^{\frac{1}{2}} = \left[C \left(\frac{\alpha_{\text{eff}}}{\alpha} \right)^{\frac{4}{3}} \right]^{\frac{3}{2}} \left(\frac{\xi^5}{1-\xi} \right)^{\frac{1}{2}} = \frac{1}{2} C^{\frac{3}{2}} \left(\frac{\xi^5}{1-\xi} \right)^{\frac{1}{2}}$$

如果 x_0 较大时，则退化为孤立点热源，可按孤立点热源的热分层高度计算式 $\dfrac{A}{H^2} = C^{\frac{3}{2}} \left(\dfrac{\xi^5}{1-\xi} \right)^{\frac{1}{2}}$ 计算，且有

$$\frac{A}{H^2} = C_{\text{eff}}^{\frac{3}{2}} \left(\frac{\xi^5}{1-\xi} \right)^{\frac{1}{2}} = \left[C \left(\frac{\alpha_{\text{eff}}}{\alpha} \right)^{\frac{4}{3}} \right]^{\frac{3}{2}} \left(\frac{\xi^5}{1-\xi} \right)^{\frac{1}{2}} = C^{\frac{3}{2}} \left(\frac{\xi^5}{1-\xi} \right)^{\frac{1}{2}} \tag{3.146}$$

式(3.146)与孤立点热源的热分层高度计算式一致。

当单侧受限点热源房间热分层高度确定之后，房间排风温度和排风量也可以确定，其计算方法及变化规律均与 3.11.2 小节内容类似，此处不再赘述。

2. 单侧受限面热源及体热源羽流

按微积分思想，通风房间受限面热源、体热源的热分层流动可以基于虚拟极点修正法化为受限点热源的热分层流动问题。其虚拟极点位于实际热源下方 z_v 处，虚拟点热源羽流具有与实际热源相等的浮力通量。受限面热源、体热源及其镜像热源总热羽流体积流量可表示为

$$Q = 2C_{\text{eff}} B_0^{\frac{1}{3}} (z + z_\text{v})^{\frac{5}{3}} \tag{3.147}$$

其中，面热源 $z_\text{v} = 1.6d \sim 2.3d$，体热源 $z_\text{v} = 2.1(d + 2\delta)$。热分层高度为

$$\frac{A}{H^2} = C_{\text{eff}}^{\frac{3}{2}} \left[\frac{(\xi + z_\text{v}/H)^5}{1-\xi} \right]^{\frac{1}{2}} \tag{3.148}$$

受限面热源、体热源房间内，热分层高度不仅与房间上下通风口高度差、房间通风孔口当量有效面积、热源与壁面间距有关，还与虚拟极点距 z_v 有关。

进风温度与排风温度差为

$$\Delta t = t_\text{e} - t_0 = \frac{B_0^{\frac{2}{3}}}{g\beta C_{\text{eff}} (h + z_\text{v})^{\frac{5}{3}}} \tag{3.149}$$

热压驱动通风量计算公式同前，即

$$Q_\text{p} = A\sqrt{g'(H - h)} \tag{3.150}$$

当热源与侧壁间距大于受限阈值 x_T 时，羽流不再受壁面影响，热分层高度、排风温度和热压驱动通风量保持不变。x_T 由式(3.151)、式(3.152)计算：

$$\frac{A}{H^2} = C_{\text{eff}}^{\frac{3}{2}} \left(\frac{H_{\text{L1}}^5}{1 - H_{\text{L1}}} \right)^{\frac{1}{2}} \tag{3.151}$$

$$\frac{\alpha_{\text{eff}}}{\alpha} = \left(\frac{H_{\text{L1}} H \alpha}{x_\text{T}} \right)^{-\frac{5}{4}} \left(0.73 \frac{H_{\text{L1}} H \alpha}{x_\text{T}} - 0.082 \right)^{\frac{3}{4}} \tag{3.152}$$

式中，H_{L1} 为单侧受限热源房间的无量纲热分层高度下限值，可通过 $\dfrac{A}{H^2} =$

$C^{\frac{3}{2}}\left(\dfrac{H_{L1}^5}{1-H_{L1}}\right)^{\frac{1}{2}}$ 得到。以房间风口面积变化为 $0.5 \sim 10.0\mathrm{m}^2$ 为例，x_T 与 H 和 A 的关

系见图 3.65。

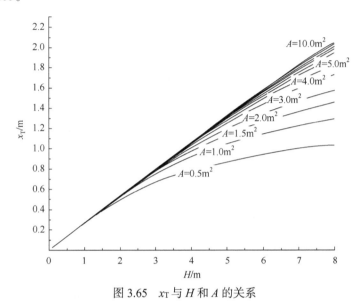

图 3.65　x_T 与 H 和 A 的关系

3. 墙角两侧受限热羽流

当热源位于墙角时，其羽流沿空间高度方向的扩展势必会同时受到两侧壁面的夹持，如图 3.66(a)所示。基于镜像原理，可将两侧壁面受限热羽流类似地等价为如图 3.66(b)的形式而不影响原模型羽流的流动本质[5, 93]，其中点热源与其镜像

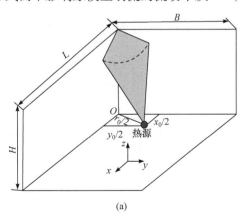

(a)

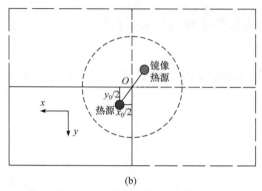

(b)

图 3.66　两侧受限热羽流流动

(a) 含有两侧受限热源通风房间示意图；(b) 基于镜像原理的两个同强度热源羽流叠加

点热源的距离为 r_0（与两侧壁面间距分别为 $x_0/2$、$y_0/2$，$r_0{}^2 = x_0{}^2 + y_0{}^2$）。在稳定状态下，羽流最终会形成上热下冷的分层流动，两侧受限热羽流房间的热分层高度可表示为

$$\frac{2A}{H^2} = C_{\text{eff}}^{\frac{3}{2}} \left(\frac{\xi^5}{1-\xi} \right)^{\frac{1}{2}} \tag{3.153}$$

$\alpha_{\text{eff}} / \alpha$ 可通过式(3.154)计算：

$$\frac{\alpha_{\text{eff}}}{\alpha} = \begin{cases} 1, & r_0 \geqslant \dfrac{\alpha h}{0.35} \\[2mm] \left(\dfrac{\alpha h}{r_0} \right)^{-\frac{5}{4}} \left(0.73 \dfrac{\alpha h}{r_0} - 0.082 \right)^{\frac{3}{4}}, & \dfrac{\alpha h}{0.44} \leqslant r_0 < \dfrac{\alpha h}{0.35} \\[2mm] \dfrac{1}{\sqrt{2}} \left(1 + \dfrac{0.12 r_0}{\alpha h} \right)^{\frac{5}{4}}, & r_0 < \dfrac{\alpha h}{0.44} \end{cases} \tag{3.154}$$

拐角受限热源阈值 r_T 可由式(3.155)、式(3.156)计算：

$$\frac{2A}{H^2} = C_{\text{eff}}^{\frac{3}{2}} \left(\frac{H_{\text{L2}}^5}{1-H_{\text{L2}}} \right)^{\frac{1}{2}} \tag{3.155}$$

$$\frac{\alpha_{\text{eff}}}{\alpha} = \left(\frac{H_{\text{L2}} H \alpha}{r_T} \right)^{-\frac{5}{4}} \left(0.73 \frac{H_{\text{L2}} H \alpha}{r_T} - 0.082 \right)^{\frac{3}{4}} \tag{3.156}$$

式中，H_{L2} 为房间热分层高度下限值，可通过 $\dfrac{2A}{H^2} = C^{\frac{3}{2}} \left(\dfrac{H_{\text{L2}}^5}{1-H_{\text{L2}}} \right)^{\frac{1}{2}}$ 计算。

3.13　离地热源热分层问题

离地热源在工业建筑和民用建筑中大量存在，如工业车间的各类工艺生产中的高架热力设备、办公室的照明灯具和数据中心机房散热设备等。这类热源因离地架空布置，形成的热羽流流动与地面热源有所区别，进而会影响室内热分层高度及通风效果。

离地散热设备可视为不同高度的孤立点源，其房间热分层流动达到稳定后的离地热源热分层高度计算式可表示为[94]

$$\frac{A}{H^2} = C^{3/2}\frac{(\xi - \xi_0)^{5/2}}{(1-\xi)^{1/2}} \tag{3.157}$$

式中，$\xi_0 = h_0 / H$，h_0 为热源距地面高度。当点热源位于地面时（$\xi_0 = 0$），式(3.157)可化为 $\frac{A}{H^2} = C^{3/2}\frac{\xi^{5/2}}{(1-\xi)^{1/2}}$，此即为孤立点热源的热分层高度计算式。

考察室内同一高度两个离地点源热羽流交汇形成的两区热分层流动工况，如图 3.67 所示。

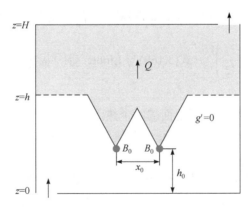

图 3.67　同一高度两个离地点源热羽流交汇形成的两区热分层流动

离地 h_0 处的两个点热源上部交汇羽流在热分层高度 $z = h$ 处的体积流量为

$$Q_0 = 2C\left(\frac{\alpha_{\text{eff}}}{\alpha}\right)^{\frac{4}{3}} B_0^{\frac{1}{3}}(h - h_0)^{\frac{5}{3}} \tag{3.158}$$

其中，

$$\frac{\alpha_{\mathrm{eff}}}{\alpha}=\begin{cases}1, & z^{*}\leqslant 0.35 \\[2mm] z^{*-\frac{5}{4}}(0.73z^{*}-0.082)^{\frac{3}{4}}, & 0.35<z^{*}\leqslant 0.44 \\[2mm] \dfrac{1}{\sqrt{2}}\left(1+\dfrac{0.12}{z^{*}}\right)^{\frac{5}{4}}, & z^{*}>0.44\end{cases} \tag{3.159}$$

式中，z^{*} 为无量纲高度，$z^{*}=\dfrac{\alpha(h-h_{0})}{x_{0}}$。

两股交汇热羽流的热分层高度计算式可表示为

$$\frac{A}{H^{2}}=2C^{\frac{3}{2}}\left(\frac{\alpha_{\mathrm{eff}}}{\alpha}\right)^{2}\left[\frac{(\xi-\xi_{0})^{5}}{1-\xi}\right]^{\frac{1}{2}} \tag{3.160}$$

下面考察热源间距为 0 及无限大时的两种特殊情况。第一种特殊情况，当两点热源重合且置于地板处时（$x_{0}=0$，$\xi_{0}=0$），$\dfrac{\alpha_{\mathrm{eff}}}{\alpha}=\dfrac{1}{\sqrt{2}}$，由式(3.160)可得[95]

$$\frac{A}{H^{2}}=C^{\frac{3}{2}}\left(\frac{\xi^{5}}{1-\xi}\right)^{\frac{1}{2}}$$

此时，热源可视为热强度加倍的孤立点热源。单点热源热分层高度只与通风口面积相关，$\dfrac{A}{H^{2}}=C^{\frac{3}{2}}\left(\dfrac{\xi^{5}}{1-\xi}\right)^{\frac{1}{2}}$。式(3.160)与 Linden 等[23]提出的孤立点热源热分层计算式一致。

第二种特殊情况，当位于地面的两个热源间距 $x_{0}>x_{\mathrm{T}}$ 时，退化为两个热源互不影响的孤立点热源。此时，每个点热源可视为占有 $A/2$ 的通风口面积，$\dfrac{A}{H^{2}}=2C^{\frac{3}{2}}\left(\dfrac{\xi^{5}}{1-\xi}\right)^{\frac{1}{2}}$。如前分析，热源间距 x_{0} 较大时，$\dfrac{\alpha_{\mathrm{eff}}}{\alpha}=1$，即

$$\frac{A}{H^{2}}=2C^{\frac{3}{2}}\left(\frac{\alpha_{\mathrm{eff}}}{\alpha}\right)^{2}\left[\frac{(\xi-\xi_{0})^{5}}{1-\xi}\right]^{\frac{1}{2}}=2C^{\frac{3}{2}}\left(\frac{\xi^{5}}{1-\xi}\right)^{\frac{1}{2}} \tag{3.161}$$

离地热源房间的通风量为

$$Q_{\mathrm{p}}=2C\left(\frac{\alpha_{\mathrm{eff}}}{\alpha}\right)^{\frac{4}{3}}B_{0}^{\frac{1}{3}}(h-h_{0})^{\frac{5}{3}} \tag{3.162}$$

前述章节已对热源间距 x_{0} 引起的热分层高度变化做了分析阐述，本小节只考

察热源高度 h_0 变化对热分层流动的影响。与单点热源工况[94]对热分层高度的影响类似，随着热源离地面高度的增加，热分层高度也随之增加。

　　本章所述的热浮力驱动通风，主要由建筑空间进、出风口的高差(如楼梯间、中庭、电梯井等)和室内外的温差共同作用形成。本章提出了点源热羽流、线源热羽流、面源热羽流、体源热羽流等运动特征，热分层高度的确定方法并分析了热源数量、离地高度的影响。热浮力驱动通风及第 2 章风压驱动的室内空气流动，均为建筑空间尺度下自然通风本质性理论问题。

　　然而，当空气流动过程中固体壁面边界条件变化时，其流动特性也随之变化，如通风空调输配管道系统中的工程流体力学问题。第 4 章将重点介绍变流通断面与管道中空气流动。

参 考 文 献

[1] 孙一坚, 沈恒根. 工业通风[M]. 北京: 中国建筑工业出版社, 2010.

[2] TURNER J S, BENTON E R. Buoyancy effects in fluids[J]. Physics Today, 1974, 27(3): 52-53.

[3] 余常昭. 环境流体力学导论[M]. 北京: 清华大学出版社, 1992.

[4] MORTON B R, TAYLOR G I, TURNER J S. Turbulent gravitational convection from maintained and instantaneous sources[J]. Proceedings of the Royal Society of London A: Mathematical, Physical and Engineering Sciences, 1956, 234: 1-23.

[5] 赵鸿佐. 室内热对流与通风[M]. 北京: 中国建筑工业出版社, 2010.

[6] POPIOLEK Z, MIERZWINSKI S. Buoyant plume calculation by means of the integral method[R]. Stockholm, Sweden: Department of Heating Ventilating, Royal Institute of Technology, 1984.

[7] 谢比列夫 И A. 室内气流空气动力学[M]. 周谟仁, 邢增辉, 曾树坤, 译. 北京: 建筑出版社, 1978.

[8] ROUSE H, YIH C S, HUMPHREYS H W. Gravitational convection from a buoyancy source[J]. Tellus, 1952, 4(3): 201-210.

[9] GEORGE W K, ALPERT R L, TAMANINI F. Turbulence measurements in an axisymmetric buoyant plume[J]. International Journal of Heat and Mass Transfer, 1977, 20(11): 1145-1154.

[10] KOFOED P, NIELSEN P V. Thermal plumes in ventilated rooms: Measurements in stratified surroundings and analysis by use of an extrapolation method[C]. ROOMVENT-1990 International Conference, Oslo, Norway, 1975: 1-20.

[11] SCHMIDT W. Turbalente ausbreitung eines stromes erhitzter luft[J]. ZAMM-Journal of Applied Mathematics and Mechanics, 1941, 21(5): 265-278.

[12] COOK M J, LOMAS K J. Buoyancy-driven displacement ventilation flows: Evaluation of two eddy viscosity turbulence models for prediction[J]. Building Services Engineering Research and Technology, 1998, 19(1): 15-21.

[13] ABDALLA I E, COOK M J, HUNT G R. Numerical study of thermal plume characteristics and entrainment in an enclosure with a point heat source[J]. Engineering Applications of Computational Fluid Mechanics, 2009, 3(4): 608-630.

[14] EZZAMEL A, SALIZZONI P, HUNT G R. Dynamical variability of axisymmetric buoyant plumes[J]. Journal of Fluid Mechanics, 2015, 765: 576-611.

[15] VAN REEUWIJK M, SALIZZONI P, HUNT G R, et al. Turbulent transport and entrainment in jets and plumes: A DNS study[J]. Physical Review Fluids, 2016, 1(7): 074301.

[16] 高小攀. 基于工业厂房相邻热源耦合热羽流特性的热压自然通风研究[D]. 西安: 西安建筑科技大学, 2018.

[17] 李安桂. 丝排及网状元件自然对流换热机理[D]. 西安: 西安交通大学, 1994.

[18] 李安桂, 吴业正. 丝排层流浮力尾流的相互影响机制[J]. 西安建筑科技大学学报(自然科学版), 1996, 28(3): 269-272.

[19] 李安桂. 大空间单列线热源累积浮力效应与换热区划分[J]. 西安建筑科技大学学报(自然科学版), 1997, 29(3): 284-287.

[20] PHAM M V, PLOURDE E, KIM S D. Unstable process identification in a pure thermal plume under forced rotating conditions[J]. Experimental Heat Transfer, 2011, 24(2): 151-167.

[21] AUBAN O, LEMOINE F, VALLETTE P, et al. Simulation by solutal convection of a thermal plume in a confined stratified environment: Application to displacement ventilation[J]. International Journal of Heat and Mass Transfer, 2001, 44(24): 4679-4691.

[22] BOUZINAOUI A, VALLETTE P, LEMOINE F, et al. Experimental study of thermal stratification in ventilated confined spaces[J]. International Journal of Heat and Mass Transfer, 2005, 48(19-20): 4121-4131.

[23] LINDEN P F, LANE-SERFF G F, SMEED D A. Emptying filling boxes: The fluid mechanics of natural ventilation[J]. Journal of Fluid Mechanics, 1990, 212: 309-335.

[24] KAYE N B, HUNT G R. The effect of floor heat source area on the induced airflow in a room[J]. Building and Environment, 2010, 45(4): 839-847.

[25] BOUZINAOUI A, DEVIENNE R, FONTAINE J R. An experimental study of the thermal plume developed above a finite cylindrical heat source to validate the point source model[J]. Experimental Thermal and Fluid Science, 2007, 31(7): 649-659.

[26] KAYE N B, HUNT G R. An experimental study of large area source turbulent plumes[J]. International Journal of Heat and Fluid Flow, 2009, 30(6): 1099-1105.

[27] KOSONEN R, KOSKELA H, SAARINEN P. Thermal plumes of kitchen appliances: Idle mode[J]. Energy and Buildings, 2006, 38(9): 1130-1139.

[28] TRZECIAKIEWICZ Z. An experimental analysis of the two-zone airflow pattern formed in a room with displacement ventilation[J]. International Journal of Ventilation, 2008, 7(3): 221-231.

[29] MIERZWINSKI S, POPIOLEK Z, TRZECIAKIEWICZ Z. Experiments on two-zone air flow forming in displacement ventilation[C]. Proceedings of ROOMVENT'96, 3, Yokohama, Japan, 1996: 339-346.

[30] LEWIS H E, FOSTER A R, MULLAN B J, et al. Aerodynamics of the human microenvironment[J]. The Lancet, 1969, 293(7609): 1273-1277.

[31] HOMMA H, YAKIYAMA M. Examination of free convection around occupant's body caused by its metabolic heat[J]. ASHRAE Transactions, 1988, 94(1): 104-124.

[32] CLARK R P, TOY N. Natural convection around the human head[J]. The Journal of Physiology, 1975, 244(2): 283-293.

[33] ZUKOWSKA D, POPIOLEK Z, MELIKOV A. Determination of the integral characteristics of an asymmetrical thermal plume from air speed/velocity and temperature measurements[J]. Experimental Thermal and Fluid Science, 2010, 34(8): 1205-1216.

[34] 谢庆森, 牛占文. 人体工程学[M]. 北京: 中国建筑工业出版社, 2005.

[35] GENA A W, VOELKER C, SETTLES G S. Qualitative and quantitative schlieren optical measurement of the human thermal plume[J]. Indoor Air, 2020, 30(4): 757-766.

[36] ZUKOWSKA D, MELIKOV A, POPIOLEK Z. Impact of personal factors and furniture arrangement on the thermal

plume above a sitting occupant[J]. Building and Environment, 2012, 49: 104-116.

[37] 中华人民共和国住房和城乡建设部, 中华人民共和国国家质量监督检验检疫总局. 建筑防烟排烟系统技术标准: GB 51251—2017[S]. 北京: 中国计划出版社, 2017.

[38] 李俊梅, 赵德朝, 李炎锋, 等. 阳台喷射羽流热动力特性的数值研究[J]. 北京工业大学学报, 2007, 33(12): 1278-1282.

[39] LEE S L, EMMONS H W. A study of natural convection above a line fire[J]. Journal of Fluid Mechanics, 2006, 11(3):353-368.

[40] HANSELL G O, MORGAN H P. Design approaches for smoke control in atrium buildings[R]. Garston, UK: Building Research Establishment, Fire Research Station, 1994.

[41] National Fire Protection Association (NFPA). Guide for smoke management systems in malls, atria, and large areas: NFPA 92B[S]. Quincy, USA: National Fire Protection Association, 2009.

[42] LAW M. A note on smoke plumes from fires in multi-level shopping malls[J]. Fire Safety Journal, 1986, 10(3): 197-202.

[43] THOMAS H P. On the upward movement of smoke and related shopping mall problems[J]. Fire Safety Journal, 1987, 12(3): 191-203.

[44] POREH M, MORGAN H P, MARSHALL N R, et al. Entrainment by two-dimensional spill plumes[J]. Fire Safety Journal, 1998, 30(1): 1-19.

[45] THOMAS P H, MORGAN H P, MARSHALL N. The spill plume in smoke control design[J]. Fire Safety Journal, 1998, 30(1): 21-46.

[46] 中国科学院水利电力部水利水电科学研究院河渠研究所. 异重流的研究和应用[M]. 北京: 水利电力出版社, 1959.

[47] GAO R, FANG Z, LI A G, et al. Estimation of building ventilation on the heat release rate of fire in a room[J]. Applied Thermal Engineering, 2017, 121(5): 1111-1116.

[48] XI Y, MAO J, BAI G, et al. Safe velocity of on-fire train running in the tunnel[J]. Tunnelling and Underground Space Technology, 2016, 60: 210-223.

[49] LI L, TANG F, DONG M, et al. Effect of ceiling extraction system on the smoke thermal stratification in the longitudinal ventilation tunnel[J]. Applied Thermal Engineering, 2016, 109: 312-317.

[50] ROH J S, RYOU H S, KIM D H, et al. Critical velocity and burning rate in pool fire during longitudinal ventilation[J]. Tunnelling and Underground Space Technology, 2007, 22(3): 262-271.

[51] BABRAUSKAS V. Estimating large pool fire burning rates[J]. Fire Technology, 1983, 19(4): 251-261.

[52] HAMINS A, KASHIWAGI T, BUCH R R. Characteristics of pool fire burning[J]. ASTM Special Technical Publication, 1996, 1284: 15-41.

[53] BLINOV V I, KHUDYAKOV G N. Diffusion Burning of Liquids[R]. NTIS No. AD296762, U.S. Army Translation, 1961.

[54] LEI J, DENG W, LIU Z, et al. Experimental study on burning rates of large-scale hydrocarbon pool fires under controlled wind conditions[J]. Fire Safety Journal, 2022, 127: 103517.

[55] LASSUS J, COURTY L, GARO J, et al. Ventilation effects in confined and mechanically ventilated fires[J]. International Journal of Thermal Sciences, 2014, 75: 87-94.

[56] 胡隆华, 彭伟, 杨瑞新. 隧道火灾动力学与防治技术基础[M]. 北京: 科学出版社, 2014.

[57] 纪杰, 钟委, 高子鹤. 狭长空间烟气流动特性及控制方法[M]. 北京: 科学出版社, 2015.

[58] LI A G, WU Y, MA J, et al. Experimental studies of mechanically exhausted smoke within the transport passage of the main transformer of an underground hydropower station[J]. Tunnelling and Underground Space Technology, 2013, 33: 111-118.

[59] EVERS E, WATERHOUSE A. A computer model for analysing smoke movement in buildings[R]. Garston, UK: Building Research Establishment, Fire Research Station, 1978.

[60] BAILEY J L, FORNEY G P, TATEM P A, et al. Development and validation of corridor flow submodel for CFAST[J]. Journal of Fire Protection Engineering, 2002, 12(3): 139-161.

[61] HU L, CHEN L, WU L, et al. An experimental investigation and correlation on buoyant gas temperature below ceiling in a slopping tunnel fire[J]. Applied Thermal Engineering, 2013, 51(s1-2): 246-254.

[62] LI A G, GAO X, REN T. Study on thermal pressure in a sloping underground tunnel under natural ventilation[J]. Energy and Buildings, 2017, 147: 200-209.

[63] TANG F, LI L, DONG M, et al. Characterization of buoyant flow stratification behaviors by Richardson (Froude) number in a tunnel fire with complex combination of longitudinal ventilation and ceiling extraction[J]. Applied Thermal Engineering, 2017, 110: 1021-1028.

[64] KASHEF A, YUAN Z, LEI B. Ceiling temperature distribution and smoke diffusion in tunnel fires with natural ventilation[J]. Fire Safety Journal, 2013, 62: 249-255.

[65] 巴图林 B B. 工业通风原理[M]. 刘永年, 译. 北京: 中国工业出版社, 1965.

[66] THOMAS P H. The movement of smoke in horizontal passages against air flow[J]. Fire Research Technical Paper, 1968, 7(1): 1-8.

[67] LI Y Z, INGASON H. Effect of cross section on critical velocity in longitudinally ventilated tunnel fires[J]. Fire Safety Journal, 2017, 91: 303-311.

[68] HU L, HUO R, CHOW W K. Studies on buoyancy-driven back-layering flow in tunnel fires[J]. Experimental Thermal and Fluid Science, 2008, 32(8): 1468-1483.

[69] CHOW W K, GAO Y, ZHAO J H, et al. Smoke movement in tilted tunnel fires with longitudinal ventilation[J]. Fire Safety Journal, 2015, 75: 14-22.

[70] 付强, 魏岗,关晖, 等. 高等流体力学[M]. 南京: 东南大学出版社, 2015.

[71] XING J, LIU Z, HUANG P, et al. Experimental and numerical study of the dispersion of carbon dioxide plume[J]. Journal of Hazardous Materials, 2013, 257: 40-48.

[72] MA Y, LI A G, CHE J, et al. Investigation of heavy gas dispersion characteristics in a static environment: Spatial distribution and volume flux prediction[J]. Building and Environment, 2023, 242: 110501.

[73] MIZUSHINA T, OGINO F, TAKEUCHI H, et al. An experimental study of vertical turbulent jet with negative buoyancy[J]. Wärme-und Stoffübertragung, 1982, 16(1): 15-21.

[74] TALLURU K, ARMFIELD S, WILLIAMSON N, et al. Turbulence structure of neutral and negatively buoyant jets[J]. Journal of Fluid Mechanics, 2021, 909: A14.

[75] BURRIDGE H C, HUNT G R. The rise heights of low- and high-Froude-number turbulent axisymmetric fountains[J]. Journal of Fluid Mechanics, 2012, 691: 392-416.

[76] MEHADDI R, VAUQUELIN O, CANDELIER F. Experimental non-Boussinesq fountains[J]. Journal of Fluid Mechanics, 2015, 784: R6.

[77] VAUX S, MEHADDI R, VAUQUELIN O, et al. Upward versus downward non-Boussinesq turbulent fountains[J]. Journal of Fluid Mechanics, 2019, 867: 374-391.

[78] VAN SOMMEREN D D J A, CAULFIELD C P, WOODS A W. Advection and buoyancy-induced turbulent mixing in a narrow vertical tank[J]. Journal of Fluid Mechanics, 2013, 724: 450-479.

[79] 中华人民共和国住房和城乡建设部, 中华人民共和国国家质量监督检验检疫总局. 20kV 及以下变电所设计规范: GB 50053—2013[S]. 北京: 中国计划出版社, 2013.

[80] 中华人民共和国住房和城乡建设部, 中华人民共和国国家质量监督检验检疫总局. 35kV～110kV 变电站设计规范: GB 50059—2011[S]. 北京: 中国计划出版社, 2011.

[81] 国家能源局. 发电厂供暖通风与空气调节设计规范: DL/T 5035—2016[S]. 北京: 中国计划出版社, 2016.

[82] HAN O, ZHANG Y, LI A G, et al. Experimental and numerical study on heavy gas contaminant dispersion and ventilation design for industrial buildings[J]. Sustainable Cities and Society, 2020, 55: 102016.

[83] FLYNN M R. Buoyancy and stratification in Boussinesq flow with applications to natural ventilation and intrusive gravity currents[D]. San Diego: University of California, 2006.

[84] YANG C Q, GAO T, LI A G, et al. Buoyancy-driven ventilation of an enclosure containing a convective area heat source[J]. International Journal of Thermal Sciences, 2021, 159: 106551.

[85] 官燕玲. 建筑物自然通风特性研究[D]. 西安: 西安建筑科技大学, 2012.

[86] 丁良士, 张亚庭, 张柏, 等. 地板采暖与天花采暖的舒适性实验研究[C]. 全国暖通空调制冷 2000 年学术年会, 南宁, 2000: 23-27.

[87] LI A G, GAO X, REN T. Study on thermal pressure in a sloping underground tunnel under natural ventilation[J]. Energy and Buildings, 2017, 147: 200-209.

[88] 李安桂, 郝彩侠, 张海平. 太阳能烟囱强化自然通风实验研究[J]. 太阳能学报, 2009, 30(4): 460-464.

[89] 高云飞, 赵立华, 李丽, 等. 外呼吸双层通风玻璃幕墙热工性能模拟分析[J]. 暖通空调, 2007, 37(1): 20-22, 115.

[90] KAYE N B, LINDEN P. Coalescing axisymmetric turbulent plumes[J]. Journal of Fluid Mechanics, 2004, 502: 41-63.

[91] CENEDESE C, LINDEN P F. Entrainment in two coalescing axisymmetric turbulent plumes[J]. Journal of Fluid Mechanics, 2014, 752: R2.

[92] SETTLES G S. Airflow visualization in a model greenhouse[C]. Proceedings of International Congress for Plastics in Agriculture, Hershey, USA, 2000: 1-6.

[93] 谢比列夫 И А. 自然通风计算新方法[J]. 给水卫生技术, 1962: 1.

[94] LIN Y J P, XU Z Y. Buoyancy-driven flows by a heat source at different levels[J]. International Journal of Heat and Mass Transfer, 2013, 58(1-2): 312-321.

[95] 杨长青. 基于不同热源组合与热分层高度的热压自然通风研究[D]. 西安: 西安建筑科技大学, 2018.

第4章 变流通断面与管道中空气流动

由于地理气候条件、地域传统、构造技术、建造方法、经济条件乃至宗教等因素差异，世界范围内的建筑类型非常丰富，除了满足实用功能之外，还衍生了走廊、隧道、楼梯井、穹顶等多种多样的空间形式。建筑立体空间是由面积大小不一的"孔洞"组成的三维连通域，其空间壁面(平面、曲面等)作为射流或者热对流流动的边界条件，存在独特的内部流体动力学及传热特性。室内空气的流动路径一般由门、窗、廊及其缝隙或孔洞，乃至通风空调输配管道系统等变流通断面组成。室内空气流动过程可以归纳为分流/汇流流动、变向流动、变截面流动等。这类流动的阻力特性-速度分布以及减少管道流动水头损失以降低风机能耗，都是本章将要分析介绍的主要内容。

4.1 汇　　流

通风空调工程技术中气流运动的基本问题之一是源流(送风口)和汇流(吸风口或回风口)空气运动问题。通风空调气流组织设计的出发点，是科学合理地布置送/回风口，使经过净化和热湿处理后的空气与室内空气混合、扩散、置换，从而使控制区内形成满足要求的温度、湿度、气流速度和洁净度，如民用建筑油烟机拢烟、工业车间通风、医院呼吸性传染隔离病房等需要应用通风排除污染物技术。因此，合理设计源流(送风口)和汇流(吸风口)，对室内通风气流组织至关重要(图4.1)。

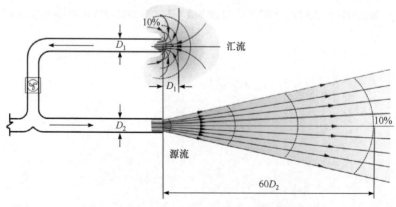

图 4.1　源流(送风口)与汇流(吸风口)及其流场

形成汇流的直接原因是大气压与吸风口平面因抽风装置所造成的真空度。在此压差的作用下,周围空气流向吸风口。尽管吸风口形式多样,如室内回风口、排风扇和局部排风罩等,但从其物理本质考虑,圆形吸风口和长宽比不大的矩形风口可简化为点汇流,长宽比较大的矩形风口或条缝形风口可简化为线汇流,下面介绍点汇流和线汇流。

点汇流或线汇流——空间气流集中流向极点或极线,在距离极点或极线相等距离处气流流速值相同(图 4.2)。单位时间吸入的空气体积作为汇流大小的量度,称为流量。汇流局限于抽气口附近不远的区域内,越接近气流中心,流速增大越迅速。考虑到吸风口阻力及能量损失,对于控制流速 u_c(控制点的吸入速度),点汇流吸风口的控制半径 r_c 可由式(4.1)计算:

$$r_c = k_c \sqrt{\frac{Q_c}{4\pi u_c}} \tag{4.1}$$

式中,Q_c 为吸风量,m^3/s;k_c 为能量损失修正系数。可以看出,任一点的流量与流速成正比,而流速与离开汇流点距离的平方成反比,因此吸风口流速衰减颇为迅速。

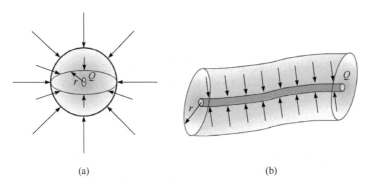

(a)   (b)

图 4.2 点汇流(a)和线汇流(b)

自由线汇流是空间气流集中向无限长线(可以是直线、折线或曲线)的汇集流动。若为直线汇流,吸气在周围空间形成了等流速的圆柱形表面(图 4.2(b))。线汇流吸风口的控制半径 r_c 可由式(4.2)计算:

$$r_c = k_l \frac{Q_c}{2\pi l u_c} \tag{4.2}$$

式中,l 为线汇长度,m;k_l 为能量损失修正系数。

4.1.1 遮挡效应

在通风工程技术中,常常由于室内墙壁遮挡等造成了吸风口气流运动变化。

吸风口周围的空气不仅沿轴线方向上汇向吸入，还会从其侧向甚至背面吸入，吸风口轴线上风速衰减较快。

图 4.3 为汇流吸风口周围空气流动受周围边壁的影响，周围空气流动方向与风速分布各不相同。风口轴线上距其 x 处的风速 u_x 与吸风口风速 u_0 关系可表示为[1]

$$\frac{u_x}{u_0} \propto k \left(\frac{d}{x}\right)^n \tag{4.3}$$

式中，d 为吸风口直径；k、n 为与吸风口相关的系数。以图 4.3 中三类吸风口为例，在 $x=d$ 处的风速 u_x 分别为 $6\%u_0$、$12\%u_0$、$24\%u_0$，说明吸风口处受到周围边壁限制时，风速衰减变缓。这启示在工程实践中，为保证以较高的排风风速驱除气载有害物，吸风口要尽可能靠近污染源，还可以设置有效围挡。此外，管道进口倒角，如圆角、棱角对气流运动及阻力损失也有影响。

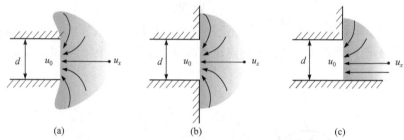

图 4.3　汇流吸风口周围空气流动受周围边壁的影响
(a) 自由吸风口；(b) 背靠壁面的吸风口；(c) 角落的吸风口

1. 自由吸风口

以四周无遮挡(如无法兰)的圆形自由吸风口为例，其速度分布如图 4.4 所示，等速面以吸风口流速的百分数表示。吸风口附近各处($x \leqslant 1.5d$)速度 u_x 为[1]

$$\frac{u_x}{u_0} = \frac{A}{10x^2 + A} \tag{4.4}$$

式中，x 为控制点至吸风口距离，m；A 为吸风口的面积，m²。

矩形吸风口长宽比 R 较大($R \geqslant 10$)可近似视为条缝形吸风口，周围流场是二维流场；若矩形吸风口的长宽比较小($R < 10$)，周围流场则是三维流场。对于 $R \geqslant 10$ 矩形吸风口[2]：

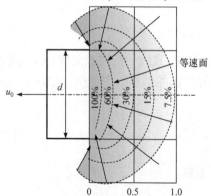

图 4.4　圆形自由吸风口速度分布
横坐标 x/d 为无量纲距离

$$u_x = \frac{1}{1 + 4\sqrt{(x/h)^3}} \qquad (4.5)$$

对于 $R<10$ 矩形吸风口[1]：

$$\frac{u_x}{u_0} = \frac{1}{1 + 10x^2(\sqrt{R}/A)} \qquad (4.6)$$

式中，h 为矩形吸风口宽度，m；A 为矩形吸风口面积，m^2。

不同 R 的矩形吸风口之外的风速也可由计算图等得出[1]。对于四周存在遮挡的矩形吸风口，其吸风量可以通过自由吸风口吸风量进行修正来确定。

2. 吸风口遮挡效应

有遮挡(如法兰边)吸风口附近各处($x \leqslant 1.5d$)的风速 u_x 由式(4.7)计算[1]：

$$\frac{u_x}{u_0} = \frac{4}{3}\left(\frac{A}{10x^2 + A}\right) \qquad (4.7)$$

对于常规遮挡二维条缝形吸风口，其周围速度场大约比无遮挡时高33%，距离进口 x 处的气流速度 u_x 为[3]

$$\frac{u_x}{u_0} = \frac{1.33}{1 + 4\sqrt{(x/h)^3}} \qquad (4.8)$$

类似地，对于 $R<10$ 且存在遮挡的矩形吸风口：

$$\frac{u_x}{u_0} = \frac{1.33}{1 + 10x^2(\sqrt{R}/A)} \qquad (4.9)$$

两相交面角落处的矩形吸风口速度分布为

$$\frac{u_x}{u_0} = \frac{2}{1 + 10x^2(\sqrt{R}/A)} \qquad (4.10)$$

4.1.2　锥形汇流

锥形吸风口周围流场与锥顶角相关，锥顶角越大，流场的不均匀性就越显著。锥形吸风口边缘处存在尾流区，见图 4.5。其中，δ 为尾流区宽度，B 为吸风口顶端的半宽度。尾流区的范围与锥顶角 α 有关，锥顶角越大，尾流区越大，抽吸效果(排除气载污染物)越差。图 4.6 给出了尾流区宽度 δ 与锥形吸风口边缘长度 b、锥顶角 α 的关系。随着 b 和 α 增大，δ 也会增大，吸风均匀性恶化。实际应用中，应根据工程技术需求科学设计锥形扩展吸风口的尺寸。

4.1.3　平面汇流

当点汇流或线汇流存在单面受限、两面受限、角落受限时，气流流动及排除

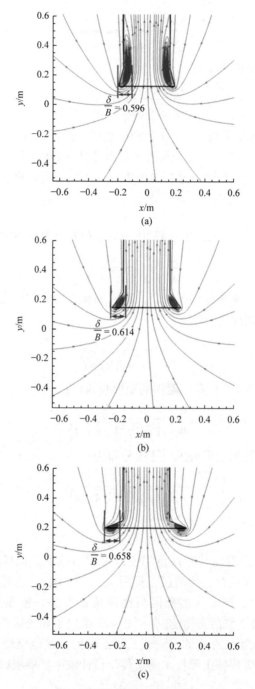

图 4.5 锥形吸风口周围流场

(a) $\alpha=30°$; (b) $\alpha=75°$; (c) $\alpha=135°$。 $2B=0.32\text{m}$, $b/B=0.8$, $u=5\text{m/s}$

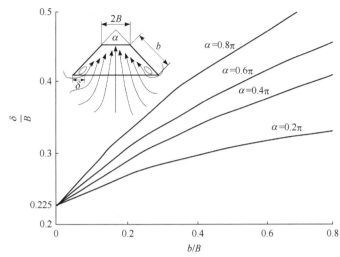

图 4.6　尾流区宽度 δ 与锥形吸风口边缘长度 b、锥顶角 α 的关系[4]

污染物效果会产生显著差异。工程技术中吸风口可根据需求安装在地板、天花板或侧墙上，与自由吸风流动相比，速度场可以延伸至更远的区域(即控制更大的污染区域半径)。可以通过修正系数 k_s、k_d、k_a 等表征由风口及相邻壁面存在的摩擦效应引起的能量损失。不同受限特征点汇流和线汇流平均风速和吸风量分别见表 4.1 及表 4.2。

表 4.1　不同受限特征点汇流平均风速和吸风量[4]

受限特征	点汇流位置	气流角 α	平均风速	吸风量 Q
单面受限		$\alpha = 2\pi$	$\dfrac{u_r}{u_0} = k_s \dfrac{r_0^2}{r^2}$	$Q = 2\pi r^2 u_r$
两面受限		$\alpha = \pi$	$\dfrac{u_r}{u_0} = k_d \dfrac{r_0^2}{r^2}$	$Q = \pi r^2 u_r$
角落受限		$\alpha = \pi/2$	$\dfrac{u_r}{u_0} = k_a \dfrac{r_0^2}{r^2}$	$Q = \dfrac{1}{2}\pi r^2 u_r$

表 4.2　不同受限特征线汇流平均风速和吸风量[4]

受限特征	线汇流位置	气流角 α	平均风速	吸风量 Q
直二面角外侧受限		$\alpha = 3\pi/2$	$\dfrac{u_\tau}{u_0} = k_s \dfrac{r_0}{r}$	$Q = \dfrac{3\pi}{2} r l u_\tau$
平面受限		$\alpha = \pi$	$\dfrac{u_\tau}{u_0} = k_d \dfrac{r_0}{r}$	$Q = \pi r l u_\tau$
直二面角内侧受限		$\alpha = \pi/2$	$\dfrac{u_\tau}{u_0} = k_a \dfrac{r_0}{r}$	$Q = \dfrac{1}{2} \pi r l u_\tau$

以平面侧部吸风口(图 4.7)为例,受限吸风口镜像为自由吸风口的一半,汇流平均风速为

$$\frac{u_x}{u_0} = \frac{A}{5x^2 + A} \tag{4.11}$$

受限吸风口吸风量为

$$Q = \left(5x^2 + A\right) u_x \tag{4.12}$$

式中,A 为吸风口的面积,m^2。式(4.12)适用于 $x < 2.4\sqrt{A}$。

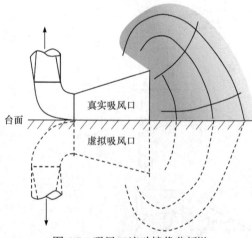

图 4.7　吸风口流动镜像分析[1]

自由悬挂吸风口、工作面侧吸风口、工作面条缝形吸风口等各种常用受限吸风口吸风量计算式见表 4.3。

表 4.3　常用受限吸风口吸风量计算式[4]

特征	吸风口型式	风口长宽比	吸风量计算式	速度流线
自由悬挂吸风口		≤5	$Q = \left(10x^2 + A\right)u_x$	
工作面侧吸风口		≤5	$Q = \left(5x^2 + A\right)u_x$	
工作面条缝形吸风口		>5	$Q = 2.8lxu_x$	

　　汇流或回风口在通风空调工程技术应用上还能以各种型式存在，如门的格栅、门下端缝隙，甚至多孔吊顶或走廊也可用以兼做回风口。不同受限条件、不同特征回风口设计计算时应注意吸风速度或面风速不同。

4.2　送风源流特性

　　源流的射流特性主要体现于空气分布器上，其流动特性一般可在规定的实验环境等温送风条件下确定。较吸(回)风口而言，空气分布器(送风口)对室内气流组织的影响尤为显著。本节将重点介绍源流送风口的速度场特性。

　　实际空气分布器型式多种多样，主要分为近射程射流和远射程射流两大类。从射流形状上看，将其概括分为以下几种类型：点状射流、线状射流、径向射流、锥形射流、旋转射流等[5]。以射流特性可分为如下几种类型：

(1) 三维特性送风口，如喷口、格栅、吹出型(旋流风口)等，还包括了送风口射流沿表面呈辐射状，如散流器、吸顶型(旋流风口)等。

(2) 二维特性送风口，如条缝形风口、条缝形散流器和条缝形格栅等。

1. 点状射流

对于圆形送风口或矩形送风口长宽比小于 5，可视为点状射流。对于圆管和喷嘴形成的近似点状射流，从出风口起即为轴对称流动，对于正方形或矩形，经过一定距离后也发展为轴对称流动。点状射流最大速度位于射流轴线上。

送风口出流的动力学特性可用湍流系数及射流扩散角表示。用湍流系数 a 来表示送风口断面速度分布的均匀性和起始湍流强度。出风口速度越不均匀，a 越大。归纳实验资料，对于轴对称射流的扩展角 α，满足 $\tan\alpha = 3.4a$。射流扩展角(又称极角)是指射流外边界与轴线方向的夹角。出风口断面紊乱扰动大的湍流系数 a 大，相应的射流扩展角 α 也较大。当 $u_m / \bar{u}$ 从 1%增大到 25%，a 可增大 8.5%。当 a 确定，射流边界层的外边界线也就随之确定。射流按其扩散角呈现扩散运动，这也是射流的几何特征之一(表 4.4)。

表 4.4　部分空气分布器湍流系数及射流扩展角[4]

风口型式	a	$\alpha/(°)$
收缩极好的喷口或喷嘴	0.07	12.60
圆管	0.08	14.50
扩散角为 8°~12°的扩散管	0.09	17.10
矩形短管	0.10	18.80
带可动导叶的喷口或带导流板的直角弯管	0.20	34.15
活动百叶风口	0.16	28.60
收缩极好的扁平喷口	0.11	20.20
平壁上带锐缘的条缝	0.12	21.90
圆边口带导叶的风管纵向缝	0.16	27.80
带有导流板的轴流式通风机出口	0.12	22.15
带金属网格的轴流风机出口	0.24	39.20

2. 线状射流

对于狭缝射流或 $R \geqslant 10$ 的矩形风口，可视为线状射流。线状射流可视为二维流动，当距风口足够远时，二维流动也可能会发展成三维轴对称流动。

3. 径向射流

对于带水平挡板的送风散流器，出口空气撞击到水平挡板上，迫使空气以90°转向，沿散流器径向运动。一般情况下，水平挡板直径是管道直径的两倍时，足以使射流完全转向90°。

4. 锥形射流

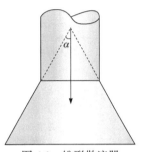

当需要射流的射程较小且覆盖区域较大时，可使用锥形散流器(又称扩展喷口型散流器)，见图 4.8。锥形散流器的扩张角 α 一般限制在 10°左右，较大的扩张角会导致射流不稳定，且有使射流从核心一侧脱离并与另一侧贴附的趋势。解决办法是在散流器和管道结合处加装挡芯(图 4.9(a))，或者加装锥形导叶[3](图 4.9(b))。

图 4.8 锥形散流器

Baturin[6]比较了二锥形导叶散流器和圆形喷口出流的速度衰减特性，对锥形射流轴线上，距喷口 10 倍直径处的风速为出口风速的 13%，而对于圆形喷口，其风速则为出口风速的57%，可见锥形散流器可实现较大风速衰减。锥形射流具有轴对称性，若 α 较小，空气流速矢量平行于锥形面，流出后不会改变流速方向。相对于喷口集中流，锥形送风气流具有更大的覆盖扩散半径。

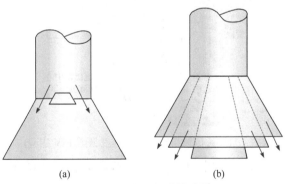

(a)   (b)

图 4.9 导流型锥形散流器
(a) 带挡芯的锥形散流器；(b) 带锥形导叶的锥形散流器

5. 旋转射流

旋流风口系依靠起旋器或导流叶片等部件，使轴向送出气流起旋产生旋转射流，流速矢量具有切向、径向及轴向速度分量(图 4.10～图 4.12)。对于图 4.10(b)旋流风口，旋流风口射流受到其导叶特性的影响，呈现出清晰的峰谷相间包络面，气流存在切向、轴向及径向运动。由于旋转射流出口中心处于涡流负压区，中心

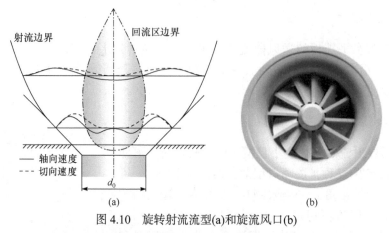

图 4.10　旋转射流流型(a)和旋流风口(b)

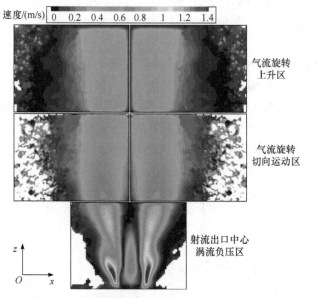

图 4.11　旋流风口空气运动速度云图(PIV 实验)

区气流呈现逆向向下运动，到达底部后又被卷吸入旋转射流中(图 4.13)。射流包络面附近的空气受到向上旋转的气流作用，不断地被卷入其中，射流断面沿垂直上升方向不断扩大(图 4.12 和图 4.13)，然后射流送至工作区，适用于地板送风或需要低风速的场景[7]。

6. 源流、汇流交互作用

房间的通风换气涉及源流、汇流交互作用问题。在全面通风换气时，汇流吸气口的布置会影响室内有组织换气；在局部通风时，源流、汇流的相对位置会直接影响到排除污染物效果。例如，气流会发生偏转或产生源流、汇流"短路"

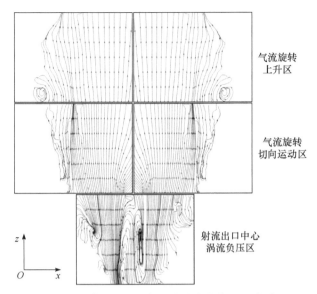

气流旋转
上升区

气流旋转
切向运动区

射流出口中心
涡流负压区

图 4.12　旋流风口空气运动速度流线(PIV 实验)

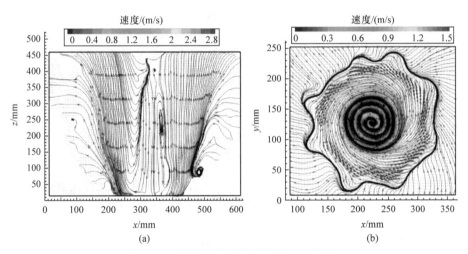

(a)　(b)

图 4.13　旋流风口空气运动流场(PIV 实验)
(a) 正视图；(b) 俯视图

等。因此，通风设计既要注意源流、汇流的位置，也要关注室内源流、汇流的风量平衡问题。

图 4.14 为源流、汇流之间气流的运动路径[8]，表现了源侧气流射出后受汇侧影响发生偏斜，并流向汇流吸风口的过程。在设计污染源排风时，需要计算污染源与汇流吸风口之间的极限控制距离及控制点轴线速度 u_c。

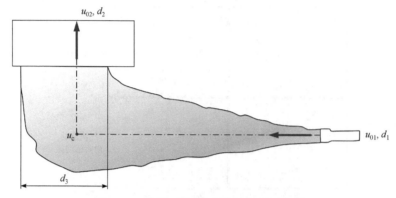

图 4.14 源流、汇流之间气流的运动路径

u_{01}-源流速度；d_1-源流出风口直径；u_{02}-汇流速度；d_2-汇流吸风口直径；u_c-控制点速度；d_3-汇流吸风口吸入气流的扩散宽度

7. 空气分布器关键设计参数

空气分布器一般是由相似的结构型式和几何模数所组成的不同规格的系列送风口，除了考虑其速度场及温度场以外，还需要关注以下关键设计参数。

(1) 几何特性：公称尺寸、长宽比、叶片比和净面积比(净面积与毛面积之比)。净面积为空气分布器气流出口处内缘轮廓线所围成的几何面积；毛面积为空气分布器出口处的所在开孔横截面积之总和。

(2) 空气扩散参数：送风速度、末端速度、空气流量和扩散宽度。

(3) 送风射程：射程、扩散宽度、流型包络面和下降距或上升距。对于非等温射流，还包括落差。对于可调流型的送风口，还应注意不同流型下的射流特性。

4.3 管道流动阻力及阻力系数

通风空调输配管道系统等变流通断面的空气流动特性与室内空间空气运动有较大区别。本节将分析管道构件的形状变化导致流场变化(分离流、二次流等)所产生的流动阻力损失。通风空调管道流动阻力主要涉及两种流动形态——层流和紊流，包括流体的运动形态、流体流经的固体壁面、管道物理特性与流动能量损失的关系。由流体黏性及管道形状变化等造成的能量损失在工程技术中常由阻力系数表征。

4.3.1 流态与水头损失

流体运动主要存在两种不同的情况，一种为流体质点呈有条不紊、互不掺混的层流运动形式；另一种是杂乱无章、互相掺混的流体质点运动。雷诺

(Reynolds)实验揭示了两种流动形态的本质差别，紊流状态下瞬时流速、压强等大小与方向随时间随机变化。根据雷诺实验结果，对于管流存在上临界雷诺数(Re =13800)和下临界雷诺数(Re =2320)。近年来的实验研究表明，通过仔细地减少管道入口处扰动，Re 可以在 100000 以上仍然保持层流[9]。由此看出，上临界雷诺数常随实验环境、流动的起始状态不同有所不同，稍受扰动，流态即发生改变。在工程应用中一般取管内流 Re =2000 判别流态的下临界雷诺数。对异形流道如同心、偏心、环缝、多边形通道及阀门等，下临界雷诺数可降低至 260～1100[10]。对于狭缝出流，$Re \geqslant 30$ 即为紊流。

层流和紊流两种基本流动状态对应着不同的能量损失。若 u 代表管道内平均流速，h_f 代表管道两断面之间水头损失，见 $\lg h_f$-$\lg u$ 关系曲线(图 4.15)。

(1) OA 段上 $u<u_A$，直线斜率为 1，层流区沿程水头损失与流速的一次方成比例。

(2) DE 段上 $u>u_D$，流动为紊流流态，直线斜率为 1.75～2.0，表明 h_f 与 $u^{1.75}$～u^2 成正比，其沿程水头损失也与 $u^{1.75}$～u^2 成比例。当到达充分发展紊流时，沿程水头损失与流速的平方成正比，即 $h_f = Ku^2$，也称之为阻力平方区。

(3) 在层流状态与紊流状态之间的区域($ABDC$ 区域)为过渡区，流动状态是不稳定的，取决于外界扰动及初始流态。

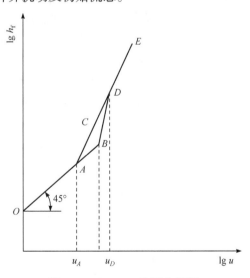

图 4.15　$\lg h_f$-$\lg u$ 关系曲线[11]

4.3.2　沿程阻力与局部阻力

分析管道中流场，确定流体输配工程中各种管件相应公式及阻力系数。从流体力学连续性方程、动量方程及能量方程出发[12]，分析流动阻力和水头损失问题：

$$\begin{cases} \nabla \cdot u = 0 \\ \dfrac{\mathrm{D}u}{\mathrm{D}t} = F_{\mathrm{b}} - \dfrac{1}{\rho} \nabla p + \nu \nabla^2 u \\ \rho c_p \dfrac{\mathrm{D}T}{\mathrm{D}t} = \nabla \cdot (k \nabla T) + \varPhi \end{cases} \tag{4.13}$$

式中，F_{b} 为体积力；p 为压强；ν 为运动黏度；k 为导热系数；$\varPhi$ 为不可压缩流动的耗散系数。对于通风空调工程技术实践中的管道流动问题，定解边界条件为无滑移条件。在忽略旋度前提下，考虑宏观时均运动，将兰姆方程简化为伯努利方程：

$$z_1 + \frac{p_1}{\rho g} + \frac{u_1^2}{2g} = z_2 + \frac{p_2}{\rho g} + \frac{u_2^2}{2g} + h_{\mathrm{w}} \tag{4.14}$$

式中，z_1、z_2 为流体流动过程中选定的两个断面相对于基准面的高程，m；p_1、p_2 为相应断面的压强，Pa；u_1、u_2 为相应断面的平均流速，m/s；h_{w} 为 1、2 断面间的水头损失，m。

实际流体具有黏性，运动时会产生摩擦，造成能量损失。摩擦阻力的作用一方面是维持连续的流场，另一方面是损失部分机械能使其转变成热能。对于紊流，在黏滞应力的基础上增加了因气体微团无规则掺混而产生的应力(紊流黏性)。产生阻力损失的本质是摩擦阻力做负功，导致机械能损失。

由于黏性流体内部产生摩擦阻力，阻碍流体的运动，这种阻碍在工程上称为水力摩阻。为便于分析和计算，依据产生能量损失的外在原因，分为沿程阻力(流体微团之间相对运动产生摩擦阻力所形成的流动阻力)和局部阻力(流体运动时因遇到局部障碍，如弯头、阀门、过流断面渐缩或渐扩等构件引起流体流动的显著变形，从而产生阻力)两大类。

管道中流体的全部能量损失 h_{w} 应等于各段沿程阻力 $\sum h_{\mathrm{f}}$ 与所有局部阻力 $\sum h_{\mathrm{j}}$ 之和，即

$$h_{\mathrm{w}} = \sum h_{\mathrm{f}} + \sum h_{\mathrm{j}} \tag{4.15}$$

沿程阻力可表示为

$$h_{\mathrm{f}} = \lambda \frac{l}{d} \frac{u^n}{2g} \tag{4.16}$$

若计算气体管道，可用压强损失表示其沿程损失，即沿程阻力 p_{f}，则式(4.16)可表示为

$$p_{\mathrm{f}} = \lambda \frac{l}{d} \frac{\rho u^n}{2} = \alpha u^n \tag{4.17}$$

式中，l 为管长；d 为管径；u 为断面平均流速；g 为重力加速度；ρ 为流体的密度；λ 为沿程阻力系数；n 为指数，取决于流体流动状态，一般取 $n=1\sim2$；$\alpha=\lambda\dfrac{l}{d}\dfrac{\rho}{2}$。在工程设计中，管道沿程阻力可表示为风速和其直径的函数。例如，对各种规格螺旋风管[13]，$p_f=0.01d^{-1.192}u^{1.875}$，此时 $n=1.875$，$\alpha=0.01d^{-1.192}$。

对于局部阻力的计算公式，一般建立在实验的基础上：

$$h_j=\zeta\frac{u^m}{2g} \tag{4.18}$$

对于气体流动，局部阻力通常用局部压强损失 p_j 来表示，则

$$p_j=\zeta\frac{\rho u^m}{2} \tag{4.19}$$

式中，ζ 为局部阻力系数；m 为由实验确定的系数，在通风工程设计中，常取 $m=2$。

在实际通风空调设计中，作为简化设计，可将局部阻力当量为沿程阻力来处理。

4.3.3　沿程阻力系数

实际管道及室内空间中湍流流动往往异常复杂，N-S 方程理论分析会遇到巨大的数学计算方面的困难，迄今尚难以得到解析解，在流体相关工程技术科学中可用实验方法归纳出沿程阻力的计算式。根据尼古拉兹实验曲线，沿程阻力区可分为层流区、过渡区、紊流区，紊流区又可分为紊流光滑区、紊流过渡区和紊流粗糙区，合计为五个沿程阻力区。

通过对粗糙管的实验测试，得到紊流光滑区的沿程阻力系数表达式：

$$\frac{1}{\sqrt{\lambda}}=2\lg\left(Re\sqrt{\lambda}\right)-0.8 \tag{4.20}$$

1911 年，德国的布拉休斯(Blasius)在研究了大量实验资料的基础上，提出了紊流光滑区沿程阻力系数 λ 的经验公式：

$$\lambda=\frac{0.3164}{Re^{0.25}} \tag{4.21}$$

该公式在适用于 $Re\leqslant10^5$ 范围，因形式简洁明了，得到广泛应用。

紊流粗糙区中 λ 只与相对粗糙度 k_s/d 有关，与 Re 无关。尼古拉兹提出了 λ 随 d/k_s 的变化关系：

$$\lambda=\frac{1}{\left[2\lg\dfrac{d}{2k_s}+1.74\right]^2} \tag{4.22}$$

根据达西(Darcy)公式，沿程水头损失 h_f 与流速 u 的平方成比例，因此紊流粗糙区又称为阻力平方区。

紊流粗糙区的沿程阻力系数公式还有希弗林松公式，其形式简单，在工程界广泛应用：

$$\lambda = 0.11\left(\frac{k_s}{d}\right)^{0.25} \tag{4.23}$$

对于紊流过渡区，λ 不仅与 Re 有关，也与 k_s/d 有关，可表示为

$$\frac{1}{\sqrt{\lambda}} = 1.74 - 2\lg\left(\frac{2k_s}{d} + \frac{18.7}{Re\sqrt{\lambda}}\right) \tag{4.24}$$

式(4.20)～式(4.24)形成了紊流沿程阻力系数分析计算的理论基础。

适用于紊流三个阻力区的综合式还有阿里特苏里公式，该式为科尔布鲁克公式的近似公式：

$$\lambda = 0.11\left(\frac{k_s}{d} + \frac{68}{Re}\right)^{0.25} \tag{4.25}$$

应当强调指出，相关规范、手册中沿程阻力系数常按常数整理，会存在较大误差，应注意鉴别。一些研究者给出了一般管道湍流过渡区沿程阻力系数的计算式，见表 4.5。对于螺旋风管沿程阻力通用算式参见文献[13]。

表 4.5　一般管道湍流过渡区沿程阻力系数的计算式(Re 为 $4\times10^3 \sim 4\times10^8$)

文献来源	沿程阻力系数 λ
陆耀庆[14-15]	$\frac{1}{\sqrt{\lambda}} = -2\lg\left(\frac{\varepsilon}{3.7D} + \frac{2.51}{Re\sqrt{\lambda}}\right)$
Wood[16]	$\lambda = 5500\left[1 + \left(5500\frac{\varepsilon}{D} + \frac{10^6}{Re}\right)^{1/3}\right]$
Goudar 等[17]	$\frac{1}{\sqrt{\lambda}} = 4\lg\left(Re\sqrt{\lambda}\right) - 0.4$
Round[18]	$\frac{1}{\sqrt{\lambda}} = -1.8\lg\left(0.135\frac{\varepsilon}{D} + \frac{6.5}{Re}\right)$
Swamee 等[19]	$\frac{1}{\sqrt{\lambda}} = -2\lg\left(\frac{\varepsilon/D}{3.7} + \frac{5.74}{Re^{0.9}}\right)$
Jain[20]	$\frac{1}{\sqrt{\lambda}} = 1.14 - 2\lg\left(\frac{\varepsilon}{D} + \frac{21.25}{Re^{0.9}}\right)$
Manadili[21]	$\frac{1}{\sqrt{\lambda}} = -2\lg\left(\frac{\varepsilon/D}{3.7} + \frac{95}{Re^{0.983}} - \frac{96.82}{Re}\right)$

续表

文献来源	沿程阻力系数 λ
Haaland[22]	$\dfrac{1}{\sqrt{\lambda}}=-1.8\lg\left[\left(\dfrac{\varepsilon}{3.7D}\right)^{1.11}+\dfrac{6.9}{Re}\right]$
罗继杰等[23]	$\dfrac{1}{\sqrt{\lambda}}=-2\lg\left(\dfrac{\varepsilon e^{0.007D}}{20.98D}+\dfrac{2.51}{Re\sqrt{\lambda}}\right)$
Brkić[24]	$\dfrac{1}{\sqrt{\lambda}}=-2\lg\left(\dfrac{\varepsilon}{3.7D}+\dfrac{2.8-5\lg\dfrac{\varepsilon}{D}}{Re\sqrt{\lambda}}\right)$

4.3.4　流动局部阻力及局部阻力系数

流动局部阻力取决于流道边壁改变产生急变流的流动结构，如管道的急剧转向、突然扩大或缩小、汇流或分流等。流道边壁的这些急剧变化会导致流动分离，使流场内部形成流速梯度较大的剪切层。在强剪切层内流动很不稳定，会不断产生旋涡，将流动时均能量转化成脉动能量，最终转化为热能而逸失。流动局部阻力的根源是固体边壁条件的局部突变，但是流体能量的散失过程会持续地在一定距离内发生。

局部阻力产生的原因概括为两大方面：

(1) 主流脱离边壁，形成旋涡区是产生局部阻力的主要原因。

(2) 流动方向改变，不仅造成主流与边壁分离，产生旋涡区，而且导致二次流现象的出现。

图 4.16 为分流直角三通流道急剧变化产生的流动分离。当流体流经旁支管时，流道边壁的急剧变化引起了流动分离，由于流动的连续性和不稳定性，会不断地在旁支管下游连接处产生流动涡旋，进而产生三通构件局部能量耗散。

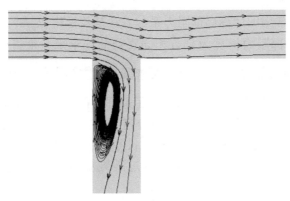

图 4.16　分流直角三通流道急剧变化产生的流动分离

工程技术中，习惯将局部阻力表示为式(4.18)形式，局部阻力系数的物理意义见图 4.17。由于局部阻力的大小与流态有关，局部阻力系数 ζ 除了与流道边壁的几何特征有关外，也取决于 Re 的大小。然而，实际工程管道中流动受到局部干扰后会较早地进入阻力平方区，作为简化计算，可认为在 $Re>10^5$ 的条件下，ζ 与 Re 无关。

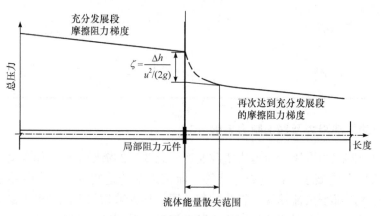

图 4.17　局部阻力系数的物理意义

计算局部阻力系数的方法有较多，下面阐述几种代表性方法。

1) 定阻力系数法

一些文献和手册给出了满足完全湍流条件下初步估算的 ζ [25-26]。然而，ζ (同沿程阻力系数 λ 一样)与 Re 有关，低 Re 范围下 ζ 大于阻力平方区的 ζ。一些通风空调工程设计中没有区分过渡区、阻力平方区等问题，导致文献和手册值与实际局部阻力系数存在较大差异。关于通风输配系统中超低阻力构件问题是正在研究解决的重大工程技术难题之一[27-31]。随着人工智能(AI)技术的发展，实现精细化设计与调控、降低输配系统流动阻力、实现节能减碳受到了越来越多的重视。

2) 长径比当量法

工程设计中常用的计算局部阻力系数方法是长径比 (L_e/D) 当量法[25-26]，即流体通过时的局部阻力折算为具有相同直径的若干米长度直管的局部阻力，$\zeta = 4f\dfrac{L_e}{D}$。各种局部构件的 L_e/D 值可查阅相关文献[25-26]，根据范宁摩擦因数 f 可确定局部阻力系数。这种方法考虑了局部构件几何尺寸影响，但没有反映出构件形状的改变导致流场微细观变化(分离流、二次流等)的影响。

综上所述，尽管输配系统局部构件形状各异，但本质问题是边壁形状改变导致的流场改变，所以减阻问题可转化为通过流动边界的科学变化进而形成平顺化流场的问题。

管道流动具有不同的流动状态、边界条件和流体物性，难以用达西公式统一表述各种管道流体流动阻力。在紊流光滑区及阻力平方区之间的 ζ 随 Re 变化，可表示为 $\zeta \propto u^m$，$m \in [-1, 0]$。

在通风空调常用风速范围内，Re(一般为 $5 \times 10^4 \sim 9 \times 10^5$)变化会显著影响管道阻力。以同形状、同尺寸的弯头($\theta = 90°$，R/D=1)为例，在该范围中其局部阻力系数为阻力平方区的 2.3~3.3 倍[13, 15]，同风机功率下送风量为设计值的 67%~75%，导致通风空调系统能耗显著增加。

4.4 管道阻力场及其示踪因子

自从 1883 年雷诺第一次发现在管道中的流动是层流还是紊流，与某特定的数相关——后来人们称之为雷诺数，管道阻力问题受到了广泛重视。随着时代的发展，管道构件减阻优化问题也演进了多种研究方法：正交实验法[32]、能量耗散函数分析法[33-34]、场协同分析法[35-37]、机器学习法[38-39]、流动拓扑优化法[40]及基于变分与梯度的形状优化方法[41-42]等。本节将重点介绍能量耗散函数分析法、场协同分析法及流动拓扑优化法。

4.4.1 管道流动阻力与协同角

本小节介绍由场协同得到管道局部构件低阻力场(低黏性耗散、小流场涡度)的方法。利用黏性耗散函数(耗散项)表征管道中流体内压力损失的大小。黏性耗散函数不仅受到流动速度和速度梯度的影响，其值还取决于它们之间的协同关系。可通过构建拉格朗日函数寻求黏性耗散函数的极值，可获得优化流场[43]。

对于不可压缩、定常流动流体，忽略质量力作用的运动微分方程无量纲化可得

$$Eu \cdot \nabla \overline{p} = Re^{-1} \nabla^2 \overline{u} - \overline{u} \cdot \nabla \overline{u} \tag{4.26}$$

式中，$\overline{u}$ 为无量纲速度($\overline{u} = u / U$)，u 为速度，U 为管内平均流速(特征流速)；$\overline{p}$ 为无量纲压力($\overline{p} = p / P$)，p 为压力，P 为出入口压力差(特征压力)；Eu 为欧拉数($Eu = P / (\rho U^2)$)；Re 为雷诺数($Re = \rho D U / \mu$)，D 为管径(特征尺寸)。

拉格朗日函数表示为

$$\Pi = \iiint\limits_{\Omega} [\Phi + B \nabla \cdot \rho u] \, \mathrm{d}V \tag{4.27}$$

式中，Φ 为黏性耗散函数(能量耗散函数)；B 为拉格朗日乘子。

$$\Phi = 2\mu \left[\left(\frac{\partial u}{\partial x} \right)^2 + \left(\frac{\partial v}{\partial y} \right)^2 + \left(\frac{\partial w}{\partial z} \right)^2 + \frac{1}{2} \left(\frac{\partial u}{\partial y} + \frac{\partial v}{\partial x} \right)^2 + \frac{1}{2} \left(\frac{\partial v}{\partial z} + \frac{\partial w}{\partial y} \right)^2 + \frac{1}{2} \left(\frac{\partial w}{\partial x} + \frac{\partial u}{\partial z} \right)^2 \right]$$
$$- \frac{2\mu}{3} \left(\frac{\partial u}{\partial x} + \frac{\partial v}{\partial y} + \frac{\partial w}{\partial z} \right)^2 \tag{4.28}$$

通风空调管道内空气为连续流动，则

$$\Phi=2\mu\left[\left(\frac{\partial u}{\partial x}\right)^2+\left(\frac{\partial v}{\partial y}\right)^2+\left(\frac{\partial w}{\partial z}\right)^2+\frac{1}{2}\left(\frac{\partial u}{\partial y}+\frac{\partial v}{\partial x}\right)^2+\frac{1}{2}\left(\frac{\partial v}{\partial z}+\frac{\partial w}{\partial y}\right)^2+\frac{1}{2}\left(\frac{\partial w}{\partial x}+\frac{\partial u}{\partial z}\right)^2\right]$$

(4.29)

式(4.27)对速度矢量 $\boldsymbol{u}$ 进行变分得

$$\mu\nabla^2\boldsymbol{u}+\frac{1}{2}\nabla B=0$$

(4.30)

式(4.27)对变量 B 变分，则

$$\nabla\cdot\rho\boldsymbol{u}=0$$

(4.31)

同时，管道中流体流动满足 N-S 方程：

$$\rho\boldsymbol{u}\cdot\nabla\boldsymbol{u}=-\nabla P+\mu\nabla^2\boldsymbol{u}+F$$

(4.32)

联立式(4.30)和式(4.32)，定义附加体积力 F，得

$$-\frac{1}{2}\nabla\left(\rho B\right)=\nabla P$$

(4.33)

$$F=\rho\boldsymbol{u}\cdot\nabla\boldsymbol{u}$$

(4.34)

联立式(4.32)和式(4.34)，得[43]

$$\rho\boldsymbol{u}\cdot\nabla\boldsymbol{u}=-\nabla P+\mu\nabla^2\boldsymbol{u}+\rho\boldsymbol{u}\cdot\nabla\boldsymbol{u}$$

(4.35)

式中，$\rho\boldsymbol{u}\cdot\nabla\boldsymbol{u}$ 为流体流动的对流项。将含有该附加体积力的 N-S 方程称为流体流动场协同减阻方程。图 4.18 为含有两条支路的气流管道流动模拟。优化前，大部分空气受惯性影响直接流入上部支路，少量气体则向下弯曲流入左侧支路。两个支路内空气流量不等，且左侧支路中存在较大的逆时针方向涡(图 4.18(b))，导致流体在整个流动区域内存在较大的能量耗散。运用流场协同优化后，在管道分岔处附近无明显涡流，流入上部支路与左侧支路的空气量基本相同(图 4.18(c))，流体流动的能量耗散和压降较小。

为了预测管道内流体压力损失或阻力分布，可基于场协同原理对流体流动进行分析。对于无体积力稳定流体流动过程，动量方程如下：

$$\rho\boldsymbol{u}\cdot\nabla\boldsymbol{u}=-\nabla P+\mu\nabla^2\boldsymbol{u}$$

(4.36)

矢量模方程表示为

$$|\boldsymbol{u}||-\nabla P|=\left|\rho\boldsymbol{u}\cdot\nabla\boldsymbol{u}-\mu\nabla^2\boldsymbol{u}\right||\boldsymbol{u}|$$

(4.37)

在整个域 Ω 上对式(4.37)积分，可得

$$\iiint\limits_{\Omega}|\boldsymbol{u}||-\nabla P|\,\mathrm{d}V=\iiint\limits_{\Omega}\left|\rho\boldsymbol{u}\cdot\nabla\boldsymbol{u}-\mu\nabla^2\boldsymbol{u}\right||\boldsymbol{u}|\,\mathrm{d}V$$

(4.38)

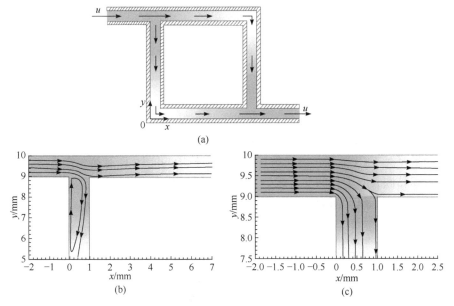

图 4.18 含有两条支路的气流管道流动模拟[43]

(a) 含有两条平行支路的通道; (b) 优化前左上角分岔处的流场; (c) 流场协同优化后左上角分岔处的流场

可以得到压力梯度与速度矢量的协同关系[43]:

$$\boldsymbol{u} \cdot (-\nabla P) = |\boldsymbol{u}| |{-}\nabla P| \cos \theta \tag{4.39}$$

$$\theta = \arccos \frac{\boldsymbol{u} \cdot (-\nabla P)}{|\boldsymbol{u}| |{-}\nabla P|} \tag{4.40}$$

对于整个流场，流体流动所消耗风机的能量可以用风机的能量消耗 E_c 来表示:

$$E_c = \iiint\limits_{\Omega} |\boldsymbol{u}| |{-}\nabla P| \, \mathrm{d}V \tag{4.41}$$

协同角在直角坐标系展开为

$$\theta = \arccos \left(\frac{u_x \cdot \left(-\dfrac{\partial p}{\partial x}\right) + u_y \cdot \left(-\dfrac{\partial p}{\partial y}\right) + u_z \cdot \left(-\dfrac{\partial p}{\partial z}\right)}{\sqrt{u_x{}^2 + u_y{}^2 + u_z{}^2} \sqrt{\left(-\dfrac{\partial p}{\partial x}\right)^2 + \left(-\dfrac{\partial p}{\partial y}\right)^2 + \left(-\dfrac{\partial p}{\partial z}\right)^2}} \right) \tag{4.42}$$

整场的平均协同角 $\bar{\theta}$ 为

$$\bar{\theta} = \frac{\iiint\limits_{\Omega} \theta \, \mathrm{d}V}{\iiint\limits_{\Omega} \mathrm{d}V} \tag{4.43}$$

在断面 Γ 的平均协同角 θ' 为

$$\theta'=\frac{\displaystyle\iint_{\Gamma}\theta\,\mathrm{d}S}{\displaystyle\iint_{\Gamma}\mathrm{d}S}\tag{4.44}$$

通过场协同分析，明晰了管道阻力场的分布，建立了构件流动阻力与协同角 θ 的内在联系(图 4.19)。发现压力梯度与速度矢量的协同角 θ 越小，流动阻力越小。如果 $U\cdot(-\nabla P)$ 不变，协同角 θ 越小，则整场的能耗 E_c 越小。当 E_c 减小时，惯性力和黏性力所消耗的功会减少。研究表明，减小速度矢量与压力梯度之间的协同角可以降低流动阻力。

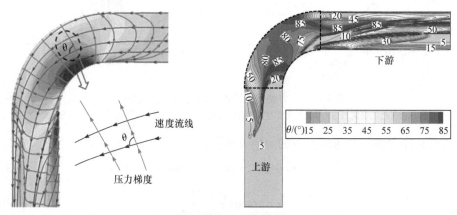

图 4.19　构件流动阻力与协同角 θ 的内在联系

4.4.2　表征管道阻力示踪因子的能量耗散函数分析法

本书作者对通风空调输配系统进行了长期研究，建立了以能量耗散函数表征管道流动阻力示踪因子的方法，以诊明构件的涡致阻力位点及分布，实现构件减阻的精准定位[27, 44]。阻力场表征流体系统内各点机械能不可逆地向内能转化量大小的空间集合。阻力场可由能量耗散函数(式(4.28))、协同角(式(4.42))、湍动能耗散率(式(4.45))等指标从不同角度来描述，实现了管道内流动阻力场的诊断"可视化"(图 4.20)。湍动能耗散率 ε 为

$$\varepsilon=C_{\mu}\frac{k^2}{\mu_{\mathrm{T}}}\tag{4.45}$$

式中，k 为湍流动能；C_{μ} 为经验系数；μ_{T} 为湍流黏度。

在物理意义上，能量耗散函数反映了流体输配管道中流场各点的机械能损失程度(耗散量越大，意味着机械能转化为内能越多，则管道出口剩余机械能越小)，

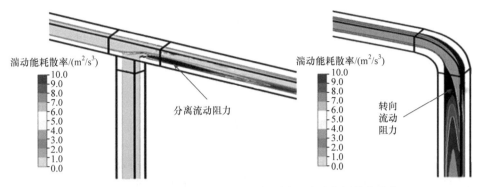

图 4.20　矩形管道 T 型及 90°弯头内流动的湍动能耗散率分布

协同角则反映了其压力梯度与速度矢量的协同程度，而湍动能耗散率则反映了流体输配管道中分子黏性作用下由湍流动能转化为分子热运动动能的速率。

图 4.20 给出了以湍动能耗散率作为场阻力示踪的例子。如前所述，某种程度上阻力问题实质可以看作气流涡旋作用下的能量耗散[45-46]，通过削减或抑制气流涡旋，可达到减阻降耗的目的。从能量方程出发，管段内各点涡旋引起的机械能总损失可用能量耗散函数的体积分表示[47]，能量耗散函数 Φ 本身可用于表征阻力场分布特性：

$$E = -\iiint_V \Phi \mathrm{d}x\mathrm{d}y\mathrm{d}z$$

$$= -\mu \iiint_V \left[\begin{array}{l} 2\left[\left(\dfrac{\partial u_x}{\partial x}\right)^2 + \left(\dfrac{\partial u_y}{\partial y}\right)^2 + \left(\dfrac{\partial u_z}{\partial z}\right)^2\right] \\ + \left(\dfrac{\partial u_z}{\partial x} + \dfrac{\partial u_x}{\partial z}\right)^2 + \left(\dfrac{\partial u_z}{\partial y} + \dfrac{\partial u_y}{\partial z}\right)^2 + \left(\dfrac{\partial u_x}{\partial y} + \dfrac{\partial u_y}{\partial x}\right)^2 \end{array} \right] \mathrm{d}x\mathrm{d}y\mathrm{d}z \quad (4.46)$$

式中，E 为管道内机械能总损失；Φ 为能量耗散函数；μ 为动力黏性系数；V 为管段积分边界条件。

能量耗散函数 Φ 是速度梯度 $\dfrac{\partial u_i}{\partial x_j}$ 的函数。普朗特(Prandtl)等认为，气流涡旋不参与主流运动，却以主流机械能为代价不停旋转，减小了轴向速度(或称主流速度)u_x，增大了径向速度 u_y、u_z，最终产生了局部阻力[48]。在耗散函数中体现为径向速度梯度增加和 Φ 增大。以矩形管道汇流及变向流动为例，能量耗散率分布见图 4.20。

对管道汇流而言，其能量耗散率在边界层和汇流处较大。因为边界层处速度梯度大从而黏滞阻力大，会产生较大的能量损失；汇流处主通道和支通道内流体强烈混合，产生剧烈的流体形变，也会导致能量损失。还可以看出，壁面附近、主流和支流汇合处能量耗散率分布状况(图 4.20)。通过对能量耗散函数的分析，可发现流动阻力"病因"部位所在，建立了以能量耗散函数表征关键构件阻力的管道减阻理论及方法。下面以气流通过弯头变向为例，阐述通过能量耗散函数、协同角等优化管道壁面边界条件，降低局部阻力的方法。

4.5　变向流动及减阻

流体输配工程技术中可采取改变壁面边界条件(如设置导流叶片、改变边壁形式等)影响流体流动的方法，减小能量耗散率或协同角，实现降低局部阻力。

广义上讲，空气流动若存在流动轴线偏离来流直线的流动过程，则可视为变向流动过程。以弯头为例，流体在变向流动时具有向外边壁离心运动的趋势(图 4.21)，外边壁的压强高于内边壁的压强，主流与二次流叠加形成螺旋式的变向流动。流体流过弯头后，会重新恢复至充分发展流速剖面，在这一速度梯度变化的流动过程中，必然伴随着较大的能量损失。变向流道只改变流速的方向，不改变平均流速大小。

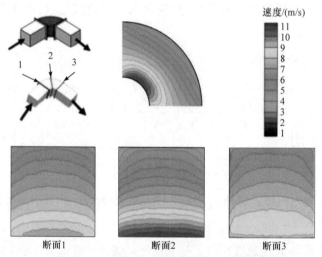

图 4.21　90°变向矩形流道的流体速度分布

如上所述，变向流动流道中能量耗散函数可以表征机械能向内能的不可逆转化的空间分布，反映了流体内部机械能变化对边界阻力的贡献程度。鉴于此，能量耗散函数可以作为流道内精确减阻诊治的特征指标。

1. 能量耗散函数分析法

以图 4.22 为例，流体流经弯头($A{\rightarrow}B$)时，在离心力作用下弯头外弧壁面近壁位置(C 处)静压增高，流速降低。同样，在离心力的作用下流经弯头下游 D 处流速减弱。与平直管道比较，弯头边界的改变导致了流体形变作用下的能量耗散，使出口 B 处机械能减小，这是弯头流动阻力产生的根本原因。

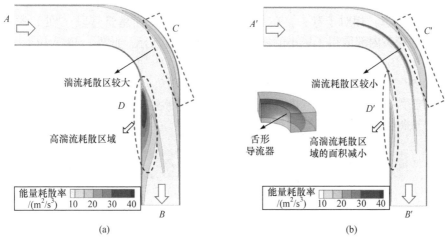

图 4.22　弯头设置导流器前(a)和设置导流器后(b)流场

　　设置舌形导流器后，改变了流动边界条件，相对于弯头的 C、D 位置(图 4.22(a))，弯头的 C'、D'位置处(图 4.22(b))的边界层分离范围或能量高耗散区显著减少。原因有两个方面，一方面是导流器表面边界层的存在改变了内部速度梯度；另一方面是导流器消减了惯性力形成的涡旋强度及作用范围，从而降低能量耗散。与设置导流器前的弯头比较，流体流经带导流器的新型弯头之后，内壁 D'处及外弧面 C'处的能量耗散率均显著降低，降低了流动阻力。此外，当空气流经带有舌形导流器的弯头时，速度变得较为均匀，弯头内弧面处涡流区明显减小，且外弧面附近静压也显著降低，如表 4.6 所示。

表 4.6　设置导流器前后弯头内风速及静压等

设置导流器前后	速度/(m/s)	静压/Pa	静压梯度/(Pa/m)
设置导流器前			
设置导流器后			

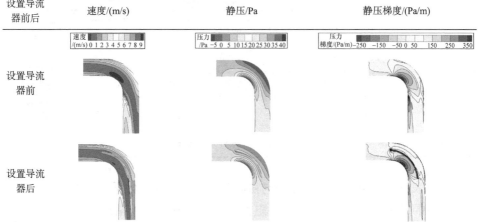

2. 场协同分析法

分析以压力梯度和速度矢量之间的协同角来表征弯头添加导流器前后的局部阻力变化状态。相对于弯头，在弯头出口处相接的下游弯管管段 C' 处，添加导流器后的弯头内部取得了更小的协同角，如图 4.23 所示。此外，与弯头($A \rightarrow B$)相比，弯头($A' \rightarrow B'$)下游管段 C' 的平均协同角降低了 2°～16°，且在远离弯头的下游区断面 5～10 处(对应图 4.23 中 D 和 D'区段)协同角差值越来越小(表 4.7)，其速度场和压力梯度场的协同程度均优于未设导流器弯头，这也与前述能量耗散函数分析方法得到的结果是一致的。

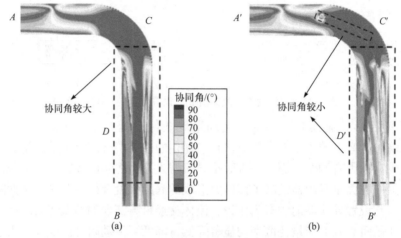

图 4.23　弯头添加导流器前(a)和添加导流器后(b)的协同角
弯头当量直径 $d \approx 280\text{mm}$

表 4.7　弯头下游区各管段断面协同角　　　　　　　　(单位：(°))

弯头类型	断面 1	断面 2	断面 3	断面 4	断面 5
不带导流器弯头	61.15	59.42	63.67	69.68	73.51
带导流器弯头	59.33	50.67	52.50	59.69	65.52
弯头类型	断面 6	断面 7	断面 8	断面 9	断面 10
不带导流器弯头	74.49	73.97	73.81	73.61	73.71
带导流器弯头	65.01	62.58	60.68	59.33	57.94

可以发现，降低管道流动阻力与协同角之间存在内在联系，压力梯度和速度矢量的协同角 $\bar{\theta}$ 越小，管道内流动阻力越小，实现减阻的精准定位。实际减阻

效果可以用测试局部阻力系数或压降方法来体现。通过全尺寸实验测量不同 Re 下弯头局部阻力系数，结果见图 4.24。实验表明，不同 Re 下(通风空调常用风速所在 Re 为 $5\times10^4\sim2.0\times10^5$)，新型优化弯头的局部阻力系数($0.16\sim0.18$)均显著低于优化前的弯头($0.21\sim0.23$)，降低了 $22\%\sim24\%$ 的阻力。

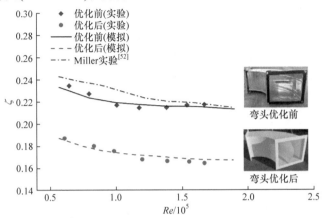

图 4.24 全尺寸实验测量不同 Re 下弯头局部阻力系数

3. 拓扑优化方法

在通风空调输配管道减阻优化过程中，除了前述的形状优化方法，还可以用拓扑优化方法来实现通风空调管道的减阻降耗。拓扑优化对所优化问题的几何结构没有特定要求，只需预先定义好设计区域和边界条件。流体拓扑优化通过演变设计参数，使流动区域的形状和拓扑重新布置，在特定约束下实现特定的低阻流动目标。拓扑优化不仅能够同时实现结构的尺寸形状设计和优化拓扑，而且对设计者的经验和已有设计的依赖性低，有助于获得创新性的结构设计。

在将拓扑优化方法应用至通风空调管道的设计中，考虑到流动中存在分离流、二次流、旋流等复杂流动，以 RNG k-ε 湍流模型为例，对固体区域施加 k-ε 湍流模型的特殊条件，使固体区域的流动速度、湍动能 k_0 和湍动能耗散率 ε_0 为 0，变密度拓扑优化方法中的流动可由带有达西阻力项的 k-ε 湍流模型描述[49]，其控制方程如下：

$$\rho(\boldsymbol{u}\cdot\nabla)\boldsymbol{u} = \nabla\cdot[-p\boldsymbol{I}+(\mu+\mu_{\mathrm{T}})(\nabla\boldsymbol{u}+\nabla\boldsymbol{u}^{\mathrm{T}})+\alpha(\gamma)\boldsymbol{u} \tag{4.47}$$

$$\nabla\cdot(\rho\boldsymbol{u})=0 \tag{4.48}$$

$$\rho(\boldsymbol{u}\cdot\nabla)k = \nabla\cdot\left[\left(\mu+\frac{\mu_{\mathrm{T}}}{\rho_{\mathrm{k}}}\right)\nabla k\right]+P_{\mathrm{k}}-\rho\varepsilon-\alpha^{k}(\gamma)\,(k-k_0) \tag{4.49}$$

$$\rho(\boldsymbol{u}\cdot\nabla)\varepsilon = \nabla\cdot\left[\left(\mu+\frac{\mu_{\mathrm{T}}}{\rho_{\varepsilon}}\right)\nabla\varepsilon\right]+C_{1\varepsilon}\frac{\varepsilon}{k}P_{\mathrm{k}}-C_{2\varepsilon}\rho\frac{\varepsilon^{2}}{k}-\alpha^{\varepsilon}(\gamma)(\varepsilon-\varepsilon_0) \tag{4.50}$$

$$0 \leqslant \gamma \leqslant 1, \quad \alpha = \alpha_{\min} + (\alpha_{\max} - \alpha_{\min})\frac{q(1-\gamma)}{q+\gamma} \tag{4.51}$$

$$\alpha^k = \alpha^k{}_{\min} + (\alpha^k{}_{\max} - \alpha^k{}_{\min})\frac{q_k(1-\gamma)}{q_k+\gamma}, \alpha^\varepsilon = \alpha^\varepsilon{}_{\min} + (\alpha^\varepsilon{}_{\max} - \alpha^\varepsilon{}_{\min})\frac{q_\varepsilon(1-\gamma)}{q_\varepsilon+\gamma} \tag{4.52}$$

式中，γ 为设计变量，取值范围 0~1，0 和 1 分别对应于人工固体边界域和流体域；$\alpha_{\min}$ 和 $\alpha_{\max}$ 分别为 $\alpha(\gamma)$ 的最小值和最大值，$\alpha_{\min}$ 一般取 0，$\alpha_{\max}$ 取值越大代表固相材料中的黏滞力越大，即固体渗透率越小。为了达到减阻的目的，优化目标通常为能量耗散率或压降最小化，对于通风空调管道优化设计问题可建立完整的拓扑优化问题如下：

$$
\begin{aligned}
&\min \qquad J(\gamma, \boldsymbol{u})\\
&\text{subject to} \quad \int_{\Omega_D} \gamma \mathrm{d}\Omega \leqslant \theta \cdot V_0\\
&\qquad\qquad\quad 0 \leqslant \gamma \leqslant 1
\end{aligned}
\tag{4.53}
$$

式中，V_0 为设计区域的体积，$V_0 = \int_{\Omega_D} 1\,\mathrm{d}\Omega$；$\theta$ 为流体的体积约束，$\theta \in (0,1]$。

以 90°通风弯管为例，通风管道拓扑优化设计流程如图 4.25 所示。优化的目标为流动能量耗散最小化，优化结果如图 4.25(c)所示。其中，管道内部为流体域，除此之外的外部区代表固体域，管道外壁为固体域与流体域的边界。通过拓扑优化获得的结果，在后处理环境中进行片体模型处理，如清理、修复、光顺、调整等，可转换为 CAD 实体几何模型，为下一步生产制造(特别是智能制造)奠定理论设计依据。

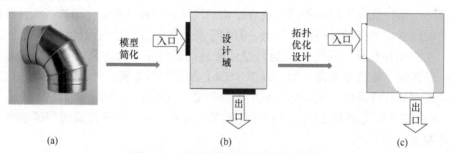

图 4.25　通风管道拓扑优化设计流程
(a) 弯管初始结构；(b) 拓扑优化设计域；(c) 拓扑优化结果

4.6　分流、汇流流道减阻

分流流动和汇流流动是工程常见的多支路管道变截面流动形式之一。

汇流过程中，两股或多股不同速度的流体微团发生碰撞(动量交换)，高流速流体微团以速度平方量级关系将一部分动能传递给低流速流体，交换过程中带来压力损失，动能较大者流束一般起主导作用。

流体从支流进入主流一般要经过转向过程，流体会在内壁处分离，并形成旋涡，引起局部阻力损失的增加，如图 4.26(a)所示。此外，流体转向时因流体在内壁分离形成涡旋也会产生水头损失。

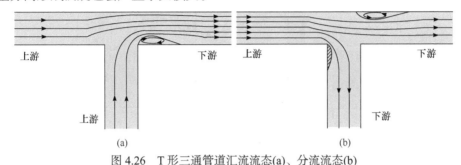

图 4.26 T 形三通管道汇流流态(a)、分流流态(b)

1. 优化固体边壁减阻

以图 4.26(b)为例，无论在 T 形支管中还是在直管道中，分流都会导致流线局部先收缩后扩散现象。形成阻力损失的主要因素：①截面变化产生流速变化；②分流/汇流作用导致流向变化；③分流/汇流管壁产生新的边界层，并形成相应的速度梯度及管道壁面切应力变化。

以平面三通及凸面三通 Y 形分流流动为例，通过能量耗散函数方法来改变固体边界的弧面形式消减或控制涡旋的强度及作用范围，并减小 Y 形分流流道内能量耗散率，以降低局部阻力(图 4.27 和图 4.28)。基于流道内能量耗散率分布分析，得出圆弧边壁弧线的无量纲弦高 $\overline{h}$ ：

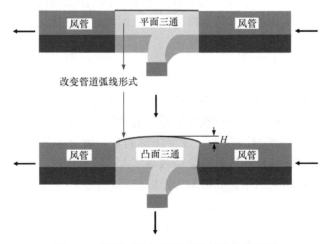

图 4.27 平面三通与凸面三通 Y 形分流流道

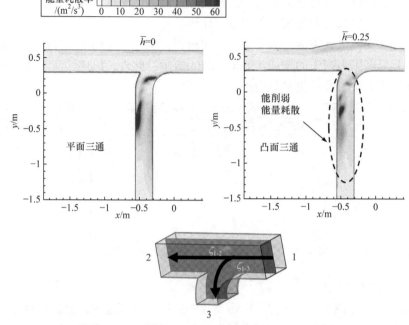

图 4.28　Y 形分流三通流动能量耗散率与边壁优化

$$\overline{h} = H / D \tag{4.54}$$

式中，$\overline{h}$ 为边壁圆弧线的无量纲弦高；H 为弧线弦高，m；D 为流道的直径(对于矩形管道为当量直径)，m。

以弦高 $\overline{h}$ =0(平面三通)与 $\overline{h}$ =0.25(凸面三通)两种情况为例(图 4.28)，凸面三通管道支管下游的能量耗散率显著降低，单位体积的能量耗散率及能量耗散区域均变小。通过优化设计边壁可有效削弱流体在两个流向的能量耗散率。运用能量耗散控制方法，可给出不同管道规格及流速范围内的边壁优化设计方法，实现不同宽高比、流量比分流流道的减阻优化。

2. 设置导流器

类似地，可以采取设置导流器改变固壁边界条件，降低分流三通内的湍流能量耗散率，如图4.29所示。在设置导流器后的分流三通中，直管段边界层变薄，单位体积的能量耗散率显著降低。值得注意的是，设置导流器引入了新的边界层，也会因新增的固体壁面导致能量耗散率增大，综合比较，如果仍小于原能量耗散率时，其总能量耗散率及局部阻力仍然是降低的。

3. 汇流流道减阻

凹面三通及平面三通汇流流道如图4.30所示。

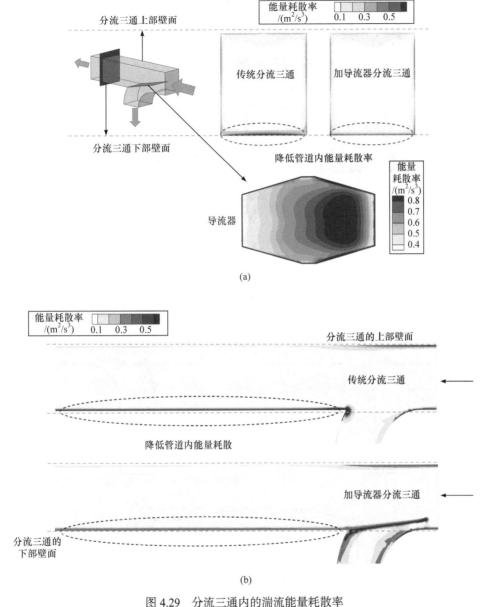

图 4.29　分流三通内的湍流能量耗散率
(a) 横剖面；(b) 纵剖面

　　以凹面三通汇流为例，其阻力主要为两股流体碰撞及黏性流体发生湍流边界层分离的共同作用所致。凹面边界会减少流通断面面积，增加断面流速及改变速度梯度，导致能量耗散率中积分项增加，但同时凹面边界的能量耗散作用区域体积减小，降低了总能量耗散率(式(4.46))，如图 4.31 所示。如果合理设计凹面边

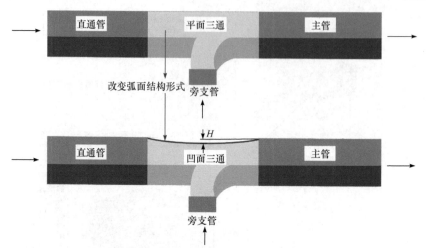

图 4.30　凹面三通及平面三通汇流流道

壁函数，将使凹面三通汇流能量耗散率及流动局部阻力显著减少，见图 4.32。

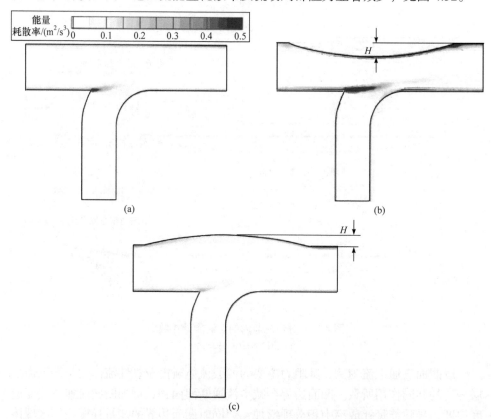

图 4.31　凹面三通、凸面三通及平面三通汇流的能量耗散率

(a) 平面三通，$\bar{h}=0$ ；(b) 凹面三通，$\bar{h}=-0.38$ ；(c) 凸面三通，$\bar{h}=0.31$

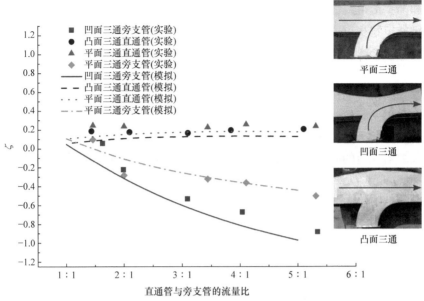

图 4.32　凹面三通、凸面三通、平面三通汇流减阻效果

4.7　收缩器及扩散器内流体流动

渐缩及渐扩变径流动作为变流通断面流动的一类常见形式，广泛应用于通风空调送回风系统乃至能源动力工程中。流体通过变流通断面管路时，其流速及压力分布将发生显著变化，将导致壁面边界层失稳甚至被破坏，在变断面处会存在回流、漩涡等。

运动流体的惯性致使流体流动界面改变时其运动速度不能即时"突变"，使流层间切应力增大，流体强烈紊动，产生较大的能量损失。图 4.33 给出了渐缩

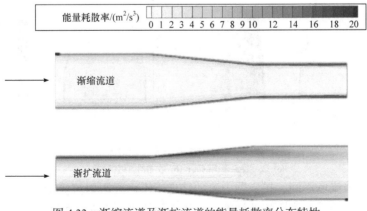

图 4.33　渐缩流道及渐扩流道的能量耗散率分布特性

流道和渐扩流道的能量耗散率分布特性。近固体壁面区能量耗散率较大，而中间处能量耗散较小，能量损失主要发生于变径后及管道壁面处。

4.7.1 边壁条件

基于渐扩流动、渐缩流动原理设计的扩散器、收缩器，在建筑通风、动力、能源、化工工程等领域应用广泛，其边壁形状条件或几何结构深刻地影响内部流速分布及阻力大小。图 4.34 展示了以能量耗散率表征阻力示踪因子的方法，给出了收缩器流道的阻力空间分布区。以收缩器为例，渐缩变径区域的能量耗散率分布如图 4.34 所示[28]。可以看出，优化后的能量耗散区显著减小，能量耗散强度明显降低(降低了 14%～25%)。图 4.35 给出了优化前后收缩器减阻效果对比，其局部阻力系数较优化前降低了 28%～30%。

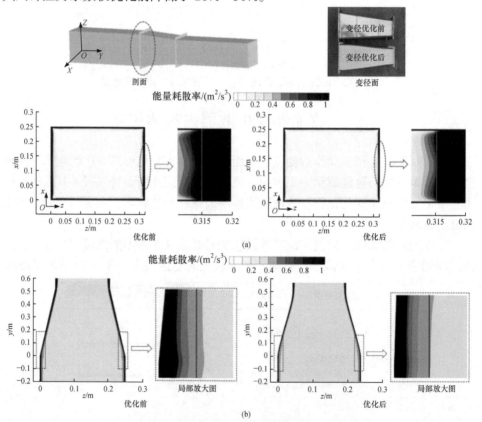

图 4.34　收缩器流道内的能量耗散率分布

(a) 收缩器流道横剖面；(b) 收缩器流道纵剖面

与收缩器流场不同，扩散器内流动趋近于室内受限射流流动。扩散器中气流随着沿轴向流动及断面面积的增加，气流与壁面产生分离，增大了速度梯度和能

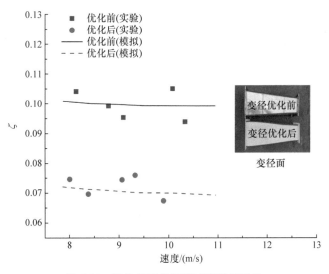

图 4.35　优化前后收缩器减阻效果对比

量耗散率。流体在扩散器(扩散段)中流动特性与进口流动条件、边壁几何结构有关。对长度一定的扩散器,当扩散角超过某一值时(如 $\alpha>14°$),继续增大扩散角,导致了流体从边壁面上加速分离,使能量耗散率显著增加。扩散器减阻与收缩器减阻方法类似,但其优化边界壁面结构形式不同。文献[28]对扩散器流道进行了减阻优化设计,入口流体速度为 3～13m/s 时,其减阻率达 22%～53%;在通风空调工程中常用的流体速度范围内(3～6m/s),减阻率超过40%,见图 4.36。

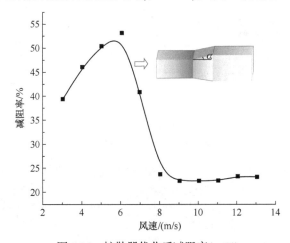

图 4.36　扩散器优化后减阻率($\alpha=9°$)

4.7.2　扩散角及收缩角

为减小两侧分离流动及阻力乃至噪声,寻求合适的扩散角是收缩器、扩散器减阻优化的关键要素之一。如图 4.37 所示，定义扩散角 θ 为收缩器、扩散器斜边与来流入口平面的夹角。对于收缩器，$0° \leqslant \theta < 90°$；对于扩散器，则 $0° < \theta \leqslant 180°$。

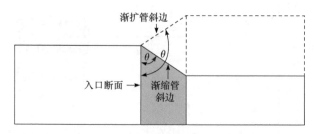

图 4.37 收缩器或扩散器的扩散角

改变收缩器或扩散器的 θ，可影响其内部流场的均匀性，从宏观上则体现为局部阻力系数 ζ 与 θ 的关系。随着收缩器 θ 增大，流体因惯性碰撞在上下游产生的负压区域逐渐减小(图 4.38)。当 θ 增大到 60° 之后，由收缩器长度增加造成的沿程阻力增加，已经大于消减涡旋降低的局部阻力，因此通过改变扩散角所产生的减阻效果微乎其微。此外，随着扩散器入口 θ 的增大，扩散器负压涡旋区随 θ 增大。以 135° 为分水岭，在此之前涡旋强度虽有增长，但增长速度和趋势较平缓，此角度之后涡旋区急剧增大(图 4.39)。因此，低阻力收缩器、扩散器流动的优化设计扩散角，分别推荐取 60° 和 130°，见图 4.40。

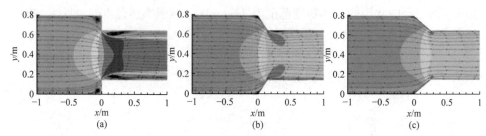

图 4.38 收缩器流动速度分布

(a) $\theta=0°$；(b) $\theta=45°$；(c) $\theta=60°$

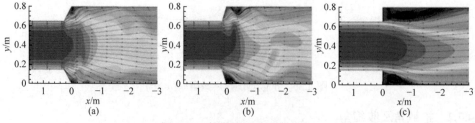

图 4.39 扩散器流动速度分布

(a) $\theta=120°$；(b) $\theta=135°$；(c) $\theta=180°$

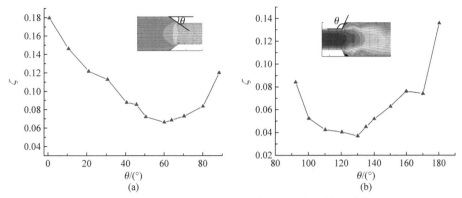

图 4.40　θ 对收缩器及扩散器流动局部阻力系数的影响
(a) 渐缩流动；(b) 渐扩流动

　　扩散器或收缩器在通风空调工程中还可能以各种几何结构型式存在，如圆形断面与矩形管道连接的"天圆地方"衔接段(图 4.41)等。扩散器或收缩器减阻优化设计应注意其两者内部流场变化及能量耗散区位置的不同。通过合理设计扩散角及"两器"的几何参数，如 l_0、l_α、l_1 和 D_0(或 $a_1 \times b_1$)及 D_1 等，可显著降低其阻力。

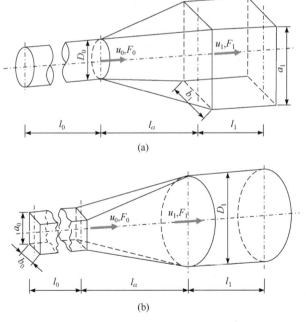

图 4.41　圆形与矩形管道之间的扩散器
(a) 圆形断面与矩形管道连接；(b) 矩形断面与圆形管道连接

4.8　静压箱/均流器的设计原理

通风空调系统静压箱/均流器内的流动是另一种典型的变截面空气流动。静压箱/均流器几乎是通风空调系统必备通风装置，它既可用来稳定气流压力或改变流体方向，又便于设备与风管系统连接，可分为中空式和带导流器式。在实际的通风空调系统中，可采用静压箱作为连接构件，代替方变圆、圆变方、变径、直角拐弯、多管交汇等复杂连接件，不仅减少了阻力和噪声，还降低了施工难度。

通风静压箱/均流器内部空气流动可视为突扩与突缩流动的组合。当静压箱所连接的进/出风管流向改变时，其又兼有变向流动的特点。当空气流入静压箱，由于气流断面面积瞬时显著增大，气流流速降低，动压转化为静压。在主流动量惯性作用下，进入静压箱内部的气流继续向前运动，会撞击箱体端部壁面，产生部分回流、流动分离、漩涡等运动，导致能量损失(图 4.42)[50]。

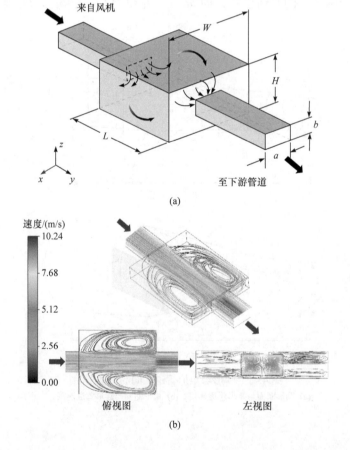

(a)

(b)

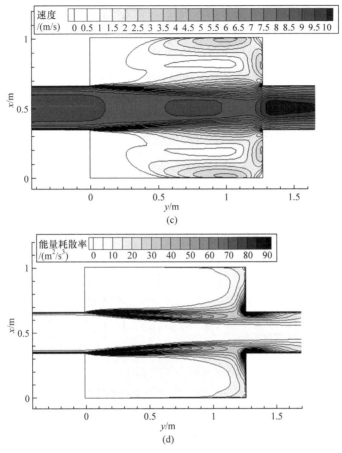

图 4.42 中空式通风静压箱内空气流动

(a) 几何结构；(b) 速度流线；(c) 速度分布(z=0.5H)；(d) 能量耗散率分布(z=0.5H)

1. 静压箱/均流器宽高比

在矩形风管(边长比为 a/b)条件下，通过能量耗散率模拟分析，优化得到静压箱宽高比 W/H。当静压箱迎风截面平均流动速度 u_{ch} 为 0.5～1m/s，W/H 可取下限；当 1m/s<u_{ch}≤3m/s 时，随 W/H 增大，局部阻力系数 ζ 和出口湍流强度 I 逐渐减少，采用分段函数来表述优化后的静压箱[51]：

$$W/H = 1:1 \sim 5:1 \tag{4.55}$$

值得注意的是，静压箱设计既要评估其各支路出口流动分布均匀性及阻力性能，又要考虑建筑室内通风系统静压箱尺寸与空间的可行性。

2. 静压箱/均流器长度

单通道静压箱内气流流动可视为有限空间内的受限射流扩散。相应地，静压箱内射流分为自由扩散段、受限扩散段及收缩段三个阶段。其射流发展主要取决于静压箱的断面几何尺寸，并与箱体长度及内部空间构造形式密切相关。

在工程设计中，应结合建筑空间约束条件，确定静压箱合适的长度。以长度为 5d(d 为当量直径)的静压箱为例，各截面中心线速度 u 的分布见图 4.43[51]。比较 W/H=1：1 和 5：1 两种静压箱，沿其长度方向的截面速度分布均呈现中间高两侧低的趋势。当 L≥3d 时，除箱体近壁区处存在回流以外，其余各截面速度分布高度重合，具有相似性，近似符合高斯分布。

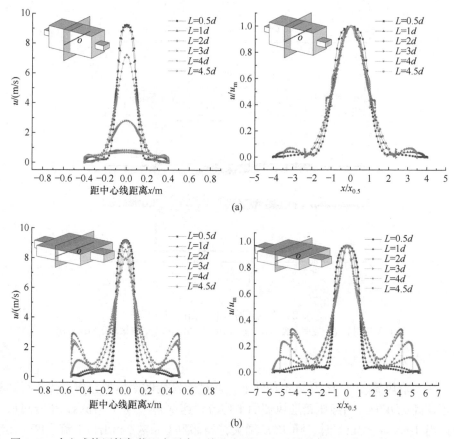

图 4.43　中空式静压箱各截面水平中心线速度(进、出口管道断面 a×b=200mm×200mm)
(a) W/H=1：1，u_{ch}=0.5m/s；(b) W/H=5：1，u_{ch}=1.5m/s

本章所述的变截面管道内流动与前三章介绍的大空间气流流动，其流动本质均为建筑室内受限空间尺度 $10^{-2}\sim10^{2}$m 的湍流流动(如管道内流动、普通建筑房间通风到大型飞机库、大型水电站的空气运动)。这些固体壁面边界及初始流动条件的不同，导致了其流动特性不同。

本章分析了通风空调工程中常见输配系统构件的工程流体力学问题，以通风源/汇，以及弯头、三通管道、扩散器和收缩器等为例，以通风空调输配管道系统工程应用背景，建立了场协同分析法、能量耗散函数分析法确定管道阻力场分布，给出了表征阻力示踪因子的方法，以此可以诊明构件的涡致阻力位点及分布，实现流动减阻的精准定位。

此外，多年来本书作者带领团队提出了一套优化设计固体壁面边界条件降低通风空调输配系统流动阻力的设计方法，并研发了设计计算软件系统，在地铁工程、能源站及冶金行业工业通风除尘系统等得到了越来越多的应用，此处不再赘述。

参 考 文 献

[1] 孙一坚, 沈恒根. 工业通风[M]. 北京: 中国建筑工业出版社, 2010.

[2] ALDEN J L, KANE J M. Design of Industrial Ventilation Systems[M]. New York: Industrial Press, 1982.

[3] 奥比 H B. 建筑通风[M]. 李先庭, 赵斌, 邵晓亮, 等, 译. 北京: 机械工业出版社, 2011.

[4] OLANDER L, CONROY L, KULMALA I, et al. Local ventilation[M]//GOODFELLOW H D, TÄHTI E. Industrial Ventilation Design Guidebook. Salt Lake City UT: Academic Press, 2001.

[5] ZHIVOV A, SKISTAD H K, MUNDT E, et al. Principles of air and contaminant movement inside and around buildings[M]// GOODFELLOW H D, KOSONEN R. Industrial Ventilation Design Guidebook. 2nd ed. Salt Lake City UT: Academic Press.

[6] BATURIN V V. Fundamentals of Industrial Ventilation[M]. Oxford: Pergamon Press Ltd., Headington Hill Hall, 1972.

[7] LI A G, YANG C Q, REN T, et al. PIV experiment and evaluation of air flow performance of swirl diffuser mounted on the floor[J]. Energy and Buildings, 2017, 156: 58-69.

[8] 巴图林 B B. 工业通风原理[M]. 刘永年, 译. 北京: 中国工业出版社, 1965.

[9] AVILA M, BARKLEY D, HOF B. Transition to turbulence in pipe flow[J]. Annual Review of Fluid Mechanics, 2023, 55: 575-602.

[10] 刘振侠. 流体力学基础[M]. 北京: 科学出版社, 2022.

[11] 陈长植. 工程流体力学[M]. 武汉: 华中科技大学出版社, 2008.

[12] 陈卓如, 王洪杰, 刘全忠, 等. 工程流体力学[M]. 3 版. 北京: 高等教育出版社, 2013.

[13] 中国建筑标准设计研究院. 螺旋风管沿程阻力计算选用表[M]. 北京: 中国标准出版社, 2023.

[14] 陆耀庆. 实用供热空调设计手册 上[M]. 2 版. 北京: 中国建筑工业出版社, 2008.

[15] 陆耀庆. 实用供热空调设计手册 下[M]. 2 版. 北京: 中国建筑工业出版社, 2008.

[16] WOOD D J. An explicit friction factor relationship[J]. Civil Engineering, 1966, 36: 60-61.

[17] GOUDAR C, SONNAD J. Explicit friction factor correlations for turbulent fluid flow in noncircular ducts and polymeric fluids[J]. Hydrocarbon processing, 2009, 88(5): 75-79.

[18] ROUND G F. An explicit approximation for the friction factor-Reynolds number relation for rough and smooth pipes[J]. The Canadian Journal of Chemical Engineering, 1980, 58(1): 122-123.

[19] SWAMEE P K, JAIN A K. Explicit equations for pipe-flow problems[J]. Journal of the Hydraulics Division, 1976, 102(5): 657-664.

[20] JAIN A K. Accurate explicit equation for friction factor[J]. Journal of Hydraulic Engineering, 1976, 102(5): 674-677.

[21] MANADILI G. Replace implicit equations with signomial, functions[J]. Chemical Engineering, 1997, 104(8): 129-

132.

[22] HAALAND S E. Simple and explicit formulas for the friction factor in turbulent pipe flow[J]. Journal of Fluids Engineering, 1983, 105(1): 242-243.

[23] 罗继杰, 胡松涛. 《通风管道沿程阻力计算选用表》数据测试及分析[J]. 暖通空调, 2010, 40(2): 10-12, 32.

[24] BRKIĆ D. A note on explicit approximations to Colebrook's friction factor in rough pipes under highly turbulent cases[J]. International Journal of Heat and Mass Transfer, 2016, 93: 513-515.

[25] 谭天恩, 麦本熙, 丁惠华. 化工原理 上[M]. 北京: 化学工业出版社, 1984.

[26] 谭天恩, 麦本熙, 丁惠华. 化工原理 下[M]. 北京: 化学工业出版社, 1984.

[27] GAO R, LIU K, LI A, et al. Study of the shape optimization of a tee guide vane in a ventilation and air-conditioning duct[J]. Building and Environment, 2018, 132: 345-356.

[28] 王萌. 基于河流泥沙堆积原理的低阻力通风空调管道变径减阻研究[D]. 西安: 西安建筑科技大学, 2021.

[29] 李涛. 通风管道局部构件阻力系数的实验和数值模拟研究[D]. 西安: 西安建筑科技大学, 2005.

[30] 李涛, 李安桂. 通风管道 90° 弯管 Z 型组合局部阻力相邻影响系数的实验与数值模拟[J]. 流体机械, 2006, 34(8): 9-14.

[31] 李涛, 李安桂. 90° 弯管阻力系数的实验与数值模拟研究[J]. 山东建筑大学学报, 2007, 22(2): 126-130.

[32] LIU B, GAO R, DU X, et al. Study on a check valve for airducts with a nonmobile guide vane based on a random forest model[J]. Building and environment, 2022, 219: 109243.

[33] GAO R, ZHANG H, LI A G, et al. A novel low-resistance duct tee emulating a river course[J]. Building and Environment, 2018, 144: 295-304.

[34] GAO R , LIU K , LI A G , et al. Biomimetic duct tee for reducing the local resistance of a ventilation and air-conditioning system[J]. Building and Environment, 2017, 129: 130-141.

[35] 何雅玲, 雷勇刚, 田丽亭, 等. 高效低阻强化换热技术的三场协同性探讨[J]. 工程热物理学报, 2009(11): 1904-1906.

[36] 陶文铨, 何雅玲, 等. 对流换热及其强化的理论与实验研究最新进展[M]. 北京: 高等教育出版社, 2005.

[37] JING R, ZHENG Q, LI A G,et al. Study on resistance reduction in a jugular profiled bend based on entropy increase analysis and the field synergy principle[J]. Building and Environment, 2021, 203: 108102.

[38] LIU M, GAO R, JING R, et al. A high-efficiency circle diffuser with low resistance and high jet length[J]. Energy and Buildings, 2023, 296: 113399.

[39] LIU M, GAO R, TIAN Y, et al. Normalized evaluation index of jet length and resistance for square diffuser shape optimization[J]. Journal of Building Engineering, 2023, 77: 107423.

[40] TIAN Y, GAO R, LIU M, et al. Low-resistance local components design method based on topology optimization: A case study of a duct tee[J]. Building and Environment, 2023, 244: 110823.

[41] JING R, GAO R, LIU M, et al. A variable gradient descent shape optimization method for transition tee resistance reduction[J]. Building and Environment, 2023, 244: 110735.

[42] JING R, GAO R, ZHANG Z, et al. An anti-channeling flue tee with cycloidal guide vanes based on variational calculus[J]. Building and Environment, 2021, 205: 108271.

[43] 陈群, 任建勋, 过增元. 流体流动场协同原理及其在减阻中的应用[J]. 科学通报, 2008, 53(4): 489-492.

[44] GAO R, LI H M, LI A G, et al. Applicability study of a deflector in ventilation and air conditioning duct tees based on an analysis of energy dissipation[J]. Journal of Wind Engineering and Industrial Aerodynamics, 2019, 184: 256-264.

[45] 董志勇, 须清华. 复合弯管阻力规律研究[J]. 浙江工业大学学报, 2002, 30(5): 429-432.

[46] 董志勇. 弯头(弯管)阻力系数比较与流动特性分析[C]. 第五届全国水动力学学术会议暨第十五届全国水动力学研讨会, 北京, 2001: 76-82.

[47] 章梓雄, 董曾南. 粘性流体力学[M]. 北京: 清华大学出版社, 1998.

[48] 张涵信, 中国人民解放军总装备部军事训练教材编辑工作委员会. 分离流与旋涡运动的结构分析[M]. 北京: 国防工业出版社, 2002.

[49] YOON G H. Topology optimization method with finite elements based on the *k-ε* turbulence model[J]. Computer Methods in Applied Mechanics and Engineering, 2020, 361: 112784.

[50] ZHANG W, LI A G, GAO R, et al. Visualization experiment and flow homogenization optimization of the multi-path plenum chamber system using a perforated plate[J]. Building and Environment, 2023, 233: 110081.

[51] ZHANG W, LI A G, ZHOU M, et al. Flow characteristics and structural parametric optimisation design of rectangular plenum chambers for HVAC systems[J]. Energy and Buildings, 2021, 246: 111112.

[52] MILLER D S. Internal Flow System[M]. Surrey: The Gresham Press, 1990.

第5章 室内通风效果预测

5.1 阿基米德数及其表达式

第1章中重点论述了动量控制型通风射流流动的主体段速度分布规律。动量控制型射流(射流主导型如混合通风)通风方式是借助紊流混合机制使空气参数实现均匀化。与之相对，热力控制型(热对流主导型如置换通风，还有质对流主导型等，本章未涉及)通风方式则系顺应了热羽流向上浮升力运动的特点形成热力稳定的分层结构，降低了下部区域或工作区域得热率，提高能量利用效率。后者更加依赖于对流热量、送风温差及房间的几何边界条件。

首先分析动量控制型室内送风气流运动。室内气流运动满足 N-S 方程，然而由于边界条件和初始条件的多样性，其气流运动流型、轨迹、温度及浓度等参数场目前尚难以用解析法求解。因此，结合实验结果，利用相似与量纲理论来解决工程技术问题成为有效的理论工具(关于量纲分析理论已出版了若干专著[1-2])。以流动及换热特征量构成的准则数解决了实验中测量哪些量的问题，避免了测量盲目性。通过准则关联式，得出反映现象变化规律的设计计算式。下面根据通风工程中涉及的边界条件及初始条件阐述室内送风气流运动的阿基米德数 Ar 及其若干表达式。

Ar 表征浮升力与机械通风射流惯性力之间的关系[3]。对于非等温空气射流，Ar 将射流出口速度与送风温差或对流散热量统一于此准则数中。由冷热射流的对流散热量、送风温差、壁温乃至受限房间的几何参数等，描述通风射流特性的 Ar 常用表达式为

$$Ar = \frac{g d_0 (t_0 - t_n)}{u_0^2 t_n} = \frac{g \beta d_0 (t_0 - t_n)}{u_0^2} \tag{5.1}$$

式中，t_0 为送风口射流温度，K；t_n 为室内环境温度，K；u_0 为特征速度(可根据通风方式而变，如送风口射流速度或取垂直于射流断面的平均速度)，m/s；d_0 为定性尺寸，可取为风口当量直径(对由下向上的垂直送风为房间高度 H)，m；β 为空气温度膨胀系数，$\beta = 1/t_n$。

对于室内气流的浮升力运动，在高度 h_z 处的空气微团单元体速度为

$$u_t^2 = g h_z \frac{\Delta t}{t_0} \tag{5.2}$$

阿基米德数 Ar 也可定义为 h_z 处的气流运动速度与送风速度的平方比，即

$$Ar = \frac{u_t^2}{u_0^2} \tag{5.3}$$

阿基米德数也可表示为修正的弗劳德数[3]：

$$Ar = \frac{1}{Fr}\frac{\Delta t}{t_0} \tag{5.4}$$

或者以格拉晓夫数和雷诺数表示：

$$Ar = \frac{Gr}{Re^2} \tag{5.5}$$

若将风口风速与送风温差及热量结合在一起，则 Ar 表示为

$$Ar = \left(\frac{g}{\rho c_p t_n}\right)\left(\frac{HE_t A^2}{Q^3}\right) \tag{5.6}$$

式中，A 为房间地板面积，m^2；E_t 为总得热量，W；Q 为送风量，m^3/s。考虑房间每小时换气次数 n，可将 Ar 表示为[3]

$$Ar = \frac{3.6^2 \times 10^6 g\Delta t}{t_n H n^2} \tag{5.7}$$

对于离地热源，还可以采用考虑热源高度修正的 Ar[4]：

$$Ar = \frac{gE_t HA^2\Delta t}{\rho c_p t_0 Q^3}\frac{H - h_G}{0.5H} \tag{5.8}$$

或

$$Ar = \frac{1.3 \times 10^6 q_v}{H n^3}\frac{H - h_G}{0.5H} \tag{5.9}$$

式中，h_G 为低位热源的热中心高度，m；q_v 为空间单位体积热强度，W/m^3。

几何参数相似房间内的气流流动实验表明，空气气流流型分布几乎仅与阿基米德数 Ar 相关(图 5.1)[3]，此时 Ar 可表示为

$$Ar = \frac{gD_h(t_{wall} - t_0)}{\bar{u}^2(t_{wall} + t_0)/2} \tag{5.10}$$

式中，$\bar{u} = Q/BH$，m/s，B 为房间宽度，m，H 为房间高度，m，Q 为送风量，m^3/s；D_h 为水力直径，$D_h = \frac{4BH}{2(B+H)}$，m；t_{wall} 为加热墙壁的温度，K；t_0 为射流的起始温度，K；g 为重力加速度，m/s^2。$\bar{u}$、D_h 计算式适用于侧送风形式，对于顶送风则 H 代替为房间长度 L。

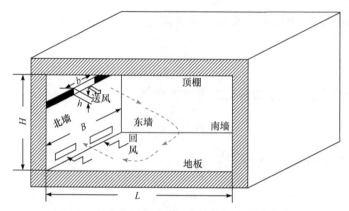

图 5.1　实验房间典型几何参数的气流流动测试[3]

在通风空调工程技术中还需要考虑房间长度、送风口位置和形状等边界条件对室内气流分布流型的影响。方法之一是考虑房间尺度与风口的多样性，引入房间的水力直径及风口有效面积因素对 Ar 的权重关系，修正的 Ar^* 可表示为[3]

$$Ar^* = Ar \frac{S}{D_h^2} \tag{5.11}$$

式中，S 为风口有效面积。

Croome-Gale 等[3]证实，当 $Ar^* \leqslant 40$ 时，对于水平侧送风各类非等温壁面及不同尺度的房间和送风口，均可形成水平射流。射流到达对边墙面时，形成了较为明显的回流。如果地板处存在热源，射流流经房间与热源上升气流作用，会造成送风射流向上弯曲。

当送风口长度与房间宽度相等(即 $b=B$)时，射流进入室内后，不再有水平轨迹，受热浮力的作用较快向上偏斜。当 $Ar^* > 40$ 时，较大的热浮升力使得射流沿着顶棚到达对面墙面后垂直向下跌落。

靠近顶棚的送风口受到边界壁面影响较大，相同送风量及出风速度时，对矩形风口射流的影响较方形风口射流更为显著。送风口越靠近顶棚，风口的宽高比越大，射流贴附效应越明显，Ar 可进一步修正为[3]

$$Ar^{**} = Ar^* \frac{2d}{b} \cdot \frac{h}{b} \tag{5.12}$$

式中，d 为顶棚至送风口上缘的距离。

顶棚附近射流轨迹，可由式(5.13)确定[3]：

$$\frac{y}{\sqrt{A}} = \frac{0.04 Ar^{**} x^3}{BH(B+H)} \tag{5.13}$$

式中，y 为射流中心线的垂直位移。

此外，以侧送风为例，根据送风射流主体段动量 M 得出室内平均风速 $\overline{u}$ [3]：

$$\overline{u} = \left(\frac{2M}{BH}\right)^{\frac{1}{2}} \tag{5.14}$$

如第 1 章所述，射流的自由度表征射流受断面空间影响的程度，可表示为 $\sqrt{F_n}/d_0$。射流的仰角可以根据送风温度与环境温度的温差而变化，通风工程中射流的主流方向一般平行或者垂直于房间轴线。对于混合通风，工作区或控制区一般处于回流区。

实验表明，室内空气运动速度场和温度场空间分布相当复杂，用简单的数学模型统一表示是困难的事情，然而其时均值仍存在相似性，可以用指数函数的衰减形式等表示。

5.2 室内工作区空气运动特性

通风射流在室内运动的全过程可以定性地描述为，射流轴线平均速度不断衰减和湍流长度尺度的扩展运动。射流遇到墙壁、地面与墙壁拐角等受限边界条件时，射流可视为在相应的"虚拟原点"上"重启"。Sandberg 等[5]给出了一个例子，通风射流平均轴线速度沿房间周长的分布见图 5.2。

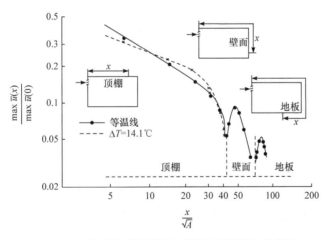

图 5.2 通风射流平均轴线速度沿房间周长的分布[5]

建筑通风主要服务于室内人员的生产及生活，人们更关注于是否满足工作区所需的空气流动。工作区一般定义为室内人员(或保障目标对象等)提供舒适条件的空间区域[6]。在物理空间上，通常将距风口所在墙面及外墙 1.0m、内墙

0.5m、地面以上 0.1~2.0m 的区域作为工作区[7]。国内外规范标准如 ASHRAE 指出，当室温低于 23℃时，工作区风速不宜超过 0.2m/s；当室温高于 25.5℃时，则风速不宜超过 0.8m/s[6]；《民用建筑供暖通风与空气调节设计规范》[8]规定，空调房间人员长期停留区域的风速为 0.2~0.3m/s，人员短期停留区域的风速不大于 0.5m/s。《贴附通风设计标准》[9]规定，对于人员长期逗留区，控制区的风速冬季不宜大于 0.3m/s，夏季不宜大于 0.5m/s；对于短期逗留区，冬季不宜大于 0.5m/s，夏季不宜超过 0.8~1.0m/s。欧洲标准[10]则基于空气干球温度、相对湿度、平均辐射温度、风速、人体代谢率、服装热阻等参数来计算预期平均热感觉指数(PMV)及吹风感率(DR)，以确定稳态条件工作区环境参数。以吹风感率为例，不仅与工作区内的平均风速有关，还与脉动风速有关。因此，在分析工作区空气运动时，不仅需要关注平均风速，还应注意相应的脉动风速变化特性。

5.2.1　平均风速预测

通风房间给定任一点的风速变量可分为时均风速和脉动风速：

$$u(x_i,t) = \bar{u}(x_i) + u'(x_i,t) \tag{5.15}$$

式中，$u(x_i,t)$ 为风速，m/s；x_i 为空间坐标，m；t 为时间，s；$\bar{u}(x_i)$ 为时均风速，m/s；$u'(x_i,t)$ 为脉动风速，m/s。

以数学函数表述平均流动和脉动现象，时均风速可表示为式(5.16)。房间工作区风速实测如图 5.3 所示[11]。

$$\bar{u}(x_i) = \lim_{T \to \infty} \frac{1}{T} \int_0^T u(x_i,t)\mathrm{d}t \tag{5.16}$$

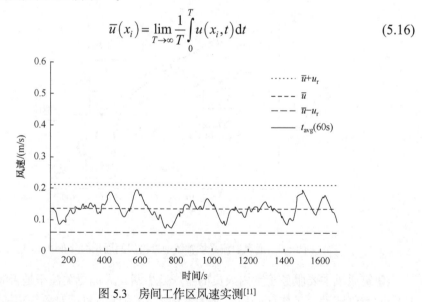

图 5.3　房间工作区风速实测[11]

室内热源强度 80W/m²，实线为间隔 60s 的速度均值，风速标准偏差 $u_r = \sqrt{\dfrac{1}{n-1}\sum_{i=1}^{n}(u_i - \bar{u})^2}$

式中，T 为时间间隔。T 远大于脉动时间尺度，在室内通风空调领域，脉动时间间隔一般为 $10^{-4} \sim 10^{-6}$s。

在任意空间位置 x_i，N 个离散风速数据的平均值可表示为[12]

$$\bar{u}(x_i, t) = \lim_{N \to \infty} \frac{1}{N} \sum_{n=1}^{N} u(x_i, t) \tag{5.17}$$

式中，$\bar{u}(x_i, t)$ 为依赖于位置 x_i 和时间 t 的集合平均风速，m/s；N 为时间间隔内平均脉动的离散数量。

工作区的平均风速 $\bar{u}(x_i, t)$ 是指地面以上 $0.1 \sim 2.0$m 区域的平均速度。特别指出，在描述室内通风射流主流区的气流特性时，人们多关注射流速度的衰减规律。对处于回流区中的工作区气流流动，常用的射流轴线速度公式已不再有效。下面重点分析工作区风速特性，其平均风速可通过射流动量等方法预测(表 5.1)[13]。

表 5.1　工作区平均风速预测

序号	平均风速计算式	通风条件
1	$\bar{u} = 515.5 \sqrt{\dfrac{M}{BH}}$	格栅侧送风； 房间尺寸：30ft*×16ft×10ft； 风口位置：天花板下 0.66ft
2	$\bar{u} = 261.0 \left(\dfrac{M}{BH} \right)^{0.33}$	格栅下送风； 风口位置：沿侧墙距地面 3.3ft
3	$\bar{u} = 115.6 M^{0.6}$	环形散流器顶送风
4	$\bar{u} = 71.5 M^{0.4}$	方形散流器顶送风
5	$\bar{u} = 1.11 k u_1 \left[1 + \left(1 + \dfrac{u_2^2}{u_1^2} \right)^{0.5} \right]$	双侧条缝侧送风，u_1、u_2 分别为条缝出风速度

注：实验风口 Re 取值为 $1500 \sim 6000$，$Ar = 0.03$。*ft 为长度单位英尺，1ft=30.48cm。

1. 射流动量

工作区的平均风速与射流动量具有密切关系，其可以通过射流动量预测，自由射流过程动量 M 可表示为

$$M = 2\pi\rho \int_{r=0}^{r=\infty} u^2 r \mathrm{d}r = \frac{\pi\rho u_{\mathrm{m}}^2}{2a} \tag{5.18}$$

射流的初始动量 M_0 为

$$M_0 = \rho F u_0^2 \tag{5.19}$$

式中，a、F 分别为风口形状系数及面积。实验表明，工作区平均风速与风口射流动量、房间几何尺寸显著相关(表 5.1)。当房间几何尺寸相同时，风口形状对工作区平均风速产生较大影响。风口的紊流特性(形状系数)影响射流的速度分布，对动量衰减特性产生直接影响。在相同出口动量下，相比于圆形风口，线形风口会产生较低的室内空气流速[13]。

2. 射流动量数

射流动量数 J_m 定义为送风射流动量与房间体积之比：

$$J_m = \frac{M}{V} = \frac{\rho Q_i u_0}{V} \tag{5.20}$$

式中，Q_i 为空气入射体积流量；u_0 为送风速度；V 为房间体积。

Ogilvie 等[14]认为，等温条件下，对位于顶棚中心的较大长宽比的条缝和狭长风口，地板上方 0.30m(1ft)处的空气速度 u_f 与风口射流动量数 J_m(当 $J_m \geqslant 7.5 \times 10^{-4}$)近似存在线性关系。

3. 射流初始速度

射流以初始机械动量或动能的形式影响通风射流区及回流区速度分布。房间工作区平均风速是送风量及出口风速的函数[15]。

以普通办公室混合通风为例，其工作区的平均风速与风口初始风速相关。一些平均风速预测关联式见表 5.1[16]。

5.2.2 风速脉动特性

由于工作区的气流速度呈现随机脉动，除了时均风速外，还应考虑脉动风速对热舒适及生产工艺的影响。

1. 风速标准偏差

如图 5.4 所示，从统计学角度出发，脉动风速特征可以用风速的标准差、当量频率等参数描述[17]。前文已提及，风速标准差表示风速偏离时均风速的程度：

$$u_r = \sqrt{\frac{\sum_n (u - \bar{u})^2}{n-1}} \tag{5.21}$$

风速标准差越小，工作区内风速波动变化越小，工作区内各点风速越接近其平均值。

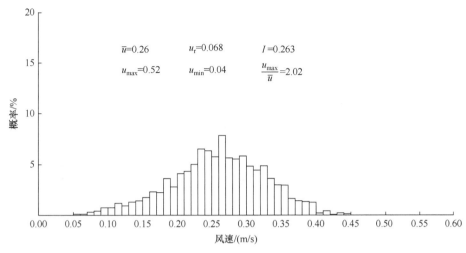

图 5.4　工作区脉动风速概率分布

$\overline{u}$-平均风速；u_{r}-风速标准偏差；$u_{\max}$-最大风速；$u_{\min}$-最小风速；I-湍流强度，$I = u_{\mathrm{r}}/\overline{u}$；
$u_{\max}/\overline{u}$-最大风速与平均风速比值

　　Thorshauge[17]对普通通风空调房间工作区的气流速度测试表明，工作区大部分区域内风速脉动特征参数(如风速标准偏差、最大风速、平均加速度和加速度标准差等)与平均风速存在线性关系，仅在地板附近的速度分布略有不同。建筑空间容积、送风口和排风口类型对参数线性关系没有显著影响。尽管在通风射流主体段中可用轴线及断面平均风速进行设计计算，但在工作区中还应注意风速标准偏差的大小。

　　2. 气流的脉动能谱特性

　　如前所述，一些研究表明，工作区平均风速与脉动风速表征参数具有线性关系[17]。然而，尽管满足设计时均风速的要求，人们仍然会抱怨吹风感。这也许因为在一定温度范围内，工作区中空气脉动风速要比时均风速对人体不舒适感影响更大。例如，同为 0.12m/s 时均风速，由于脉动风速的明显差异，给人的感觉大不相同[18]。由此，可以引入吹风感率来衡量空气流速脉动对人体热舒适的影响，表示为[10, 19]

$$\mathrm{DR} = \left(34 - t_{\mathrm{local}}\right)\left(\overline{u}_{\mathrm{local}} - 0.05\right)^{0.62}\left(0.37\overline{u}_{\mathrm{local}} I + 3.14\right) \tag{5.22}$$

式中，t_{local} 为当地(考察点)空气温度，℃；$\overline{u}_{\mathrm{local}}$ 为当地平均风速，m/s；I 为当地湍流强度，%，可表示为

$$I = \frac{u_{\mathrm{r}}}{\overline{u}} \tag{5.23}$$

式中，u_r 为风速标准偏差；$\bar{u}$ 为时均风速。

　　Kovanen 等[20]发现，在大多数混合通风房间工作区内平均风速和湍流强度与气流组织方式无明显联系，与 Thorshauge[17]的结论基本一致，这正体现了不再受射流主流速度主导的工作区脉动风速的特点。室内工作区湍流强度变化一般呈正态分布或对数正态分布形式(图 5.5)。

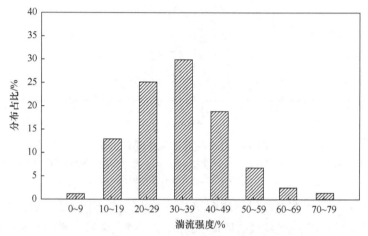

图 5.5　室内工作区湍流强度分布[17]

　　气流脉动功率谱傅里叶变换表示为[21]

$$\hat{\phi}(\omega) = \int_{-\infty}^{\infty} \phi(t)\mathrm{e}^{-\mathrm{i}\omega t}\,\mathrm{d}t \tag{5.24}$$

式中，ω 为角频率，rad/s，$\omega=2\pi f$，f 为频率；t 为时间，s。从显示幅度谱的变换函数中获得绝对值 $\left|\hat{\phi}(\omega)\right|$，可将频率分布表示为实数集，并将功率谱被定义为 $\left|\hat{\phi}(\omega)\right|^2$。

　　功率谱密度描述了功率分布作为频率的函数，提供了标准化的功率谱。为了实现傅里叶变换和功率谱密度的机器计算，可采用离散傅里叶变换(DFT)和快速傅里叶变换(FFT)方法。定义离散傅里叶变换为[22]

$$\hat{\phi}(f)_k = \sum_{j=1}^{N} \phi(t)_j\,\mathrm{e}^{\left[-2\pi\mathrm{i}(j-1)(k-1)/N\right]} \tag{5.25}$$

式中，j 和 k 为样本的离散数据；N 为离散数据集的样本。

　　功率谱密度 $S(f)$ 可表示为

$$S(f) = \frac{1}{N}\left|\hat{\phi}(f)\right|^2 \tag{5.26}$$

3. 功率谱密度与热源强度关系

一些研究表明，通风空调房间气流脉动的平均功率谱密度与室内热源强度存在关联性。当热源强度较大时，平均功率谱密度较高[11]，如图 5.6 所示。随着热源强度的增加，气流的脉动能量随之增大。此外，功率谱密度还被应用于区别机械通风气流与自然通风气流，详见第 2 章 2.7 节。

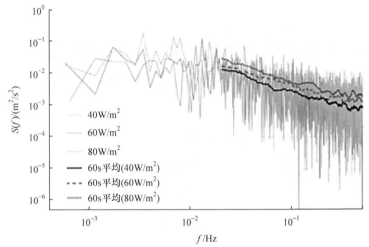

图 5.6　不同热源强度下的功率谱密度[11]

脉动能谱可以表示为

$$\int_0^\infty E(f)\mathrm{d}f = \overline{u'u'} \tag{5.27}$$

式(5.27)为频率范围内速度脉动的分布密度，其中 $E(f)$ 为 $\overline{u_i'u_i'}$ 的谱分布函数。随时间变化的脉动能量积分 $F(E)$ 可通过式(5.28)计算确定：

$$F(E) = \int_{t_1}^{t_2} u'u'\mathrm{d}t \approx \sum_{i=1}^n (u'u')_i \Delta t_i \tag{5.28}$$

此外，对给定时序记录的脉动能量与惯性能量(包括平均气流运动)之比 $X(E)$ 可表示为

$$X(E) = \frac{\displaystyle\sum_{i=1}^n (u'u')_i \Delta t_i}{\displaystyle\sum_{i=1}^n (uu)_i \Delta t_i} \tag{5.29}$$

实验结果表明，$F(E)$(图 5.7(a))和 $X(E)$(图 5.7(b))均随着热源强度的升高而增大。然而，随热源强度的升高(40~80W/m²)，其 $X(E)$ 减小，这是因为惯性能

量增加较脉动气流运动的能量增加更为显著[11]。

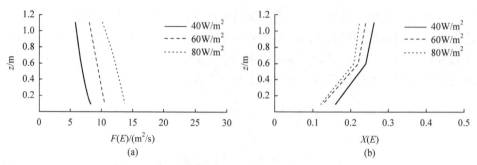

图 5.7　$F(E)$(a)与 $X(E)$(b)随热源强度的变化[11]

4. 气流的脉动尺度

工作区脉动气流具有广泛的尺度特征，且最大尺度通常远大于最小尺度。Kolmogorov 尺度表示最小尺度[23]，可通过运动黏度 ν 和能量耗散系数 ε 确定：

$$v_\eta = \left(\nu\varepsilon\right)^{\frac{1}{4}} \tag{5.30}$$

$$l_\eta = \left(\frac{\nu^3}{\varepsilon}\right)^{\frac{1}{4}} \tag{5.31}$$

$$\tau_\eta = \left(\frac{\nu}{\varepsilon}\right)^{\frac{1}{2}} \tag{5.32}$$

式中，v_η 为速度尺度；l_η 为长度尺度；τ_η 为时间尺度。

此外，积分尺度 L 刻画了气流运动的最大尺度[24]：

$$L = \frac{\overline{u}}{4}\frac{E(f)}{\overline{u'u'}} \tag{5.33}$$

积分尺度表征了脉动分量保持相关性的距离[12]。最大长度尺度与室内空间几何尺度和高度量级相同。最大时间尺度与低平均风速水平和最大长度尺度有关。通常，最大时间尺度可定义为室内空间高度(如 3m)与特定位置平均空气速度之比。此外，湍动能和湍动能耗散率 ε 之间的关系可用泰勒近似表示为[25]

$$\varepsilon \sim \frac{k_{\mathrm{t}}^{3/2}}{L} \tag{5.34}$$

式中，L 为气流运动的最大长度尺度；k_{t} 为湍动能，可表示为

$$k_{\mathrm{t}} = \frac{1}{2}\left(\overline{u'u'} + \overline{v'v'} + \overline{w'w'}\right) \tag{5.35}$$

式中，u'、v'、w' 为流场中每个坐标方向上的脉动风速分量，可以通过测试或数值模拟等方法得到。

对于大多数通风工程室内气流，Etheridge 等[26]和 Chen 等[27]分别提出 L 与房间尺度具有相同的量级，而气流运动最小尺度位于 $0.001\sim0.01m$。

室内通风空调送风产生的工作区空气流动脉动特性可从统计力学、能量分布及特性尺度等多角度进行描述，而气流特性分析正是深入理解室内空气环境参数分布的物理基础。

5.2.3　人体运动的影响

工作区人员步行或运动会形成尾流，并对室内气流组织产生影响，其主要包括两个方面：一方面是人体运动形成的尾流会影响人体自身代谢产热引起的自然对流；另一方面是人体运动尾流形成的涡旋会对置换通风、贴附通风等热力主导型气流组织产生直接影响。

1. 人体运动对自身热对流的影响

在室内，人体行走速度一般为 $0.8\sim1.7m/s$。Edge 等[28]发现，人体在行走运动过程中会产生尾流，在背部竖直方向上形成涡旋，且随着人体运动速度加快，热羽流影响相对变弱，当理查森数 Ri 为 0.109 时，形成了以人体运动强制对流为主导的空气流动，其涡度分布如图 5.8 所示。

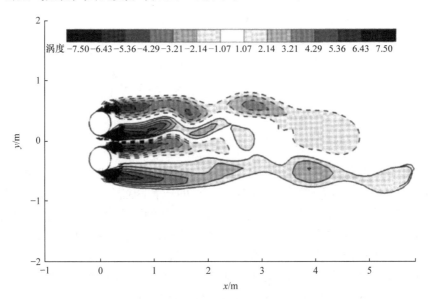

图 5.8　人体运动过程中脚踝高度处的气流涡度分布[28]

实线为正涡度，虚线为负涡度

2. 人体运动尾流涡对气流组织的影响

人体运动会加剧通风房间的气流掺混程度，进而影响置换通风、贴附通风等热力主导型气流组织形式。人体运动速度、房间换气次数、人体散热量及运动持续时间等是主要影响因素[29]。

对于置换通风，由于送风速度较低($u_0 \leqslant 0.25\text{m/s}$)，室内流场分布会显著受到人体运动的影响。然而，人体运动一旦停止，速度在几秒时间内即重新恢复到置换通风气流主导状态[30]。此外，人体运动速度还对室内污染物浓度分布产生一定影响。当人行走速度较低时($0.1 \sim 0.3\text{m/s}$)，出现了通风效率峰值，随着运动速度的进一步增大(如步行速度为 1.5m/s)，通风效率反而有所降低，但仍高于1.0，优于混合通风，如图 5.9 所示。究其原因，可能是低速运动时，人体表面的竖向自然对流被"剥离"，并弥散于环境空气中，而快速运动时，则将室内上部的空气诱导入尾流中，加剧了气流掺混效应[31]。Matsumoto 等[32]还分析了垂直于气流方向的人体运动对温度分布的影响，如图 5.10 所示。

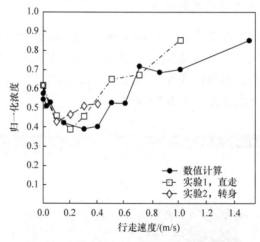

图 5.9　人体运动对室内浓度分布的影响[31]

对于贴附通风人体运动的影响，图 5.11 给出了运动速度为 1.2m/s 时不同时刻室内空气速度场分布[33]。在 $t=0$ 时，人体处于静止状态，送风气流沿着竖壁向下运动进入房间下部区域，在工作区形成"空气湖"现象，其流场速度保持在 $0.2 \sim 0.3\text{m/s}$。当人体开始运动后($t=0.75\text{s}$)，尾流区气流速度明显增大，可达 2.6m/s，约为人体运动速度的 2 倍，而人体附近的气流速度为 1.2m/s，与人体运动速度几乎相同。人体运动的尾流影响范围达 1.5m。与置换通风类似，人体运动对室内气流的影响主要发生于工作区高度范围内($h \leqslant 2.0\text{m}$)。一旦人体运动停止($t=2.25\text{s}$ 时刻)，房间的气流速度很快(4s 内)恢复到 0.2m/s 水平。

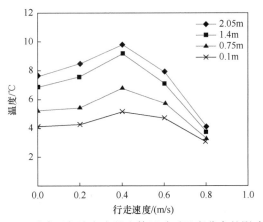

图 5.10　垂直于气流方向的人体运动对温度分布的影响[32]

当人体运动速度为 0.9~1.8m/s 时，工作区之外(离地 2.0m 以上)风速几乎不受影响。可见，在通风空调房间中，人员在通常的室内运动速度下，其人体运动影响流动区域的高度一般仅限于工作区范围之内，一旦停止运动后很快恢复如初；对于通风流场，最重要的因素是射流出口的出流动量，正是射流动量有效地控制射流的发展进程。

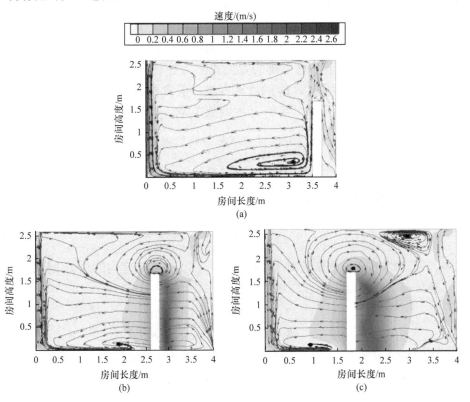

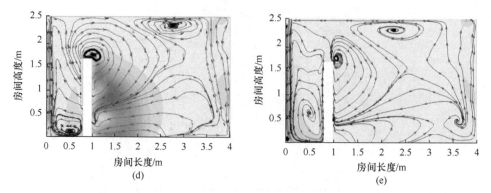

图 5.11　贴附通风条件下人体以 1.2m/s 速度运动时室内速度场分布(人体运动方向从右至左)
(a) t=0 (静止)；(b) t=0.75s；(c) t=1.5s；(d) t=2.25s (运动停止)；(e) t=6.25s (运动停止 4s)

5.3　热力控制型通风热分布系数及通风效率

　　非等温房间的重要通风技术指标——热分布系数或通风效率的提出，标志着从以动量主导的全室混合通风到热力控制型分区通风科学理念的变化。自此，由传统的射流动量控制型混合通风的室内送风、排风双温度控制体系转向了热力控制型包括工作区(控制区)温度在内的三温度控制体系。以热压自然通风及置换通风为例，虽然其热对流作用的强弱程度及主从地位各不相同，但是两者又均属于下进上排的置换式热力控制型通风系统。本节重点分析热分布系数 m 和通风效率 E_T 的计算方法；前者表示散布于工作区的余热量与室内总余热量的比值，m 与 E_T 互为倒数关系，表征着室内热量与温度的空间分布特性。

　　1. 热力控制型通风热分布系数

　　热分布系数的能量表达式为

$$m = \frac{E_n}{E_t} \tag{5.36}$$

式中，E_n 为散布于工作区的对流热量，W；E_t 为散布于室内的总余热量，W。

　　热分布系数的温度表达式为

$$m = \frac{1}{E_T} = \frac{t_n - t_0}{t_e - t_0} = \frac{t_n - t_{wf}}{t_e - t_{wf}} = \frac{\Delta t_n}{\Delta t_e} \tag{5.37}$$

式中，E_T 为通风效率；t_e 为排风温度，℃；t_n 为室内工作区温度，℃；t_{wf} 为夏季通风室外计算温度，℃；t_0 为进风温度，℃，在热压自然通风分析中一般可取 t_0=t_{wf}。

热分布系数 m 本质上反映了受限空间的热对流扩散问题，m 主要取决于通风气流组织方式、热源分布，同时也受到建筑几何因素影响。由于边界条件的多样性，解析计算 m 是困难的任务。本节阐述基于无量纲特征参数、相似准则数辅以实验或实测得到 m 函数式的方法。

1) 阿金采夫方法

苏联阿金采夫[37]依据实验提出：

$$m = \frac{\Delta t_{\mathrm{n}}}{\Delta t_{\mathrm{e}}} = \frac{0.031\left(\dfrac{H}{h_{\mathrm{g}}}\right)^{\frac{1}{3}}}{\left(\dfrac{\mu F_{\mathrm{f}}}{F}\right)^{\frac{1}{3}}} \tag{5.38}$$

式中，Δt_{n} 为室内工作区温度与室外通风计算温度的允许差值，K；Δt_{e} 为排风温度与室外通风计算温度的允许差值，K；H 为进排风窗口垂直中心距离，m；h_{g} 为工作区的高度，取 1.5m；F_{f} 为进/排风窗口的面积，m^2；F 为房间地板面积，m^2。

如果厂房体积简化为 $V=HF$，式(5.38)可表示为

$$m = 0.031\left(\frac{V}{\mu F_{\mathrm{f}} h_{\mathrm{g}}}\right)^{\frac{1}{3}} \tag{5.39}$$

式(5.39)的 m 计算未考虑散热设备的布置、高度、表面温度及辐射强度等因素，得到的 m 值与实际值相比有较大差别。

2) 巴图林方法

巴图林等[38]通过实验数据确定 m_1 与特征参数 $\sum f / F$(热源与房间面积比)的关系，并考虑热源高度、表面温度及热辐射强度等因素，以 m_2、m_3 系数修正，提出了如下 m 计算式[39]：

$$m = m_1 m_2 m_3 \tag{5.40}$$

式中，m_1 与热源面积对地板面积之比 $\sum f / F$ 有关，其函数关系式为 $m_1 = 0.34 \cdot \ln(\sum f / F) + 1.09$；$m_2$ 与热源高度 h 有关，当 $h \leqslant 2$ 时，$m_2 = 1$；当 $2 < h < 14$ 时，$m_2 = -0.26 \ln h + 1.20$；当 $h \geqslant 14$ 时，$m_2 = 0.5$；m_3 与热源辐射散热量 E_{r} 和总散热量 E_{t} 之比有关。当 $E_{\mathrm{r}} / E_{\mathrm{t}} \leqslant 0.4$ 时，$m_3 = 1.0$；当 $E_{\mathrm{r}} / E_{\mathrm{t}} > 0.4$ 时，$m_3 = 0.003 \cdot \exp\left(\dfrac{E_{\mathrm{r}} / E_{\mathrm{t}}}{0.14}\right) + 0.95$。

式(5.40)较全面地考虑了热源的占地面积比、热源高度及辐射散热量等因素的影响。然而，该计算式没有考虑房间热源特征尺寸、温度分布及通风条件相关特征参数的影响。

3) 地板送风工作区热分布系数

马仁民和连之伟等归纳了影响地板送风工作区热分布系数 m 的主要因素，包括阿基米德数 Ar、送风气流及热射流特性等，提出了 m 的经验计算式[34-36]。通过设计计算选择合适的送风量(大于热源羽流在工作区上边界处卷吸的空气量)、风口型式(扩散性能)及风口数量(射流自由度)，可以降低高位空间热气流折返至工作区的热量。当热分布系数 m 最小时，意味着高位空间(也称为无效空间或非控制区)的热量进入工作区(有效空间)最少[34]。

图 5.12 反映了以机械射流自由度 Z_j 归一化的热分布系数 m 与送风条件及 Ar_n 的关系，Z_j 的表达式为

$$Z_j = \frac{\sqrt{F_n}}{d_0} = \frac{\sqrt{F/N}}{d_0} \tag{5.41}$$

式中，F_n 为垂直于每股射流的房间横断面面积；对于地板送风而言，F 为房间地板面积，m^2；N 为送风口数量；d_0 为送风口直径，m。图 5.12 中，Ar_n 为室内阿基米德数，$Ar_n = \dfrac{gH(t_0 - t_n)}{u_n^2 t_n}$，$u_n$ 为房间断面平均风速，m/s，H 为房间高度，m，t_0 为送风温度，K，t_n 为室内工作区温度，K。

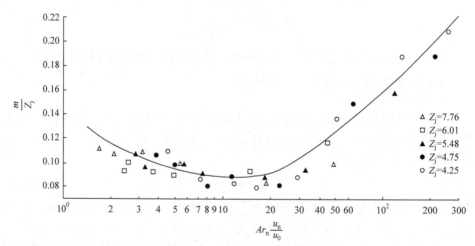

图 5.12　归一化热分布系数与送风条件及 Ar_n 的关系

4) 热分布系数实测

现场实测法可针对不同类型生产厂房的散热设备布置状况，现场对自然通风温度分布进行实测[39]，根据式(5.37)计算 m 值。实测数据得到的 m 值较为精确，但它只适用于同类型的生产厂房，且厂房内散热设备布局与散热量等也需与测试原型基本相同。

2. 建筑通风效率计算

室内空气动力学旨在阐明通风射流与热对流的相互作用，建立室内对流换热与 Re、Gr、Pr，以及房间、各类热源及通风条件相关的几何特征参数之间的关系。对热力控制型建筑通风(如下部送风、地板送风等置换通风)，室内热分布系数 m 可表示为[40-41]

$$m = \frac{1}{E_T} = \frac{t_n - t_o}{t_e - t_o} = f(Re, Gr, Pr, \varphi_r, \varphi_s) \tag{5.42}$$

式中，φ_r 为房间特征参数，可取 $\varphi_r = H/\sqrt{F}$；φ_s 为热源特征参数，是与 f/F 有关的函数。

在热力控制型通风流动中(室内空气 Pr 近似为不变量)，赵鸿佐[40]和张强[41]指出式(5.42)可表示为

$$E_T = \frac{1}{m} = f(Ar, \varphi_r, \varphi_s) \tag{5.43}$$

分析含有地面热源的通风房间实验数据：

$$E_T \left(\frac{h_g}{H} \right)^{\frac{4}{5}} = 2.8e^{-\frac{3}{4}r} + 0.45 \tag{5.44}$$

式中，定义热源几何特征参数 $r = \frac{\sqrt{F}}{H} \lg \left[Ar \left(\frac{f}{F} \right)^2 \right]$，反映了房间几何特征及热源特征综合影响，$E_T$ 与其关系见图 5.13；h_g 为工作区(控制区)高度，m；h_g/H 反映了工作区(控制区)占全部空间的比例。图 5.14 给出了温度效率 E_T 与热分层高度 h 的关系。

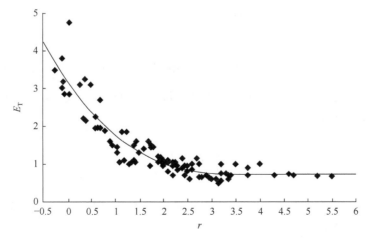

图 5.13　温度效率 E_T 与热源几何特征参数 r 的关系[40]

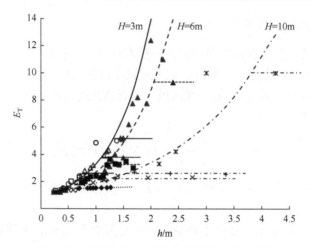

图 5.14　温度效率 E_T 与热分层高度 h 的关系[41]

热分层高度 h 为反映室内通风温度分布特征的综合量，其表达式为

$$h = \frac{1}{C_0} Q \left(\frac{2pq}{p+q} \frac{\rho c_p T}{gE} \frac{1}{f} \right)^{\frac{1}{3}} \tag{5.45}$$

根据 5.1 节中 Ar 定义表达式，有

$$h = \frac{1}{C_0} \left(\frac{2pq}{p+q} \frac{V}{Ar \dfrac{f}{F}} \right)^{\frac{1}{3}} = C_1 H \left[Ar \frac{f}{F} \left(\frac{H}{\sqrt{F}} \right)^2 \right]^{-\frac{1}{3}} \tag{5.46}$$

式中，C_1 为常数，系 C_0、p、q 综合而成的常数。式(5.46)表明，h 是 Ar、f/F、$H/\sqrt{F}$、H 等多个参数的综合量。

对于存在体热源的通风房间，随着热源高度升高，E_T 随之增大。为了揭示不同热源条件下室内通风效率变化，赵鸿佐[39]引入相似参数 $\dfrac{\sqrt{Sf}}{H}$ (S 为热源散热表面积，f 为热源水平投影面积)表示体热源的几何特征，式(5.44)中体热源几何特征参数 r 可表示为

$$r = \frac{\sqrt{F}}{H} \lg \left[Ar \left(\frac{\sqrt{Sf}}{F} \right)^2 \right] \tag{5.47}$$

当体热源高度为 0 时，$S = f$，$\sqrt{Sf}/F$ 可退化至 f/F。由此，式(5.44)可同时用于表达面热源与体热源问题。

在确定了热源及建筑房间条件下，室内空气温度垂直分布随热分层高度的移动而变化，反映了室温垂直分布特征 E_T 可直接以热分层高度函数表示(图 5.14)。分析通风房间中的热源分布与热分布系数 m 关系，得到 m 和 E_T 的基本特征[39-41]：

(1) 对于离地(架空)的面热源或体热源，E_T 因离开地板距离的升高而增大，m 则呈相反变化，在超过 1.5m 后对流热对工作区的影响迅速消减。

(2) 对于块状体热源，随着体热源高度 h_s 及 S/f 增大，E_T 减小，m 增大。

通过分析工业建筑和民用建筑中分散热源、集中热源及不同通风方式的实验数据，得到 $E_T = f(Ar)$ 的函数关系(图 5.15)。在通风空调工程常用的参数范围内 $(Ar = 10^3 \sim 10^6)$，E_T 可划分为三个区域：

(1) 对于下送上回热力控制型通风方式，$E_T \geqslant 1$。

(2) 典型的混合通风即上送下回通风方式，$E_T < 1$；当充分稀释掺混时，可有 $E_T = 1$；对于同侧上送下回通风系统，存在非均布热源的条件下，会出现 $E_T > 1$。

(3) 在上送上回通风方式中，E_T 介于置换通风与混合通风之间，上送上回通风系统可同时具有部分混合通风及置换通风的特征[39]。

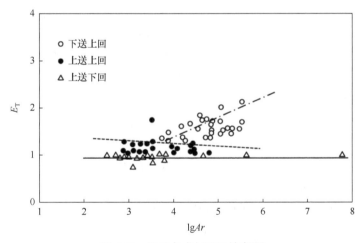

图 5.15　通风方式与通风效率[39]

需要指出的是，尽管建筑空间形式、室内热源组合形式、分布条件乃至通风方式是多样的，但通过建立在实验基础上影响因素的无量纲准则数综合分析方法，可以有效地预测建筑通风效率，预判通风气流组织效果。

5.4　典型热源模式室温垂直分布

建筑室内空气温度的垂直分布特性直接反映了通风空调系统环境控制的成效，以及供冷供热负荷、能量利用效率。室内的温度分布与通风方式及热源分布方式有关，在通风方式(送排风方式)既定的条件下，室内空气温度分布主要取决于热源分布形式及散热条件。一些典型热源形式下的室温分布可用解析表达式分析。本节给出了空间均布热源、地板均布平面热源及空间带状热源等室内温度分布的解析式。

5.4.1　空间均布热源

热负荷在空间均匀分布情况虽较为少见，但一些非均匀分散热源在工程技术上可视为空间均布模式。当高大空间沿高度方向存在多个分散且量级相当的热源时，如电视台演播厅及一些工业车间，工艺设备散热占室内总散热量较大比例，其热负荷分布接近于空间均布分散热源模式。

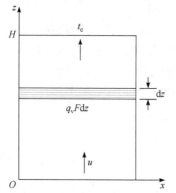

图 5.16　空间均布热源模式热平衡分析[42]

对室内厚度为 dz 的微元体进行热平衡分析(图 5.16)，暂不考虑空气密度 ρ 的微小变化，得

$$q_{v}F - \rho c_{p}uF\frac{\mathrm{d}t}{\mathrm{d}z} - \lambda F\frac{\mathrm{d}^{2}t}{\mathrm{d}z^{2}} = 0 \quad (5.48)$$

式中，F 为房间地板面积，m^2；u 为气流平均速度，m/s；q_{v} 为空间均布热源强度，W/m^3；λ 为空气导热系数，W/(m · ℃)。

空间均布热源模式下室内温度分布为

$$t = \frac{1}{a}\mathrm{e}^{-Az} + \frac{q_{v}F}{2\lambda}z^{2} + bz + c \quad (5.49)$$

式中，a、b、c 为根据边界条件得出的系数；t 为室内任意垂直高度上的温度；z 为室内任意垂直高度。

忽略空气层间的导热时(误差约为 0.1℃/m)[42]，式(5.48)可表示为

$$\begin{cases} \dfrac{\mathrm{d}t}{\mathrm{d}z} = \dfrac{q_{v}}{\rho c_{p}u} \\[2mm] t = t_{0},\ z = 0 \\[2mm] t = t_{e},\ z = H \end{cases} \quad (5.50)$$

由此，

$$t = t_{0} + \Delta t_{e}k\left(\frac{z}{H}\right) \quad (5.51)$$

空间均布热源情况下，无量纲过余温度分布为经过原点的线性函数，如图 5.17

所示。热源的表达式和温度分布曲线分别为

$$q_v = \text{const} \tag{5.52}$$

$$t^* = \frac{t - t_0}{t_e - t_0} = \frac{\Delta t}{\Delta t_e} = kz^*, \quad 0 \leqslant z^* \leqslant 1 \tag{5.53}$$

式中，k 为由热源强度、热物性等决定的系数，$k = \dfrac{q_v H}{\rho c_p u}$；$z^* = \dfrac{z}{H}$；$H$ 为房间高度；q_v 为热源强度，W/m^3，表示单位容积热强度，此处可视为常数。

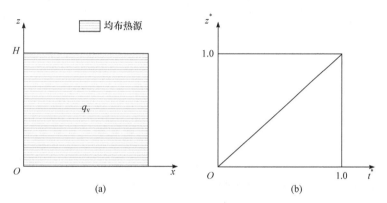

图 5.17　室内空间均布热源及温度分布简图
(a) 热源模式；(b) 竖向温度分布

式(5.52)表明温度分布为线性函数，其分布曲线见图 5.17(b)。当空间中 q_v 越大，其温升速率越快。当空间 $q_v = 0$，室内进排风温度相等。

5.4.2　地板均布平面热源

地板均布平面热源的典型案例之一是地板辐射供暖，或地板受到辐射热成为次生对流热源的情况。地板尺寸的量级为 $10^0\,\text{m}$，地板及空气的温差数量级则为 $10^1\,℃$，运动黏度 $\nu = 10^{-5}\,\text{m}^2/\text{s}$，因此热边界层的格拉晓夫数 Gr 处于 10^9 量级，足以形成室内空气紊流，这也是地板辐射供暖室内温度较为均匀的原因[39]，见图 5.18。

当均布平面热源(如地板供暖)或受室内其他热源以辐射方式传递的热量使地板表面温度 t_F 高于进风温度 t_0 时，地板向空间对流散热量为

$$E_c = F\alpha_c(t_F - t_{F0}) \tag{5.54}$$

式中，t_{F0} 为距地板表面 0.1m 处的空气温度(反映了脚踝处高度平面温度)；α_c 为地板表面对流换热系数。

不存在空间热源时，$q_v = 0$，式(5.50)可化为[39]

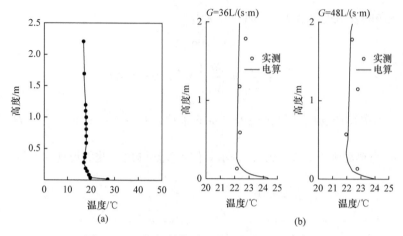

图 5.18　地板辐射供暖室内温度分布实例[39, 43]

(a) 地板供暖；(b) 强化对流式地板辐射供暖。G-单位通风量

$$\frac{\mathrm{d}t}{\mathrm{d}z} = 0，\quad 0 \leqslant z \leqslant H \tag{5.55}$$

对置换通风方式，边界条件为 $z = H$，$t = t_{\mathrm{e}}$；$z = 0$，$t = t_{\mathrm{F0}}$。此时，地板平面均布热源的室温分布为一竖直垂线，即

$$t_{\mathrm{F0}} = t_{\mathrm{e}} = \frac{E_{\mathrm{c}}}{c_p \rho Q} + t_0 \tag{5.56}$$

式中，Q 为送风量，m^3/s；t_0 为进风温度，℃。

当建筑空间采用顶部送风、地板回风的混合通风方式时，边界条件为 $z = H$，$t = t_0$；$z = 0$，$t = t_{\mathrm{e}}$。

两种送风方式的垂直温度分布如图 5.19 所示。

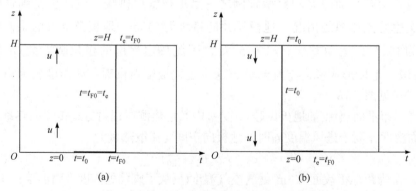

图 5.19　两种送风方式下的垂直温度分布[44]

(a) 地板送风顶部回风；(b) 顶部送风地板回风

5.4.3 空间带状热源

室内空间带状(条状)热源可视为空间均布热源模式的一种位移变换，其上部和下部区域热源强度均为 0，如图 5.20(a)所示。送风气流在带状热源区域内与其热羽流掺混，形成类似于发生平移的均布热源模式的温度分布，室温分布(温度分布曲线)为

$$q_v = \text{const} , \qquad z_0 \leqslant z \leqslant z_1 \tag{5.57}$$

$$\begin{cases} t^* = kz^*, & \dfrac{z_0}{H} \leqslant z^* \leqslant \dfrac{z_1}{H} \\ t^* = 0, & z^* < \dfrac{z_0}{H} \\ t^* = 1, & z^* > \dfrac{z_1}{H} \end{cases} \tag{5.58}$$

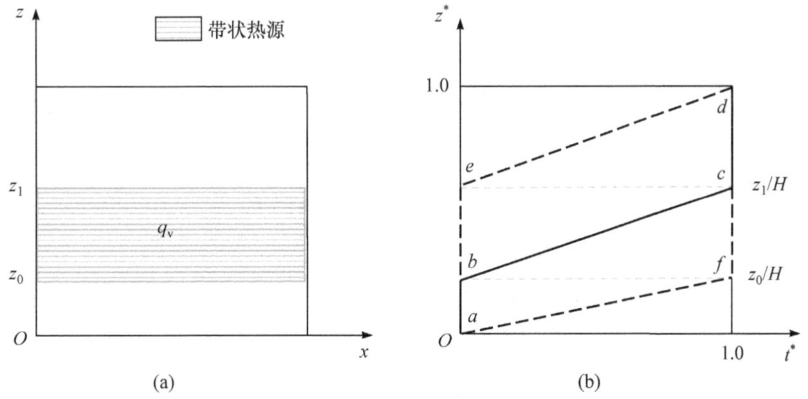

图 5.20 空间带状热源(a)及竖向温度分布(b)

注意空间带状热源模式两种特例，一种是带状热源集中位于房间下部，上部区域无热源。此时，下部区域温度分布为斜率为 k 的直线(图 5.20(b)中 $afcd$ 线)，而上部区域温度分布为一条近似垂直线。另一种为带状热源集中在房间上部，其温度分布为 $abed$ 线，如图 5.20(b)所示。

在上述全空间或部分空间均布分散热源模式分析中，函数中系数 k 可由式(5.59)求得

$$k = \frac{z_1 - z_0}{c_p \rho u} q_v, \quad 0 \leqslant z_0 \leqslant z_1 \leqslant H \tag{5.59}$$

5.4.4 局部热源

建筑室内的局部热源是一种最为常见且相当重要的热源形式(如点热源、线

热源、面热源、体热源等)，其热羽流在室内受限空间中，会出现以下两种基本形态。

(1) 自然对流效应下产生的热羽流[39]，对于开口房间(室内上部存在窗、排风口或孔洞缝隙)一部分气体将直接排至室外，另一部分气体会在房间形成上部的"热空气区"和下部的"冷空气区"分层，两区之间只有热源产生的热羽流在不断地穿越热分层面，由下而上地输送空气。

(2) 存在机械通风时，热浮力动量和射流惯性力动量会进行一个相对大小的"较量"，既有可能形成上述的分层流动，又可以根据通风模式、热源的不同类型强度和分布形成多种不同的运动情景。

在室内局部热源模式下通常会形成对称性热对流分布的形式，若热源的自然对流受到附近壁面限制，则温度场分布会发生较大改变，详见第 3 章。

关于从局部热源到底部全平面热源的演化，赵鸿佐[39]指出，单一热源房间内 $\dfrac{f}{F} \leqslant 0.4$ 可以充分展现局部热源特性的条件，而巴图林等[38]认为 $\dfrac{\sum f}{F} \leqslant 0.6$ 时仍可作为局部热源计算。

局部热源模式下，下进上出通风模式和形成热分层的空间内空气温度分布表达式为[39]

$$t = \frac{1}{2}\Big[\operatorname{erf}\big(z^*\big)+1\Big](t_{\mathrm{e}}-t_0)+t_0 \tag{5.60}$$

式中，$z^* = \left(-\dfrac{xu}{2\alpha}\right)^{\frac{1}{2}}$，$\alpha$ 为空气导温系数，u 的大小与距热分层高度 h 的距离成正比，可设定 $u = -k(z-h) = -kx$。

当点热源、线热源、面热源、体热源等局部热源产生的热羽流受周围壁面限制时，热分层高度 h 应乘以修正系数 K_{P}，K_{P} 取值见表 5.2。

表 5.2　受限热源的修正系数 K_{P} [39]

热源位置	点热源	线热源及面热源	体热源
热源靠墙	1.32	1.59	1.45
热源靠拐角	1.73	2.50	2.08

自然通风条件下，热分层的温度垂直分布理论上是以热分层界面高度 h 为原点的对称形非线性分布。针对各类热源形式的热压自然通风房间热分层高度计算可参见第 3 章内容。

5.4.5　辐射换热对室温分布的影响

室内热源主要是通过对流和辐射两种方式散热的(墙体导热体现为以墙体内

表面对流、辐射进入室内环境),其散发的辐射热在地板、天花板等表面引起温升,成为次生对流源,并最终以对流形式进入室内空间而影响室内空气温度,而且这种对流影响主要发生在近壁处。从通风空调房间的人体热舒适角度,重点分析温度梯度 $\dfrac{\mathrm{d}t}{\mathrm{d}h}$ 变化及在地板 $0.1\mathrm{m}$ 处空气温度 t_{F0} 的变化(地板之上 $0.1\mathrm{m}$ 为脚踝高度平面,是人体热舒适代表性位置之一[4])。

t_{F0} 及 $\dfrac{\mathrm{d}t}{\mathrm{d}h}$ 取决于室内热源散热过程中的能量与动量传导机制,而 t_0 及 t_e 由系统工作参数直接决定。室内空气 $\dfrac{\mathrm{d}t}{\mathrm{d}h}$ 的变化分为两个阶段:第一阶段是因受地板表面来自上部辐射升温后再对流散热的作用,空气温度升高至 t_{F0} 的局部性温升梯度;第二阶段是在空气上升过程中陆续被不同高度的热表面对流加热而产生的沿程温升梯度。

第一阶段,已知 t_0、t_e,t_{F0} 未知,地表空气过余温度可表示为[45]

$$R = \frac{t_{F0} - t_0}{t_e - t_0} = \frac{t_{F0} - t_0}{\Delta t_e} \tag{5.61}$$

式中,R 为地表空气过余温度。

第二阶段,室温的起点和终点变为 t_{F0} 及 t_e。注意,t_e 与天花板或顶棚温度 t_c 不同,见图 5.21。在层高 H 的房间中,高度 z 处的温度为 t,则有

$$\theta = \frac{t - t_{F0}}{t_e - t_{F0}} = f\left(\frac{z}{H}\right) \tag{5.62}$$

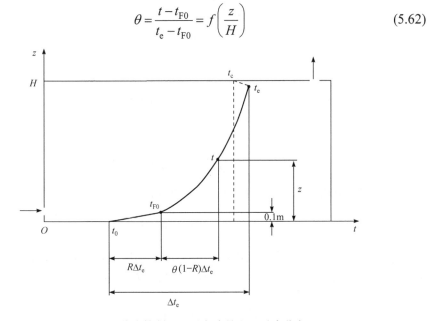

图 5.21　热力控制型通风方式的室温垂直分布

通过 R 及 θ，室温可以表示为[45]

$$t = t_0 + \left[R + \theta(1-R) \right] \Delta t_e \tag{5.63}$$

对于热力控制型置换通风方式，考虑热源辐射影响，t_{F0} 为近地面 0.1m 处空气温度，其与进风温度存在差异，需进行修正[42]（各符号如图 5.21 所示）：

$$t_{F0} - t_0 = \frac{E_r \varphi}{\rho c_p Q} + \frac{t_e - t_0}{\dfrac{\rho c_p Q}{F}\left(\dfrac{1}{\alpha_r} + \dfrac{1}{\alpha_c} \right) + 1} \tag{5.64}$$

式中，t_0 为进风温度，℃；E_r 为辐射散热量，W，$E_r = E \cdot p_r$，E 为热源散热量，W，p_r 为辐射散热比，取值见表 5.3；φ 为热源在地板上的辐射投射率，视热源位置在中央或拐角及热源高度不同而变化，一般为 0.2～0.5。

表 5.3   不同材料的辐射发射率 ε 及辐射散热比 p_r

参数	砖、粉刷	瓷砖、油漆	镀锌、铜
ε	≥0.9	0.6～0.7	0.2～0.3
p_r	0.45～0.55	0.3～0.35	0.2～0.25

5.4.6   热源强度线性分布

本小节分析垂直方向热源强度呈线性分布模式的室内空气温度分布。工业建筑内热源形式往往复杂多样(如点热源、面热源、体热源及其组合热源)，不同通风空调系统条件下，空间内存在渐变式非均布热源模式。例如，工业车间、地下水电站主变压室等，工艺生产条件影响下存在垂直方向热源强度逐渐变化的热源分布。

热源强度分布沿高度 z 的变化以 $q_v = f(z)$ 表示，此时热源在水平方向仍为均布热源[46]，或是将室内不同热源形式在水平方向做均匀化处理。对此函数积分即可得

$$t = \int_0^z \frac{f(z)}{\rho c_p u} \mathrm{d}z = \frac{1}{\rho c_p u} \int_0^z f(z)\mathrm{d}z \tag{5.65}$$

垂直方向上热源强度呈线性变化时，热源强度表示为

$$q_v = \frac{\mathrm{d}t^*}{\mathrm{d}z^*} = az^*, \quad 0 \leqslant z^* \leqslant 1 \tag{5.66}$$

式中，a 为待定系数，随热源强度 q_v 的递增或递减来取正值或负值。温度分布曲线斜率和热源强度的分布有关。由室内空气换热微分方程：

$$q_v F - \rho c_p u F \frac{\mathrm{d}t}{\mathrm{d}z} - \lambda F \frac{\mathrm{d}^2 t}{\mathrm{d}z^2} = 0 \tag{5.67}$$

略去空气导热项:

$$t^* = \frac{aH}{2\rho c_p u(t_e - t_0)} z^{*2} + C_0 , \quad 0 \leqslant z^* \leqslant 1 \tag{5.68}$$

式中，常数 C_0 取决于热源的空间分布状态。若热源分布从地板开始，则 $C_0 = 0$。

　　热源强度线性递减和递增下室内空气垂向温度分布呈一系列抛物线，属于圆锥曲线的一类，分别见图 5.22 和图 5.23。

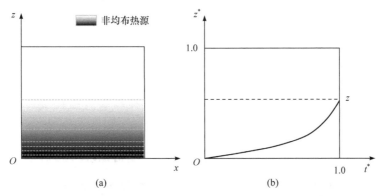

图 5.22　热源强度线性递减下室内空气垂向温度分布

(a) 热源模式；(b) 垂向温度分布

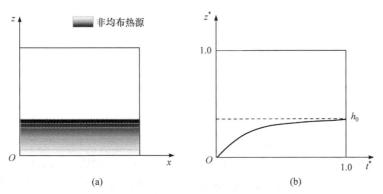

图 5.23　热源强度线性递增下室内空气垂向温度分布

(a) 热源模式；(b) 垂向温度分布

　　一些热源分布下，室内空气温度分布还可以表示为过原点的一系列椭圆曲线 (图 5.24 和图 5.25):

$$\frac{t^{*2}}{a^2} + \frac{(z^* - b)^2}{b^2} = 1 \tag{5.69}$$

或

$$\frac{(t^*-1)^2}{a^2}+\frac{z^{*2}}{b^2}=1 \tag{5.70}$$

式中，a、b 为待定系数，对过余温度无量纲化时 a 可取 1，b 取值与热源强度 q_v、房间体积及空气热工参数等有关。

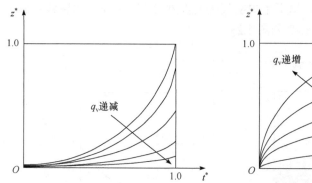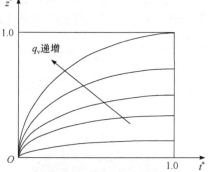

图 5.24　q_v 沿高度递减时室内空气温度变化　　图 5.25　q_v 沿高度递增时室内空气温度变化

空间均布热源模式、地板均布热源模式、空间呈指数变化热源模式的解析解可统一表示为

$$\frac{\mathrm{d}t^*}{\mathrm{d}z^*}=a+kz^{*n}, \quad 0 \leqslant z^* \leqslant 1 \tag{5.71}$$

$$t^*\left(z^*\right)=z^*\left(a+\frac{k}{n+1}z^{*n}\right)+C_0 \tag{5.72}$$

$$t^*=K\left(\frac{z}{H}\right)^n=Kz^{*n} \tag{5.73}$$

式中，n 为指数。对于空间均布热源模式，$n=1$；地板均布热源模式，$n=0$；对于热源散热量线性分布模式，$n=2$。通风工程技术中，空间均布热源模式和地板均布热源模式均属于室内分散多热源分布的特例，更多的非均布热源才是实际工程中的常态。对凸型温度分布，$0<n<1$；对凹型温度分布，$n>1$，两者以 $n=1$ 的空间均布热源模式为界，见图 5.26。值得注意的是，各类空间热源强度分布及温度分布均可以泰勒级数展开为指数形式或三角函数形式等，然后可参考本小节方法进行分析。

5.4.7　组合热源模式

上述内容介绍了不同的单体热源形式所对应的温度分布，实际通风工程中，

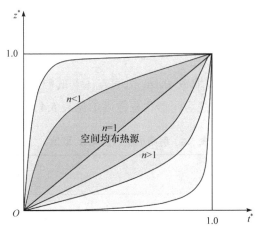

图 5.26　空间各种类型热源温度分布

一些热源常以组合热源形式出现，或者一些热源形式可以简化为上述几类热源组合形式来计算。此时，温度分布可采用分段函数描述，室内空间温度分布即为不同区间温度曲线的组合或叠加。

空间温度分布除了与热源形式有关，还受通风气流组织形式影响。置换通风及贴附通风气流组织往往起到对温度分布在工作区水平方向均匀化的作用，此时空间内整体气流主流方向呈现自下而上垂直运动[39]。不同组合热源形式的空间温度曲线或温度分布函数可以表示为

$$
t = \begin{cases}
\dfrac{1}{\rho c_p u} \displaystyle\int f(z)\mathrm{d}z, & 0 \leqslant z \leqslant z_1 \\[2ex]
\dfrac{1}{\rho c_p u} \displaystyle\int g(z)\mathrm{d}z, & z_1 < z \leqslant z_2 \\[1ex]
\qquad\quad \vdots & \\[1ex]
\dfrac{1}{\rho c_p u} \displaystyle\int h(z)\mathrm{d}z, & z_{n-1} < z \leqslant z_n
\end{cases}
\tag{5.74}
$$

式中，$f(z)$、$g(z)$、$\cdots$、$h(z)$ 分别代表空间不同热源分布函数，即各类热源在空间可以任意组合，或是在工程实践中简化为等效的、前面已述及的典型热源分布形式。

以夏季置换通风加冷辐射吊顶为例，地板受到辐射加热后以热对流的形式将部分热量散发到地板附近空气层中。在建立温度分布模型时，考虑到吊顶辐射热对地板的次生对流影响，则地板附近温度梯度可建立为以 t_{F0} 为界的分段函数。考虑辐射热转移[42]，可以近似取排风温度等于顶棚温度（$t_e = t_c$），即

$$
\rho c_p G(t_{F0} - t_0) = \alpha_c F(t_F - t_{F0}) = \alpha_r F(t_e - t_F)
\tag{5.75}
$$

$$t_{F0} - t_0 = (t_e - t_0)\dfrac{1}{\dfrac{\rho c_p G}{F}\left(\dfrac{1}{\alpha_r} + \dfrac{1}{\alpha_c} + 1\right)} \tag{5.76}$$

计及辐射效应作用，近地板 0.1m 处有 $t_{F0} - t_0$ 的温度升高。实际计算中，一般 $\alpha_c = 3\sim 5\mathrm{W}/\left(\mathrm{m^2°C}\right)$，$\alpha_r$ 视房间形状系数可参见表 5.4 取值。

表 5.4　房间形状系数与 α_r 取值

$\sqrt{\dfrac{4F}{\pi}}\Big/H$	2	4	8	>10
α_r	2	3	4	5

注：$\sqrt{\dfrac{4F}{\pi}}\Big/H$ 为房间形状系数。

值得注意的是，除了地板及天花板附近，温度曲线均随高度增加呈现上升的趋势。这是因为冷辐射吊顶与下送风组合工况下，置换通风冷气流进入室内吸纳了部分散热或部分负荷导致温度升高，而冷辐射吊顶系统则消除了剩余的负荷(主要是通过辐射热传递)。在冷辐射吊顶附近，出现了温度的"折返降温"现象，在接近天花板高度时，冷辐射板对流效应增强，空气温度下降(图 5.27)[47]。至于地板附近 t_{F0} 的变化系由地板换热与下部送冷风所致。

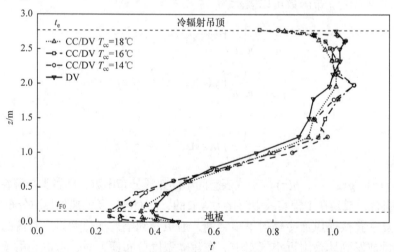

图 5.27　垂直高度方向温度分布[47]
CC-冷辐射吊顶；DV-置换通风；T_{cc}-冷辐射吊顶温度

应当指出，热源分布函数 $f(z)$、$g(z)$、$\cdots$、$h(z)$，既可以是增函数，也可以是减函数，进入房间的气流若本身温度低于房间温度且热源对气流产生加热效应，温度分布一般为增函数；若进入房间的空气温度高于房间温度，且房间内存在稳定的冷源或冷负荷，则温度分布多为减函数。归根到底，室温垂直分布是由热源产生的热羽流与送风冷、热射流之间相互作用效果所确定的。

5.4.8　空间温度分布若干工程实例

本小节涉及的空间温度分布分析的工程实例来自文献或现场实测。

1. 办公室温度分布实测(空间均布热源)

实测房间尺寸为 $4.5m \times 3.25m \times 2.65m$ (长×宽×高)，下部低速送风、顶部排风，送风量 $Q = 0.057m^3/s$ ，进风温度为 $16.6℃$ ；主要热源包括：4 排顶灯共 290W、侧窗进热量 160W、台灯 60W、计算机 100W、人体散热 75W，总计 $E=685W$[48]。

实测得出垂直高度上 5 个高度的温度平均值[48]，见表 5.5。由于室内不同高度上分布有热强度数量级相近的热源，可简化为空间均布热源模式，则排风温差为

$$\Delta t_e = \frac{E}{\rho c_p Q} = 10℃ \tag{5.77}$$

$$t_{F0} - t_0 = \frac{t_e - t_0}{\dfrac{\rho c_p Q}{LW}\left(\dfrac{1}{\alpha_r} + \dfrac{1}{\alpha_c}\right) + 1} = 2.4℃ \tag{5.78}$$

表 5.5　空间均布热源预测温度与实测温度[48]

温度 t/℃	位置及高度 z/m					
	进风口	0.1	0.6	1.2	1.8	2.6(排风口)
实测	16.6	18.4	21.0	23.3	25.0	26.6
预测	16.6	19.0	20.5	22.3	24.2	26.6

依据 t_{F0} 及 t_e ，线性差值计算预测出不同高度处温度值，见表 5.5。预测计算结果表明，温度相对误差不超过 5%。表明下送风热力控制型气流组织空间不同高度的热强度数量级相近时，可以化为空间均布热源模式。

2. 地板全平面均布热源

1) 水电站发电机层通风模型实验

水电站发电机厂房体积 $V = 29m \times 29m \times 21.8m = 18334m^3$ ，发电机盖板与地面齐平，直径 $D = 20m$ ，送风口高度为 3.5m，出口风速为 4～8m/s。运用 1∶20 模型实验研究室内温度分布，实验温度比例尺 $C_t = 1$ ，测得在 3 个高度上的温度

平均值[42, 49-50]。表 5.6 列出了单侧送顶排、双侧送顶排及单侧送上下排的 3 种通风方式实验数据。$C_t = 1$，模型中温度值与实际相同。

表 5.6　地板全平面均布热源实验

通风方式	E/W	Q/(m³/s)	t_0 /℃	t_e /℃	不同高度 z 处空气温度 t /℃		
					0	$H/2$	H
单侧送顶排	121.2	0.018	22.95	28.85	28.55	28.98	28.70
双侧送顶排	127.9	0.018	20.51	27.31	25.50	26.67	27.28
单侧送上下排	158.3	0.005(上排) 0.007(侧下)	21.80	33.40(上排) 32.40(侧下)	32.06	32.28	33.80

该实验中地板热源面积较大，可按地板均布平面热源模式计算。此时 $\dfrac{dt}{dz} = 0$，$t_{F0} = t_e = \dfrac{E}{\rho c_p G} + t_0$。地板均布平面热源空气温度计算值及测定值均显示在图 5.28 中，其中，最大温度估计误差为 1℃，最大相对误差为 3.8%。

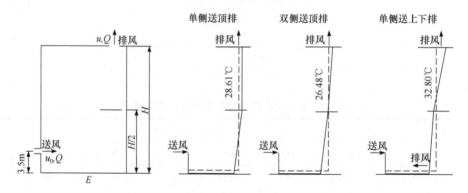

图 5.28　地板均布平面热源空气温度计算值(虚线)与测定值(实线)

2) 高铁站候车厅冬季供暖温度测试

本书作者先后对高铁站、火车站及地铁站等室内温度分布进行了多个现场测试。以陕西省宝鸡南站(地板辐射供暖)候车厅高大空间及旅客活动区(即 2m 高度范围)为例，实测温度分布见图 5.29[46]。对宝鸡南站温度分布实测持续了 36h，其中夜间 22:00~06:30 列车停运，站内无人员，其空间不同高度水平面温度分布较为稳定，测试给出了测点 A、B、C、D 的温度分布(图 5.30)。

车站内候车大厅地板辐射供暖可简化为地板均布平面热源，除了进站口、窗户等个别区域受到室外风的侵入影响外，工作区的温度分布近似为一铅垂线，见图 5.30。温度测试表明，地板温度 t_F 为 30.2℃，0.1m 高度处温度 t_{F0} 约为 19.5℃，

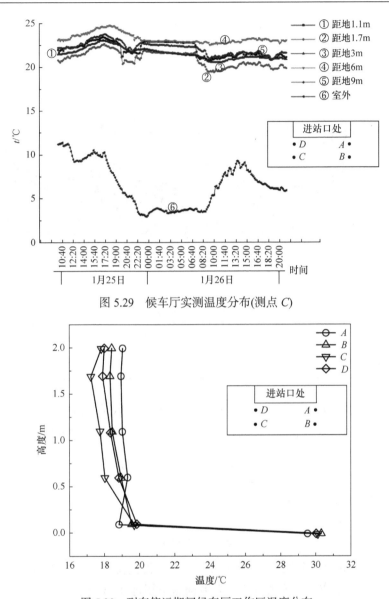

图 5.29　候车厅实测温度分布(测点 C)

图 5.30　列车停运期间候车厅工作区温度分布

温差 $t_F - t_{F0} = 10.7℃$，但室内空气温度 $t \approx t_{F0}$。对多个车站候车厅冬季地板辐射供暖所获得的空间温度分布基本一致。

3. 局部热源模式

文献[51]给出了西班牙里斯本市音乐厅管弦乐排练室的空间温度测量数据，

该音乐厅采用下进上排置换通风模式，室内人员(即热源)所占面积不到全部空间面积的10%(即 $\sum f / F < 40\%$)，管弦乐排练室可以简化为局部热源模式分析。管弦乐排练室面积为 325 m²，测试现场有 63 名学生以及两位教授(图 5.31)，测点位于观众区。室内负荷及送风情况见表 5.7。

图 5.31　管弦乐排练室及"局部热源区"模式[51]

表 5.7　室内负荷及送风情况[51]

区域	人数	人均负荷/(W/人)	灯光负荷/(W/m²)	送风温度/℃	送风量/(m³/h)
管弦乐排练室	65	120	41	21	10000

实测排风温度 t_e =24.1℃，人员形成的热源等效面积为(0.5 × 0.6) × 65 = 19.5(m²)，约占排练室地板面积的6%，可将其按局部热源空气温度分布式计算：

$$t = \frac{1}{2}\Big[\operatorname{erf}\big(z^*\big)+1\Big](t_e - t_0) + t_0 \tag{5.79}$$

局部热源区房间热分层计算式可表示为[39]

$$h = 22.4Q(Ef)^{-\frac{1}{3}} \tag{5.80}$$

计算得到室内热分层高度 h=1.16m，进而得到温度计算曲线与实测值的比较，如图 5.32 所示[46]，实测值与计算值偏差不超过 0.5℃。

4. 组合热源案例

同前述管弦乐排练室，音乐厅观众区和舞台区及其置换通风模式见图 5.33 和图 5.34。在测试现场音乐厅一层观众区有400名观众，舞台区有70多位演奏家，观测点位于一层观众区。室内负荷及送风量见表 5.8。观众区人员席位密集且均匀，基本占满底层空间，因此可将人员等效为空间均布热源。

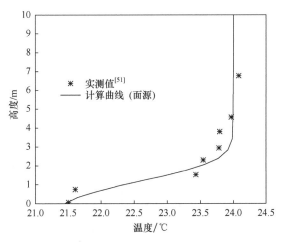

图 5.32 局部热源区温度计算曲线与实测值的比较

图 5.33 音乐厅观众区及舞台区[51]

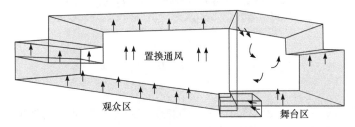

图 5.34 音乐厅置换通风模式[51]

表 5.8 室内负荷及送风量[51]

区域		人数	人均负荷/(W/人)	灯光负荷/(W/m²)	送风量/(m³/h)
音乐厅	一层	400	120	18	39000
	二层	72	120	18	5900
	舞台	70	167	18	8000

音乐厅每一个座位面积约为 0.25m^2，加上灯光负荷，热源强度为 498W/m^2，均匀分布在观众区域。因此，可将音乐厅 2m 以下的空间视作空间均布热源，其余上部空间视为受 2m 处平面均布热源影响，则可采用分段函数来表示，见图 5.35。

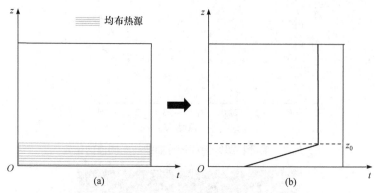

图 5.35　组合热源空间温度分布
(a) 空间热源分布示意；(b) 温度分布

工作区($0 \leqslant z \leqslant 2\text{m}$)温度分布可由式(5.81)求得

$$t = \frac{q_v}{\rho c_p u} z + t_0 \tag{5.81}$$

式中，q_v 为空间均布热源的热源强度，经计算为 250W/m^3；u 为上升气流平均速度 0.15m/s，得到 $\dfrac{q_v}{\rho c_p u} = 1.42$ ℃/m；实测 t_0 为 22.2℃。因此，音乐厅空间温度分布为

$$\begin{cases} t = 1.4z + 22.2, & 0 \leqslant z \leqslant 2\text{m} \\ t = 25.04, & z > 2\text{m} \end{cases} \tag{5.82}$$

实测排风温度 t_e 为 25.2℃。组合热源模式温度计算曲线与实测值的对比见图 5.36[46]，计算曲线与实测值吻合良好。

不同建筑、通风类型或热源类型的实测室内垂向温度分布曲线如图 5.37 所示[52-54]。各空间的垂向温度分布同本书简述的温度变化规律基本一致，主要决定于房间通风气流组织特性、内部热源的分布形式及热源强度，地板附近处温度曲线的折拐趋势则取决于空气与地板温度的差值及热辐射条件。

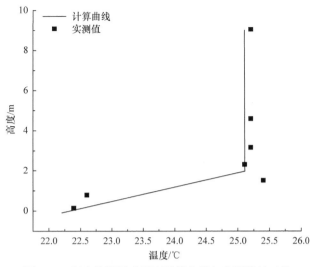

图 5.36　组合热源模式温度计算曲线与实测值的对比

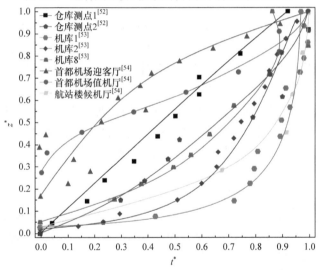

图 5.37　不同建筑、通风类型或热源类型的实测室内垂向温度分布曲线

5.5　通风模式及换气次数对室温分布的影响

如前所述，从室内通风气流运动的本质上看，动量控制型送风模式所形成的速度场、温度场，与热力控制型形成的速度场、温度场的机理不同，空间温度分布取决于气流运动动量效应与热对流效应"博弈"的结果。现以地下水电站发电机层大空间不同送风方式下的温度分布为例进行分析。

地下水电站高大空间送风的具体参数参见文献[44]，2 种典型送风方式见

图 5.38。热源模式为地板均布平面热源，分析 6 种送风方式的温度场分布。6 种
送风方式：顶部送风地板排风、上部侧送风地板排风、中部侧送风地板排风、下
部侧送风地板排风、底部侧送风顶部排风和地板送风顶部排风。

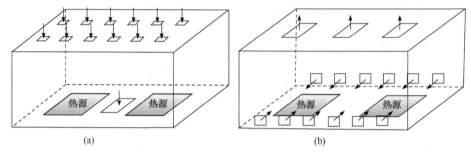

(a)　　　　　　　　　　　　　　　(b)

图 5.38　地下水电站高大空间 2 种典型送风方式

(a) 顶部送风地板排风；(b) 底部侧送风顶部排风。图中阴影为发电机平面热源，近顶部设置照明热源

当送风参数与热源条件保持不变时，不同的送风口位置对室内垂向温度分布
有直接的影响(图 5.39)。

(1) 顶部送风地板排风方式垂向温度分布见图 5.39(a)。从顶部送出的冷射流
与热浮升气流方向完全相反，气流从顶部压向地板，空间内垂向温度分布近似一
条铅垂线，除近地板热源上方有温度跃升外，整个房间内的温度场比较均匀。

(2) 上部侧送风、中部侧送风及下部侧送风垂向温度分布见图 5.39(b)～
(d)。由侧部送出的混合通风具有强烈掺混作用，地面热源产生的热羽流"被动"
成为空间均布热源。不同位置的送风冷射流将房间分为上下两个均布热源空间：
在射流上方近似为正斜率直线，其下方则为负斜率直线。随着送风位置降低，见
图 5.39(b)～(d)，其分界面顺次下移。

(3) 底部侧送风顶部排风与地板送风顶部排风方式垂向温度分布基本相同，
尽管送风射流与热浮升气流方向基本一致，但因该高大空间送风动量较大，掺混
效应大，总体上仍然呈现温度递增分布。此外，受到地板处热源影响，近地面处
空气温度存在跃变现象。

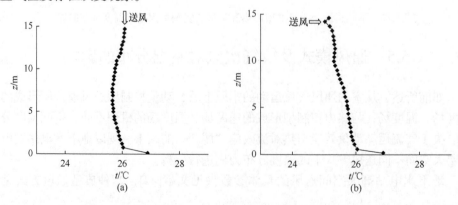

(a)　　　　　　　　　　　　　　(b)

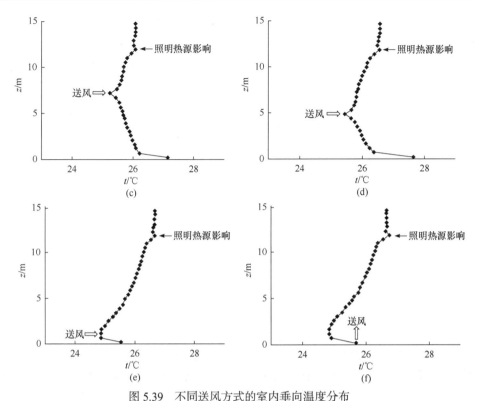

图 5.39　不同送风方式的室内垂向温度分布

(a) 顶部送风地板排风；(b) 上部侧送风地板排风；(c) 中部侧送风地板排风；(d) 下部侧送风地板排风；
(e) 底部侧送风顶部排风；(f) 地板送风顶部排风

综合分析送风、排风的动量及热力特性，高大空间垂向温度分布模式分析简图可统一表示为图 5.40。当送风口高度 z_s 从空间顶部 H 逐渐降低至 0 时(即地板位置)，其对应的空间温度场可统一为三段折线 a、b、c 表示：a 段表示送风口上方的温度分布，b 段表示送风口下方的温度分布，c 段则表示靠近地板区域的空气温度跃升。

当 $z_s = 0$ 及 $z_s = H$ 时，分别对应了下送顶排及顶送下排方式；当 $0 < z_s < H$ 时，

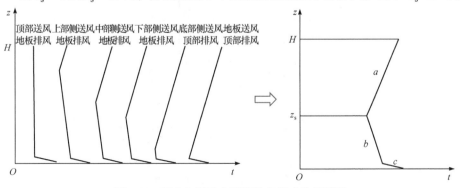

图 5.40　高大空间垂向温度分布模式分析简图

对应了传统混合通风侧送风方式。可以看出，当送风动量较大时，下送风($z_s = 0$)仍属于动量控制型空气流动，换言之，其平面热源被气流"搅拌"成了空间均布热源。当$z_s = H$时，机械通风主导的顶送风下排风使垂向空间温度分布曲线趋近一条垂直线。

送风速度对室温垂向分布的作用也可体现在房间换气次数的影响上。

以空间均布热源通风问题为例，分析换气次数n的改变对t^*的影响。对任一通风房间，Ar可表示为

$$Ar = \frac{g\beta q_v}{\rho c_p H} \frac{1}{n^3} \tag{5.83}$$

其中，在通风空调系统送风温度变化范围内，$\dfrac{g\beta}{\rho c_p}$变化较小，可近似视为常数，可以由q_v与n来表征浮力与惯性力之比。当散热量不变而房间的换气次数由n_i改变到n_j时：

$$\frac{Ar_j}{Ar_i} = \left(\frac{n_i}{n_j}\right)^3 \tag{5.84}$$

对于常规置换通风房间，在送风系统不变时，换气次数的增加意味着送风速度及动量的增大。当换气次数由n_i = 3～5 次/h 增大到n_j = 10 次/h 时，其浮力与惯性力之比就变为原来的$\dfrac{1}{30} \sim \dfrac{1}{10}$，即浮力效应显著弱化。这意味着，送风速度及送风量的增大必将引起室温垂向分布的变化。如图 5.41 所示，在同一房间($H =$

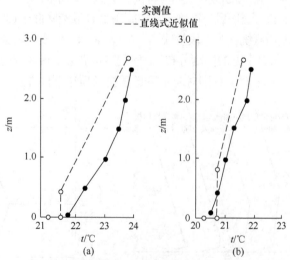

图 5.41　换气次数n对垂向温度分布的影响[45]

(a) n=6 次/h；(b) n=12 次/h

2.7m，$q_v = 8.5W/m^3$)中分别进行 n 为 6 次/h 和 12 次/h 的实验，垂向温度分布曲线随 n 的增大由曲线趋向于直线。

5.6　等温射流、热射流与浮力羽流

业已述及通风空调工程技术中所遇到的气流运动，按其原动力可分成三种类型。第一类射流以出流的机械动量作为原动力，射流过程中密度不变，称为等温射流或等密度射流。第二类流动则是以热浮力为驱动力，为初始动量为零的自然对流，流动过程中密度不断发生变化，这类流动可称为浮力羽流或浮力尾流。值得注意的是，尽管高温热源(如高炉铁水达 1000℃以上)上方可形成的约 10m/s 的高速气流运动，但其仍属于浮力羽流范畴。第三类气流运动的驱动力包括非零的初始射流机械动量和热浮升力两方面，如通风空调工程中的非等温送风(特别是大温差冷态、热态射流)等，则为典型的热浮力射流(热射流)。

如第 1 章所述，通风空调工程中圆形或矩形风口的自由射流主体段轴线流速表达式为

$$\frac{u_m}{u_0} = \frac{C_1}{\dfrac{x}{d_0} + C_2} \approx \frac{C_1 d_0}{x} \tag{5.85}$$

式中，C_1、C_2 为实验常数，与空气分布器风口构造形式(紊流系数)有关。式(5.85)与第 1 章式(1.11)是一致的，只是 $C_1 = C/\alpha$ 而已。

对于大空间自由浮力羽流(主体段)，归纳实验数据可表示为[55]

$$\frac{u_m}{u_0} = C_m Ar_0{}^q \left(\frac{x}{d_0}\right)^{-\frac{1}{3}} \tag{5.86}$$

$$\frac{\Delta T_m}{\Delta T_0} = C_n Ar_0{}^s \left(\frac{x}{d_0}\right)^{-\frac{5}{3}} \tag{5.87}$$

式中，u_0、d_0、T_0 分别为浮力羽流主体段初始断面的轴线速度、直径和温度；C_m、C_n、q、s 均为实验常数。

根据边界层方程和量纲归一化理论分析，既考虑射流速度和浮力羽流速度对室内空气运动的等效性，又考虑到两者做功的叠加性，自由射流、浮力羽流及浮力射流轴线速度及温度分布可用统一的 n 次方叠加方程式表示。分析表明，自由射流与浮力羽流参数分布的三次方和的立方根能较好地表示三者分布

规律的统一性[55]：

$$\frac{u_{\mathrm{m}}}{u_0} = 3.5\left[6.41\left(\frac{x}{d_0}\right)^{-3} + Ar_0^{\frac{2}{3}}\left(\frac{x}{d_0}\right)^{-1}\right]^{\frac{1}{3}} \tag{5.88}$$

$$\frac{\Delta T_{\mathrm{m}}}{\Delta T_0} = 5\left[\left(\frac{x}{d_0}\right)^{-3} + 6.54 Ar_0^{-1}\left(\frac{x}{d_0}\right)^{-5}\right]^{\frac{1}{3}} \tag{5.89}$$

一些学者给出的关于射流与浮力羽流轴线速度及轴线剩余温度分布的实验结果，见图 5.42 和图 5.43，图中实线代表式(5.88)和式(5.89)，它们与实验数据吻合较好。

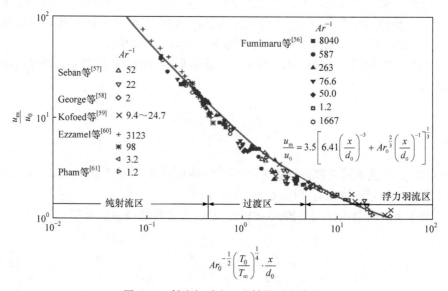

图 5.42　射流与浮力羽流轴线速度分布

当 $Ar_0^{-\frac{1}{2}}\left(\dfrac{T_0}{T_\infty}\right)^{\frac{1}{4}}\dfrac{x}{d_0} \leqslant 0.6$ (即 $|Ar| < 0.001$)时，为动量射流(等温空气射流)；当

$Ar_0^{-\frac{1}{2}}\left(\dfrac{T_0}{T_\infty}\right)^{\frac{1}{4}}\dfrac{x}{d_0} \geqslant 5$ 时，为浮力羽流；热浮力射流(热射流)则介于二者之间。为预测、设计或分析不同流型的大空间自由气流扩散特性，建立了等温空气射流、浮力羽流和热浮力射流轴线速度及温度变化的归一化公式，见式(5.88)和式(5.89)。

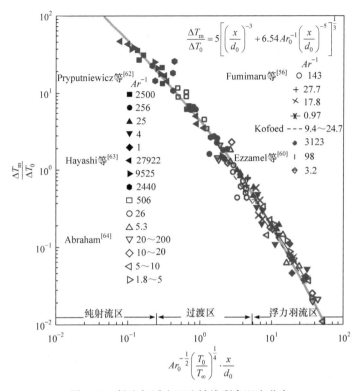

图 5.43　射流与浮力羽流轴线剩余温度分布

参 考 文 献

[1] 孙博华. 量纲分析与 Lie 群[M]. 北京: 高等教育出版社, 2016.

[2] 梁灿彬, 曹周键. 量纲理论与应用[M]. 北京: 科学出版社, 2020.

[3] CROOME-GALE J D, ROBERTS B M. Airconditioning and Ventilation of Buildings[M]. Oxford: Pergamon Press, 1975.

[4] 赵鸿佐, 杜震宇. 工厂自然通风的温度效应[J]. 暖通空调, 2022, 52(2): 8-11, 80.

[5] SANDBERG M, BLOMQVIST C, MATTSON M. Turbulence characteristics in rooms ventilated with a high velocity jet[C]. 12th AIVC Conference "Air Movement and Ventilation Control within Buildings" Ottawa, 1991: 105-123.

[6] American Society of Heating, Refrigeration and Air-Conditioning Engineers Standard. Thermal environmental conditions for human occupancy: ANSI/ASHRAE Standard 55—2017[S]. Atlanta: American Society of Heating, Refrigeration and Air-Conditioning Engineers, Inc., 2017.

[7] 李安桂. 贴附通风理论及设计方法[M]. 北京: 中国建筑工业出版社, 2020.

[8] 中华人民共和国住房和城乡建设部, 中华人民共和国国家质量监督检验检疫总局. 民用建筑供暖通风与空气调节设计规范: GB 50736—2012[S]. 北京: 中国建筑工业出版社, 2012.

[9] 中国工程建设标准化协会标准. 贴附通风设计标准: T/CECS 1264—2023[S]. 北京: 中国计划出版社, 2023.

[10] International Organization for Standardization (ISO). Ergonomics of the thermal environment—Analytical determination and interpretation of thermal comfort using calculation of the PMV and PPD indices and local thermal comfort criteria:

ISO 7730: 2005[S]. Geneva, Switzerland: International Organization for Standardization, 2005.

[11] LESTINEN S, KILPELÄINEN S, KOSONEN R, et al. Flow characteristics in occupied zone—An experimental study with symmetrically located thermal plumes and low-momentum diffuse ceiling air distribution[J]. Building and Environment, 2018, 128: 77-88.

[12] FERZIGER J H, PERIC M. Computational Methods for Fluid Dynamics[M].3rd ed. Berlin: Springer-Verlag, 2002.

[13] LI Z H, ZHANG J S, ZHIVOV A M, et al. Characteristics of diffuser air jets and airflow in the occupied regions of mechanically ventilated rooms—A literature review[J]. ASHRAE Transactions, 1993, 99: 1-8.

[14] OGILVIE J R, BARBER E M. Jet momentum number: An index of air velocity at floor level[R]//CHRISTIANSON L L. Building Systems: Room Air and Air Contaminant Distribution. Atlanta: American Society of Heating, Refrigerating and Air-Conditioning Engineers, Inc., 1989.

[15] 张腊求. 贴附射流房间内工作区合理空气流速的计算方法[J]. 暖通空调, 1995, 25(1): 36-39.

[16] FISSORE A A, LIEBECQ G A. Experimental study of air jets pathways in large slot ventilated spaces[C]. Second International Conference ROOMVENT'90 "Engineering Aero- and Thermodynamics of Ventilated Rooms", Oslo, Norway, 1990: 13-15.

[17] THORSHAUGE J. Air-velocity fluctuation in the occupied zone of ventilated spaces[J]. ASHRAE Transactions, 1982, 88: 753-764.

[18] 马九贤, 谭志冷. 空调房间气流的随机分析方法[J]. 制冷学报, 1991, 2: 13-18.

[19] FANGER P O, MELIKOV A K, HANZAWA H, et al. Air turbulence and sensation of draught[J]. Energy and Buildings, 1988, 12(1): 21-39.

[20] KOVANEN K, SEPPÄNEN O, SIREN K, et al. Turbulent air flow measurements in ventilated spaces[J]. Environment International, 1989, 15(1-6): 621-626.

[21] WELCH P. The use of fast Fourier transform for the estimation of power spectra: A method based on time averaging over short, modified periodograms[J]. IEEE Transactions on audio and electroacoustics, 1967, 15(2): 70-73.

[22] MATHWORKS. MATLAB Documentation[EB/OL]. [2017-11-13]. http://www. mathworks. com.

[23] KOLMOGOROV A N. The local structure of turbulence in incompressible viscous fluid for very large Reynolds numbers[J]. Proceedings of the Royal Society of London. Series A: Mathematical and Physical Sciences, 1991, 434(1890): 9-13.

[24] MELIKOV A K, LANGKILDE G, DERBISZEWSKI B. Airflow characteristics in the occupied zone of rooms with displacement ventilation[J]. ASHRAE Transaction, 1990, 96, 1(3365): 555-563.

[25] TAYLOR G I. Statistical theory of turbulence[J]. Proceedings of the Royal Society of London A: Mathematical, Physical and Engineering Sciences, 1935, 151(873): 421-444.

[26] ETHERIDGE D, SANDBERG M. Building Ventilation: Theory and Measurement[M]. Chichester, UK: John Wiley & Sons, 1996.

[27] CHEN Q, SREBRIC J. A procedure for verification, validation, and reporting of indoor environment CFD analyses[J]. HVAC&R Research, 2002, 8(2): 201-216.

[28] EDGE B A, PATERSON E G, SETTLES G S. Computational study of the wake and contaminant transport of a walking human[J]. Journal of Fluids Engineering, 2005, 127(5): 967-977.

[29] FENG L, ZENG F, LI R, et al. Influence of manikin movement on temperature stratification in a displacement ventilated room[J]. Energy and Buildings, 2021, 234: 110700.

[30] WU Y, GAO N. The dynamics of the body motion induced wake flow and its effects on the contaminant dispersion[J].

Building and Environment, 2014, 82: 63-74.

[31] MATTSSON M, BJØRN E, SANDBERG M, et al. Simulating people moving in displacement ventilated rooms[C]. Proceedings of Healthy Buildings'97, 5th International Conference on Healthy Buildings, Washington D C, USA, 1997: 1-6.

[32] MATSUMOTO H, OHBA Y. The influence of a moving object on air distribution in displacement ventilated rooms[J]. Journal of Asian Architecture and Building Engineering, 2004, 3(1): 71-75.

[33] 李安桂, 曹雅蕊, 侯义存, 等. 人体运动对竖壁贴附通风气流组织影响的模拟及评价[J]. 西安建筑科技大学学报: 自然科学版, 2017, 49(6): 882-889.

[34] 马仁民. 地板送风气流分布因素影响热分布规律的研究[J]. 暖通空调, 1985, 3: 9-15.

[35] 马仁民, 连之伟. 地板送风工作区热分布系数计算方法的综合研究[J]. 暖通空调, 1994, 24(1): 11-13, 46.

[36] 连之伟, 王同军, 马仁民. 下送风房间热分布系数影响因素的方差分析[J]. 暖通空调, 1996, 26(2): 17-20.

[37] 阿金采夫 H B. 热车间自然通风计算问题[J]. 给水卫生技术, 1959, 2.

[38] 巴图林 B B, 爱里帖尔门 B M. 工业厂房自然通风[M]. 甄秉训, 译. 北京: 冶金工业出版社, 1957.

[39] 赵鸿佐. 室内热对流与通风[M]. 北京: 中国建筑工业出版社, 2010.

[40] 赵鸿佐. 热分布系数应用方程式[J]. 暖通空调, 2003, 33(3): 9-11.

[41] 张强. 热力控制型通风房间通风效率的表达式[J]. 暖通空调, 2005, 35(12): 16-19, 96.

[42] 赵鸿佐, 李安桂. 下部送风房间空气温度分布的预测[J]. 暖通空调, 1998, 28(5): 76-79, 71.

[43] 丁良士, 张亚庭, 张柏, 等. 地板采暖与天花板采暖的舒适性实验研究[C]. 全国暖通空调制冷 2000 年学术年会, 南宁, 2000: 23-27.

[44] 孙磊. 地下水电站高大空间气流组织数值计算与模型试验研究[D]. 西安: 西安建筑科技大学, 2000.

[45] 赵鸿佐. 置换式通风房间室温分布的分类表达[J]. 暖通空调, 2014, 44(12): 5-12.

[46] 杨睿康. 建筑高大空间垂直方向温度分布的预测模型[D]. 西安: 西安建筑科技大学, 2020.

[47] MATEUS N M, GRAÇA G C D. Simplified modeling of displacement ventilation systems with chilled ceilings[J]. Energy and Buildings, 2015, 108: 44-54.

[48] HOLMBERG R B. Experimental analysis of office room climate using various air distribution methods[C]. Proceedings of ROOMVENT'87, Stockholm, Sweden, 1987: S-2a.

[49] 桑海龙. 龙滩水电站主厂房发电机层气流组的研究[D]. 西安: 西安建筑科技大学, 1991.

[50] 王小婕. 高大厂房侧下送风的研究[D]. 西安: 西安建筑科技大学, 1990.

[51] MATEUS N M, CARRILHO D A, GRAÇA G. Simulated and measured performance of displacement ventilation systems in large rooms[J]. Building and Environment, 2017, 114: 470-482.

[52] WANG L L, LI W. A study of thermal destratification for large warehouse energy savings[J]. Energy and Buildings, 2017, 153: 126-135.

[53] SAÏD M, MACDONALD R, DURRANT G. Measurement of thermal stratification in large single-cell buildings[J]. Energy and Buildings, 1996, 24(2): 105-115.

[54] 裴永忠, 沈金龙, 朱丹, 等. 北京 A380 机库温度场分布研究[J]. 建筑结构, 2009, 39(10): 43-46.

[55] 李安桂. 空气射流、浮力尾流和浮力射流的统一性[J]. 暖通空调, 1998, 28(5): 8-10.

[56] FUMIMARU O, HIROMI T, ISAO K, et al. Heated jet discharged vertically into ambients of uniform and linear temperature profiles[J]. International Journal of Heat and Mass Transfer, 1980, 23(11): 1581-1588.

[57] SEBAN R A, BEHNIA M M. Turbulent buoyant jets in unstratified surroundings[J]. International Journal of Heat and Mass Transfer, 1976, 19: 1197-1204.

[58] GEORGE W K, ALPERT R L, TAMANINI F. Turbulence measurements in an axisymmetric buoyant plume[J]. International Journal of Heat and Mass Transfer, 1977, 20(11): 1145-1154.

[59] KOFOED P, NIELSEN P V. Thermal plumes in ventilated room[C]. ROOMVENT 90, Oslo, 1990: 1-20.

[60] EZZAMEL A, SALIZZONI P, HUNT G R. Dynamical variability of axisymmetric buoyant plumes [J]. Journal of Fluid Mechanics, 2015, 765: 576-611.

[61] PHAM M V, PLOURDE F, KIM S D. Three-dimensional characterization of a pure thermal plume [J]. Journal of Heat Transfer, 2005, 127: 624-636.

[62] PRYPUTNIEWICZ R J, BOWLEY W W. An experimental study of vertical buoyant jets discharged into water of finite depth[J]. Journal of Heat Transfer, 1975, 97(2): 274-281.

[63] HAYASHI T, ITO M. Initial dilution of effluent discharging into stagnant sea water[C]. International Symposium on Discharge of Sewage from Sea Outfalls, London, 1974: 26-34.

[64] ABRAHAM G. Entrainment principle and its restriction to solve problems of jets[J]. Journal of Hydraulic Research, 1965, 3(2): 1-23.